1+X
证书制度试点培训教材

U0210268

化工精馏安全控制

中国化工教育协会 | 组织编写

史海波

辛 晓 | 主编

鲁 闯

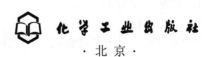

化学工业出版社

·北京·

内容简介

本书为"化工精馏安全控制"1+X证书制度试点的培训教材。

全书分为理论知识和仿真软件操作两部分。理论知识部分围绕化工生产的特点，介绍了化工生产过程中重大危险源的辨识、分级，易燃易爆、有腐蚀性及毒害性危险化学品储存的安全要求，以及电气安全与静电防护技术和职业危害防护等；还介绍了化工生产过程工艺参数、测量仪表及简单复杂控制系统在化工生产中的应用；重点介绍了精馏塔附属设备安全操作和维护保养及试车、吹扫、清洗和气密性检查、水压检查等，以及精馏原理、气液平衡、物料衡算、理论板数等理论知识。仿真软件操作部分介绍了精馏塔单元、双塔精馏单元等4种3D仿真软件的特色、工艺流程、操作规程以及开停车、故障处理等。

本书适合高职化工类专业学生以及社会学习者参加"化工精馏安全控制"1+X证书考试备考使用，也可供相关企业技术人员参考。

图书在版编目（CIP）数据

化工精馏安全控制/中国化工教育协会组织编写；史海波，辛晓，鲁闯主编.—北京：化学工业出版社，2022.9
ISBN 978-7-122-41358-1

Ⅰ.①化…　Ⅱ.①中…②史…③辛…④鲁…　Ⅲ.①精馏-安全技术-高等职业教育-教材　Ⅳ.①TQ028.3

中国版本图书馆 CIP 数据核字（2022）第 074448 号

责任编辑：提　岩　窦　臻　　　　　文字编辑：崔婷婷　陈小滔
责任校对：宋　夏　　　　　　　　　装帧设计：王晓宇

出版发行：化学工业出版社（北京市东城区青年湖南街 13 号　邮政编码 100011）
印　　装：大厂聚鑫印刷有限责任公司
787mm×1092mm　1/16　印张 16¼　字数 386 千字　2022 年 9 月北京第 1 版第 1 次印刷

购书咨询：010-64518888　　　　　售后服务：010-64518899
网　　址：http://www.cip.com.cn
凡购买本书，如有缺损质量问题，本社销售中心负责调换。

定　　价：　48.00 元　　　　　　　　　　　　　　　　版权所有　违者必究

编审委员会名单

组织编写： 中国化工教育协会

主　　编： 史海波　辛　晓　鲁　闯

参　　编： 柯中炉　姜　晶　吕路平　陈　波
　　　　　张成林　汪　泠　彭振博　李爱元
　　　　　李　浩

主　　审： 张慧波

1+X 证书制度试点是深化职业教育改革的重要突破口，体现了职业教育与普通教育是两种不同类型的教育定位。2019 年 1 月，国务院发布《国家职业教育改革实施方案》（简称"职教二十条"），明确了深化职业教育改革的重大制度设计和政策举措，首次提出要在全国启动"学历证书＋若干职业技能等级证书"（以下简称"1+X 证书"）制度试点。为了推动石油和化工行业 1+X 证书制度试点工作，在中国化工教育协会、全国石油和化工职业教育教学指导委员会的指导下，北京化育求贤教育科技有限公司于 2020 年成为 1+X 证书试点的职业教育培训评价组织，面向全国开展"化工精馏安全控制"职业技能等级证书的培训评价试点工作。

"化工精馏安全控制"职业技能等级证书培训教材是目前国内化工类专业 1+X 证书的首批培训教材。本教材是在行业指导下，由宁波职业技术学院、北京化育求贤教育科技有限公司共同组织编写。教材内容根据 X 证书标准进行系统化设计，以化工精馏岗位操作技能为主线，全面系统介绍了化工精馏安全控制相关理论和操作等内容，是一本兼具理论性与实用性的培训教材。

当前我国经济正处在转型升级的关键时期，需要大量的技术技能人才，特别是石油和化工领域，高素质技术技能人才缺口很大，而职业教育培养的学生数量和质量还不能完全满足产业发展的需求。这就要求职业教育加快改革发展，进一步对接市场，优化调整专业结构，更大规模地、更高质量地培养技术技能人才，有效支撑石油和化工行业的高质量发展。1+X 证书制度试点正是在此背景下应运而生的。

推进 1+X 证书制度试点，把学历证书和职业技能等级证书结合起来，是职教改革方案的一大亮点，也是重大创新，充分体现了职业教育以职业为基础、以就业为导向的类型属性，是对以往职业教育制度设计的有效补充。同时，1+X 证书制度试点将填补"放、管、服"（简政放权、放管结合、优化服务）后技能评价的空白，推动培训评价组织成为新型的评价主体。相信这本教材的出版将会为"化工精馏安全控制"职业技能等级证书的推广应用起到重要的推动作用。

本教材的编写凝聚了项目组和广大参与人员的智慧和付出，在全行业正大力推动职业教育改革、推动 1+X 制度试点工作之际，本教材的出版非常及时，也很有意义。希望广大院校积极参与到 1+X 制度试点中来，共同推动职业教育改革与发展，为加快构建现代职业教育体系，培养更多高素质的技术技能人才、能工巧匠、大国工匠，做出新的贡献。

中国化工教育协会会长

郝长江

前言

随着国家对石化行业结构调整和转型升级提出新的要求，推动石化产业向集约化、规模化和绿色化发展，企业也对生产一线技术工人的技术能力、复合能力及综合素质提出了新的要求。精馏被广泛应用于化工、石化等行业中，并且在所有的分离方法中长期占据着主导地位，其在化工厂的基建投资中通常占有 50％～90％ 的比重。能耗在化工、石化领域所占比例很重，其中约 60％ 源于精馏过程，精馏对整个流程的生产能力、产品质量、能源消耗和原料消耗等都有重大影响。因此，为了培养化工精馏运行控制岗位的高端技术技能型人才，依据"化工精馏安全控制"职业技能等级标准和职业资格标准，我们组织编写了这本 1＋X 证书的培训教材。

本书在总结现有研究成果的基础上，全面系统介绍了化工生产安全理论、化工自动化控制系统、精馏基础、精馏操作（初级、中级、高级）以及仿真软件操作等内容。全书以岗位操作技能为主线，着重介绍了化工精馏岗位操作必须掌握的化工安全生产理论、化工过程监测、简单控制系统、复杂控制系统、安全仪表系统、精馏相关基本理论、操作规范、设备维护保养等知识；重视实际操作，坚持理论联系实践，注重理论性与实用性相结合，力求体现当今化工精馏技术发展的新趋势。

本书由中国化工教育协会组织编写，史海波、辛晓、鲁闯担任主编，张慧波担任主审。具体编写分工为：第 1 章（部分）、第 2 章（部分）、第 3 章（部分）、第 4 章（部分）和第 5章由宁波职业技术学院史海波编写；第 1 章（部分）、第 2 章（部分）和第 3 章（部分）由中国化工教育协会辛晓编写；第 2 章（部分）、第 3 章（部分）和第 4 章（部分）由宁波职业技术学院鲁闯编写；第 1 章（部分）、第 2 章（部分）由宁波职业技术学院汪泠编写；第 2章（部分）由宁波职业技术学院彭振博编写；第 3 章（部分）由宁波职业技术学院李爱元编写；第 4 章（部分）由宁波职业技术学院李浩编写；第 6 章（部分）由台州职业技术学院柯中炉编写；第 6 章（部分）由平湖市职业中等专业学校姜晶编写；第 7 章（部分）由杭州职业技术学院吕路平编写；第 7 章（部分）、第 8 章由北京欧倍尔软件技术开发有限公司陈波编写；第 9 章由北京欧倍尔软件技术开发有限公司张成林编写。全书由史海波统稿。

在本书的编写过程中，北京欧倍尔软件技术开发有限公司给予了大力支持，提供了大量资料。本书的编写和出版还得到了中国化工教育协会等有关单位领导以及相关化工企业工程技术人员的大力支持和鼓励，在此一并致谢！

本书在编写过程中参考和借鉴了国内外的一些教材和文献资料，这些参考文献已在书后列出。在此，也向这些参考文献的作者表示衷心的感谢和崇高的敬意！

由于编者水平和实践经验所限，书中不足之处在所难免，敬请广大读者批评指正。

编者

2022 年 3 月

1 理论知识

2 仿真软件操作

二维码资源目录

序号	编码	资源名称	资源类型	页码
1	M1-1	MSDS 的内容及查询方式	动画	004
2	M1-2	危险化学品分类	动画	009
3	M1-3	紧急器材柜	动画	011
4	M1-4	气体检测报警装置	动画	013
5	M1-5	消防栓	动画	013
6	M1-6	灭火器	动画	013
7	M1-7	灭火毯	动画	013
8	M1-8	消防沙	动画	013
9	M1-9	正压式消防空气呼吸器	动画	015
10	M1-10	A 级防护服	动画	015
11	M1-11	急救药箱	动画	015
12	M1-12	紧急喷淋洗眼器	动画	015
13	M1-13	剧毒物品的管理与使用	动画	022
14	M2-1	U 形管压差计	动画	031
15	M2-2	双液位压差计	动画	031
16	M2-3	倒 U 形管压差计	动画	031
17	M2-4	斜管压差计	动画	031
18	M2-5	弹簧管压力计	动画	031
19	M2-6	压差传感器的类型	动画	031
20	M2-7	涡轮流量计	动画	032
21	M2-8	热电偶温度计	动画	036
22	M2-9	普通型热电偶、铠装热电偶的结构	动画	036
23	M2-10	热电偶温度计的测温原理	动画	036
24	M2-11	闸阀	动画	037
25	M2-12	截止阀	动画	037
26	M2-13	球阀	动画	039
27	M2-14	旋塞阀	动画	039
28	M2-15	隔膜阀	动画	039
29	M2-16	气动调节阀	动画	039
30	M2-17	液位控制单元 3D 仿真项目	动画	044
31	M2-18	精馏塔单元 3D 仿真项目	动画	057
32	M3-1	离心泵开停车操作	动画	072
33	M3-2	气缚	动画	072
34	M3-3	汽蚀	动画	072

序号	编码	资源名称	资源类型	页码
35	M3-4	转子流量计	动画	074
36	M3-5	固定管板式换热器	动画	076
37	M3-6	浮头式换热器	动画	076
38	M3-7	U形管式换热器	动画	076
39	M3-8	热虹吸式换热器	动画	078
40	M3-9	釜式换热器	动画	079
41	M3-10	弹簧式安全阀	动画	081
42	M3-11	精馏塔开停车操作	动画	083
43	M4-1	板式塔	动画	103
44	M4-2	列管式换热器	动画	105
45	M4-3	板式换热器	动画	106
46	M4-4	简单蒸馏装置	动画	115
47	M4-5	连续精馏流程	动画	116
48	M4-6	板式塔中气液流动路径及异常操作现象	动画	127
49	M5-1	板式塔的结构	动画	135
50	M5-2	塔板结构	动画	137
51	M5-3	恒沸精馏流程	动画	153
52	M5-4	萃取精馏流程	动画	155

理论知识

化工生产安全理论

1.1　化工安全生产概述

1.1.1　化工生产的特点

化工安全属于工业安全卫生学范畴，其地位和作用是由化工本身的特点决定的。随着化学工业的发展，在化工产品的开发和生产中，从原料、中间体到成品，涉及的化学物质的种类和数量显著增加，这些化学物质大都具有易燃、易爆、有毒、有害等危险性。很多化工物料的易燃性、易爆性、反应性和毒性决定了化学工业生产事故的多发性和严重性。反应器、压力容器的爆炸以及燃烧传播速度超过声速的爆轰，都会产生破坏力极强的冲击波，冲击波将导致周围厂房等建筑物的倒塌，生产装置、储运设施的破坏以及人员的伤亡。

随着化学工业的发展，化工生产呈现出设备多样化、复杂化以及物料输送管道化的特点。化工工艺过程复杂多样化，高温、高压、深冷等不安全因素有很多。近年来，随着世界高新技术的发展，开发了专用产品、高增值产品和具有先进功能的产品，用高新技术改造传统化工，也不断提出了化工安全的一些新问题。化工事故案例史表明，对加工的化学物质性质及有关的物理化学原理不甚了解，忽视过程和操作的安全，违章操作，是酿成化工事故的主要原因。

1.1.2　安全警示标志

1.1.2.1　安全标志

安全标志：用以表达特定安全信息的标志，由图形符号、安全色、几何形状（边框）或文字构成。安全标志主要分为禁止标志、警告标志、指令标志和提示标志四大类型。

（1）禁止标志　禁止人们不安全行为的图形标志。禁止标志的基本形式是带斜杠的圆边框，其中圆边框与斜杠相连，用红色；图形符号用黑色，背景用白色，如图 1-1 所示。

禁止烟火　　　　　禁止堆放　　　　　禁止合闸　　　　　禁止靠近

图 1-1　禁止标志

（2）警告标志　提醒人们对周围环境引起注意，以避免可能发生危险的图形标志。警告标志的基本形式是黑色的正三角形边框，黑色符号和黄色背景，如图1-2所示。

注意安全　　　　　当心火灾　　　　　当心爆炸　　　　　当心腐蚀

图 1-2　警告标志

（3）指令标志　强制人们必须做出某种动作或采用防范措施的图形标志。指令标志的基本形式是圆形边框，蓝色背景，白色图形符号，如图1-3所示。

必须戴防护眼镜　　　必须戴防尘口罩　　　必须戴安全帽　　　必须系安全带

图 1-3　指令标志

（4）提示标志　向人们提供某种信息（如标明安全设施或场所等）的图形标志。提示标志的基本形式是正方形边框，绿色背景，白色图形符号及文字，如图1-4所示。

紧急出口　　　　　　避险处　　　　　　应急电话

图 1-4　提示标志

动画扫一扫

MSDS的内容
及查询方式

安全标志是向工作人员警示工作场所或周围环境的危险状况，指导人们采取合理行为的标志。安全标志能够提醒工作人员预防危险，从而避免事故发生；当危险发生时，能够指示人们尽快逃离，或者指示人们采取正确、有效、得力的措施，对危害加以遏制。安全标志不仅类型要与所警示的内容相吻合，设置的位置也要正确合理，否则就难以充分发挥其警示作用。

1.1.2.2　化学品标志标识

（1）化学品安全技术说明书（MSDS）　MSDS（Material Safety Data Sheet）即化学品安全技术说明书，亦可译为化学品安全说明书或化学品安全数据说明书，是化学品生产商和进口商用来阐明化学品的理化特性（如pH值、闪点、易燃度、反应活性等）以及对使用者的健康（如致癌、致畸等）可能产生的危害的一份文件。GB/T 16483—2008《化学品安全技术说明书　内容和项目顺序》规定化学品安全技术说明书应按 16 部分提供化学品的信息，每部分的标题、编号和前后顺序不应随意变更（见图 1-5）。

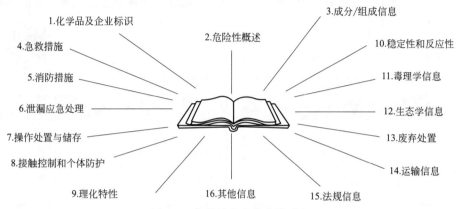

图 1-5　化学品安全技术说明书

（2）化学品安全标签　化学品安全标签（图 1-6）是指化学品在市场上流通时由生产销售单位提供的附在化学品包装上的标签，是向作业人员传递安全信息的一种载体，它用简单、易于理解的文字和图形表述有关化学品的危险特性及其安全处置的注意事项，警示作业人员进行安全操作和处置。

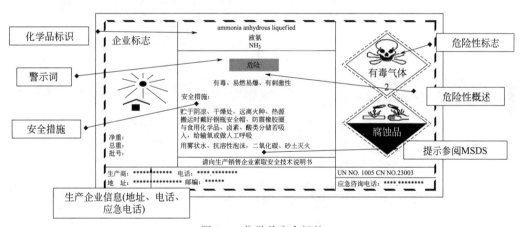

图 1-6　化学品安全标签

（3）危险化学品安全周知卡　危险化学品安全周知卡（图 1-7）根据 MSDS 编制要求制作，以规范的文字、图形符号和数字及字母的组合形式表示该危险化学品所具有的危险有害特性、安全使用的注意事项及防护措施、紧急情况下的应急处置办法等相关内容。

（4）职业病危害因素告知卡　职业病危害因素告知卡简称职业病危害告知卡，如图 1-8 所示，是用来标明及告知工作场所中的现场工作人员，此处存在的职业病危害因素，并列明可能造成的健康危害、理化特性、应急处理、防护措施等。使用职业病危害因素告知卡的目的是预防和减少职业病的产生，因此，凡已知存在职业病危害因素的场所都应该在显眼处张贴相应的职业病危害因素告知卡，以保护工作人员的生命及健康安全。

危险化学品安全周知卡

危险性类别	品名、分子式、CN码、UN码及CAS码	危险性标志

危险性类别

易燃

有毒

品名、分子式、CN码、UN码及CAS码

甲苯　　　　C₇H₈

CN码：32052　　UN码：1294　　CAS码：108-88-3

危险性标志

易燃液体
3

危险性理化数据

熔点(℃)：−94.9
沸点(℃)：110.6
相对密度(水=1)：0.87
爆炸极限 [%(V/V)]：1.2～7.0

危险特性

易燃，其蒸气与空气可形成爆炸性混合物，遇明火、高热能引起燃烧爆炸。与氧化剂能发生强烈反应。流速过快，容易产生和积聚静电。其蒸气比空气重，能在较低处扩散到相当远的地方，遇火源会着火回燃。

接触后表现

对皮肤、黏膜有刺激性，对中枢神经系统有麻醉作用。急性中毒：短时间内吸入较高浓度可能出现眼及上呼吸道明显的刺激症状、眼结膜及眼部充血、头晕、头痛、恶心、胸闷等症状；重症可有躁动、抽搐、昏迷。慢性中毒：长期接触可发生神经衰弱综合症、肝肿大、女工月经异常等。皮肤干燥、皲裂、皮炎。

现场急救措施

【皮肤接触】立即脱去污染的衣着，用肥皂水和清水彻底冲洗皮肤。

【眼睛接触】提起眼睑，用流动清水或生理盐水冲洗。就医。

【吸入】迅速脱离现场至空气新鲜处。保持呼吸道通畅。如呼吸困难，给输氧。如呼吸停止，立即进行人工呼吸。就医。

【食入】饮足量温水，催吐。就医。

身体防护措施

● 必须戴防毒面具　● 必须戴安全帽　● 必须穿防护服　● 必须戴防护手套　● 必须戴防护眼镜

泄漏处理及防火防爆措施

迅速撤离泄漏污染区人员至安全区，并进行隔离，严格限制出入。切断火源。建议应急处理人员戴自给正压式呼吸器，穿防毒服。尽可能切断泄漏源。防止流入下水道、排洪沟等限制性空间。少量泄漏：用活性炭或其他惰性材料吸收。也可以用不燃性分散剂制成的乳液刷洗，洗液稀释后放入废水系统。大量泄漏：构筑围堤或挖坑收容。用泡沫覆盖，降低蒸气灾害。用防爆泵转移至槽车或专用收集器内，回收或运至废物处理场所处置。

最高容许浓度	当地应急救援单位及电话	企业应急救援电话
MAC/(mg/m³)：300	急救：120　　消防：119	

图 1-7　危险化学品安全周知卡

图 1-8　职业病危害告知卡

1.2　化工生产过程中的重大危险源

1.2.1　危险化学品重大危险源的定义

危险化学品重大危险源是指长期或临时生产、储存、使用和经营危险化学品，且危险化学品的数量等于或超过临界量的单元。危险化学品重大危险源分为生产单元危险化学品重大危险源和储存单元危险化学品重大危险源。

生产单元是指危险化学品的生产、加工及使用等的装置及设施，当装置及设施之间有切断阀时，以切断阀作为分隔界限划分为独立的单元。

储存单元是指用于储存危险化学品的储罐或仓库组成的相对独立的区域，储罐区以罐区防火堤为界限划分为独立的单元，仓库以独立库房（独立建筑物）为界限划分为独立的单元。

1.2.2　危险化学品重大危险源的辨识

（1）重大危险源辨识依据　危险化学品重大危险源的辨识依据是危险化学品的危险特性及其数量，危险化学品的纯物质及其混合物应按 GB 30000.2—2013、GB 30000.3—2013、GB 30000.4—2013、GB 30000.5—2013、GB 30000.6—2013、GB 30000.7—2013、GB 30000.8—2013、GB 30000.9—2013、GB 30000.10—2013、GB 30000.11—2013、GB 30000.12—2013、GB 30000.13—2013、GB 30000.14—2013、GB 30000.15—2013、GB 30000.16—2013、GB 30000.18—2013 的规定进行分类。危险化学品临界量的确定方法详见《危险化学品重大危险源辨识》GB 18218—2018。

（2）重大危险源辨识指标　生产单元、储存单元内存在危险化学品的数量等于或超过《危险化学品重大危险源辨识》GB 18218—2018 规定的临界量，即被定为重大危险源。单元内存在的危险化学品的数量根据危险化学品种类的多少区分为以下两种情况：①生产单元、储存单元内存在的危险化学品为单一品种时，该危险化学品的数量即为单元内危险化学品的总量，若等于或超过相应的临界量，则定为重大危险源；②生产单元、储存单元内存在的危险化学品为多品种时，按下式计算，若满足，则定为重大危险源：

$$S=q_1/Q_1+q_2/Q_2+\cdots+q_n/Q_n\geqslant1$$

式中　　　　　S——辨识指标；

q_1，q_2，$\cdots$，q_n——每种危险化学品的实际存在量，单位为吨（t）；

Q_1，Q_2，$\cdots$，Q_n——与各危险化学品相对应的临界量，单位为吨（t）。

危险化学品储罐以及其他容器、设备或仓储区的危险化学品的实际存在量按设计最大量确定。

对于危险化学品混合物，如果混合物与其纯物质属于相同危险类别，则视混合物为纯物质，按混合物整体进行计算。如果混合物与其纯物质不属于相同危险类别，则应按新危险类别考虑其临界量。

危险化学品重大危险源的辨识流程见图 1-9。

1.2.3　危险化学品重大危险源的分级

（1）重大危险源的分级指标　采用单元内各种危险化学品实际存在量与其相对应的临界量比值，经校正系数校正后的比值之和 R 作为分级指标。

（2）重大危险源分级指标的计算方法重大危险源的分级指标按下式计算。

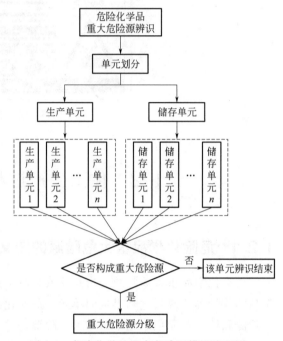

图 1-9　危险化学品重大危险源辨识流程图

$$R=\alpha\left(\beta_1\frac{q_1}{Q_1}+\beta_2\frac{q_2}{Q_2}+\cdots+\beta_n\frac{q_n}{Q_n}\right)$$

式中　　　　　R——重大危险源分级指标；

q_1，q_2，$\cdots$，q_n——每种危险化学品实际存在量，单位为吨（t）；

Q_1，Q_2，$\cdots$，Q_n——与各危险化学品相对应的临界量，单位为吨（t）；

β_1，β_2，$\cdots$，β_n——与各危险化学品相对应的校正系数；

α——该危险化学品重大危险源厂区外暴露人员的校正系数。

根据单元内危险化学品的类别不同，设定校正系数 β 值；根据危险化学品重大危险源的厂区边界向外扩展 500 米范围内常住人口数量，设定暴露人员校正系数 α 值。β、α 值的选取参见《危险化学品重大危险源辨识》GB 18218—2018。

（3）重大危险源分级标准　根据计算出来的 R 值，按表1-1确定危险化学品重大危险源的级别。

表 1-1　重大危险源级别和 R 值的对应关系

重大危险源级别	R 值
一级	$R\geqslant100$
二级	$100>R\geqslant50$

续表

重大危险源级别	R 值
三级	$50 > R \geqslant 10$
四级	$R < 10$

1.3　危险化学品安全技术

1.3.1　危险化学品基础知识

1.3.1.1　危险化学品的概念

危险化学品是指具有毒害、腐蚀、爆炸、燃烧、助燃等性质，对人体、设施、环境具有危害的剧毒化学品和其他化学品。

1.3.1.2　危险化学品目录及管理

《危险化学品目录》（2015 版）（以下简称《目录》），由国务院安全生产监督管理部门会同国务院工业和信息化、公安、环境保护、卫生、质量监督检验检疫、交通运输、铁路、民用航空、农业主管部门，根据化学品危险特性的鉴别和分类标准确定、公布，并于 2015 年 5 月 1 日起实施，《危险化学品名录》（2002 版）、《剧毒化学品目录》（2002 年版）同时予以废止。

《目录》根据化学品分类和标签系列国家标准，从化学品 28 类 95 个危险类别中，选取了其中危险性较大的 81 个类别作为危险化学品的确定原则。《目录》是落实《危险化学品安全管理条例》的重要基础性文件，是企业落实危险化学品安全管理主体责任，以及相关部门实施监督管理的重要依据。

我国对危险化学品的管理实行目录管理制度，列入《目录》的危险化学品将依据国家的有关法律法规采取行政许可等手段进行重点管理。对于混合物和未列入《目录》的危险化学品，为了全面掌握我国境内危险化学品的危险特性，我国实行危险化学品登记制度和鉴别分类制度，企业应该根据《化学品物理危险性鉴定与分类管理办法》（国家安全生产监督管理总局令　第 60 号）及其他相关规定进行鉴定分类，如果经鉴定分类属于危险化学品的，应该根据《危险化学品登记管理办法》（国家安全生产监督管理总局令　第 53 号）进行危险化学品登记，从源头上全面掌握化学品的危险性，保证危险化学品的安全使用。通过目录管理与鉴别分类等管理方式的结合，形成对危险化学品安全管理的全覆盖。

《危险化学品安全管理条例》于 2002 年 1 月 26 日公布，2011 年修订，是管理危险化学品的国家法规。

1.3.1.3　危险化学品的主要危险特性

（1）燃烧性　许多危险化学品在条件具备时均可能发生燃烧。

（2）爆炸性　许多危险化学品均可能由于其化学活性或易燃性引发爆炸事故。

（3）毒害性　许多危险化学品可通过一种或多种途径进入人体和动物体内，当其在肌体内累积到一定量时，便会扰乱或破坏肌体的正常生理功能，引起暂时性或持久性的病理改变，甚至危及生命。

（4）腐蚀性　强酸、强碱等物质能对人体组织、金属等物品造成损坏，接触人的皮肤、眼睛、肺部、食道等时，会引起表皮组织坏死而造成灼伤。内部器官被灼伤后会引起炎症，甚至造成死亡。

1.3.2　危险化学品安全要求

1.3.2.1　危险化学品生产安全

① 危险化学品生产企业必须向国务院质检部门申请领取危险化学品生产许可证，未取得危险化学品生产许可证的，不得开工生产。

② 危险化学品生产企业应当建立、健全主要负责人、分管负责人、安全生产管理人员、职能部门、岗位安全生产责任制。

③ 危险化学品生产企业应当制定从业人员的安全教育、培训、劳动防护用品（具）、保健品，安全设施、设备，作业场所防火、防毒、防爆和职业卫生、安全检查、隐患整改、事故调查处理、安全生产奖惩等规章制度。

④ 危险化学品生产企业应根据危险化学品的生产工艺、技术、设备特点和原材料、辅助材料、产品的危险性编制岗位操作安全规程（安全操作法）和符合有关标准规定的作业安全规程。

⑤ 危险化学品生产企业的安全投入应当符合安全生产要求。

⑥ 危险化学品生产企业应当设置安全生产管理机构，配备专职安全生产管理人员。

⑦ 危险化学品生产企业主要负责人、安全生产管理人员的安全生产知识和管理能力应当经考核合格。

⑧ 特种作业人员应当经有关业务主管部门考核合格，取得特种作业操作资格证书。其他的从业人员应当按照国家有关规定，经安全教育和培训并考核合格。

⑨ 危险化学品生产企业应当依法参加工伤保险，为从业人员缴纳保险费。

⑩ 危险化学品生产企业的厂房、作业场所和安全设施、设备、工艺应当符合下列要求：

a. 国家和省、自治区、直辖市的规划和布局。

b. 在设区的市规划的专门用于危险化学品生产、储存的区域内。

c. 危险化学品的生产装置和储存危险化学品数量构成重大危险源的储存设施，与下列场所、区域的距离必须符合有关法律、法规、规章和标准的规定：

- 居民区、商业中心、公园等人口密集区域；
- 学校、医院、影剧院、体育场（馆）等公共设施；
- 供水水源、水厂及水源保护区；
- 车站、码头（按照国家规定，经批准专门从事危险化学品装卸作业的除外）、机场，以及公路、铁路、水路交通干线，地铁风亭及出入口；
- 基本农田保护区、畜牧区、渔业水域和种子、种畜、水产苗种生产基地；
- 河流、湖泊、风景名胜区和自然保护区；
- 军事禁区、军事管理区；
- 法律、行政法规规定予以保护的其他区域。

d. 符合有关法律、法规、规章和标准的规定。

e. 不得采用和使用国家明令淘汰、禁止使用的工艺、设备。

f. 生产、储存危险化学品的车间、仓库不得与从业人员宿舍在同一座建筑物内，并应与从业人员宿舍保持符合规定的安全距离。

g. 危险化学品生产装置和储存设施的周边防护距离符合有关法律、法规、规章和标准的规定。

h. 进行消防设计的建筑工程需经公安消防机构验收合格。

⑪ 危险化学品生产企业应当有相应的职业危害防护设施，并为从业人员配备符合有关国家标准或者行业标准规定的劳动防护用品。

⑫ 危险化学品生产企业应当依法进行安全评价。

⑬ 危险化学品生产企业应当按照国家有关标准，辨识、确定本企业的重大危险源。

⑭ 对已确定的重大危险源，应当有符合国家有关法律、法规、规章和标准规定的检测、评估和监控措施，定期检测、检查，并建立重大危险源检测、检查档案。

⑮ 危险化学品生产企业对其可能发生的生产安全事故，应当采取下列措施：

a. 按照国家有关规定编制危险化学品事故和其他生产安全事故应急救援预案。

b. 有应急救援组织或者应急救援人员。

c. 大型易燃、易爆化学品生产企业和距离当地公安消防队较远的大型危险化学品生产企业应有专职消防队，其他危险化学品生产企业应根据实际需要有义务消防队。

d. 配备必要的应急救援器材、设备。

动画扫一扫

紧急器材柜

1.3.2.2　危险化学品使用安全

危险化学品使用单位是本单位安全生产的责任主体，其使用条件（包括工艺）应当符合法律、法规、行政规章的规定和国家标准、行业标准的要求，并根据所使用的危险化学品的种类、危险特性以及使用量和使用方式，建立、健全使用危险化学品的安全管理规章制度和安全操作规程，保证危险化学品的安全使用。除此之外还应具备下列条件：

① 有与所使用的危险化学品相适应的专业技术人员；

② 有安全管理机构和专职安全管理人员；

③ 有符合国家规定的危险化学品事故应急预案和必要的应急救援器材、设备；

④ 依法进行了安全评价。

1.3.2.3　危险化学品储存与运输安全

（1）危险化学品运输安全技术与要求　化学品在运输中发生事故的情况比较常见，全面了解并掌握有关化学品的安全运输规定，对避免运输事故具有重要意义。

① 国家对危险化学品的运输实行资质认定制度，未经资质认定，不得运输危险化学品。

② 托运危险物品必须出示有关证明，在指定的铁路、公路交通、航运等部门办理手续。托运物品必须与托运单上所列的品名相符。托运未列入国家品名表内的危险物品时，应附交上级主管部门审查同意的技术鉴定书。

③ 危险物品的装卸人员，应按装运危险物品的性质，佩戴相应的防护用品，装卸时必须轻装轻卸，严禁摔拖、重压和摩擦，不得损毁包装容器，并注意按标志将危险物品堆放稳妥。

④ 危险物品装卸前，应对车（船）等搬运工具进行必要的通风和清扫，不得留有残渣，对装有剧毒物品的车（船），卸车（船）后必须洗刷干净。

⑤ 装运爆炸物质、剧毒物质、放射性物质、易燃液体、可燃气体等物品，必须使用符合安全要求的运输工具；禁忌物料不得混运；禁止用电瓶车、翻斗车、铲车、自行车等运输爆炸物品；运输强氧化剂、爆炸品及用铁桶包装的一级易燃液体时，若没有采取可靠的安全措施，不得用铁底板车及汽车挂车搬运，禁止用叉车、铲车、翻斗车搬运易燃、易爆液化气体等危险物品；在温度较高地区装运液化气体和易燃液体等危险物品时，要有防晒设施；放射性物品应用专用运输搬运车和抬架搬运，装卸机械应按规定负荷降低 25％ 的装卸量，遇水燃烧物品及有毒物品，禁止用小型机帆船、小木船和水泥船承运。

⑥ 运输爆炸、剧毒和放射性物品时，应指派专人押运，押运人员不得少于两人。

⑦ 运输危险物品的车辆，必须保持安全车速，保持车距，严禁超车、超速和强行会车。运输危险物品的行车路线，必须事先经当地公安交通部门批准，按指定的路线和时间运输，不可在繁华街道行驶和停留。

⑧ 运输易燃、易爆物品的机动车，其排气管应装阻火器，并悬挂"危险品"标志。

⑨ 运输散装固体危险物品时，应根据其性质，采取防火、防爆、防水、防粉尘飞扬和遮阳等措施。

⑩ 禁止利用内河以及其他封闭水域运输剧毒化学品。通过公路运输剧毒化学品时，托运人应当向目的地的县级人民政府公安部门申请办理剧毒化学品公路运输通行证。办理剧毒化学品公路运输通行证时，托运人应当向公安部门提交有关危险化学品的品名、数量、运输始发地和目的地、运输路线、运输单位、驾驶人员、押运人员、经营单位和购买单位资质情况的材料。

⑪ 运输危险化学品需要添加抑制剂或者稳定剂的，托运人交付托运时应当添加抑制剂或者稳定剂，并告知承运人。

⑫ 危险化学品运输企业应当对其驾驶员、船员、装卸管理人员、押运人员进行有关安全知识培训。驾驶员、装卸管理人员、押运人员必须掌握危险化学品运输的安全知识，并经所在地设区的市级人民政府交通部门考核合格，船员经海事管理机构考核合格，取得上岗资格证，方可上岗作业。

（2）危险化学品储存的基本要求   根据《常用化学危险品贮存通则》GB 15603—1995 的规定，储存危险化学品的基本安全要求是：

① 储存危险化学品必须遵照国家法律、法规和其他有关的规定。

② 危险化学品必须储存在经公安部门批准设置的专门的危险化学品仓库中，经销部门自管仓库储存危险化学品及储存数量必须经公安部门批准。未经批准不得随意设置危险化学品储存仓库。

③ 危险化学品露天堆放时，应符合防火、防爆的安全要求，爆炸物品、一级易燃物品、遇湿燃烧物品、剧毒物品不得露天堆放。

④ 储存危险化学品的仓库必须配备有专业知识的技术人员，其库房及场所应设专人管理，管理人员必须配备可靠的个人安全防护用品。

⑤ 储存的危险化学品应有明显的标志。同一区域储存两种或两种以上不同级别的危险化学品时，应按最高等级危险化学品的性能标志。

⑥ 危险化学品储存方式分为隔离储存、隔开储存、分离储存 3 种。

⑦ 根据危险化学品性能分区、分类、分库储存。各类危险化学品不得与禁忌物料混合储存。

⑧ 储存危险化学品的建筑物、区域内严禁吸烟和使用明火。

（3）危险化学品分类储存的安全技术　《常用化学危险品贮存通则》GB 15603—1995、《易燃易爆性商品储存养护技术条件》GB 17914—2013、《腐蚀性商品储存养护技术条件》GB 17915—2013、《毒害性商品储存养护技术条件》GB 17916—2013 等分别规定了危险化学品储存场所的要求、储量的限制及不同类别危险化学品的储存要求。

（4）危险化学品包装安全要求　《危险货物运输包装通用技术条件》GB 12463—2009 把危险货物包装分成以下 3 类：

① Ⅰ类包装。货物具有较大危险性，包装强度要求高。

② Ⅱ类包装。货物具有中等危险性，包装强度要求较高。

③ Ⅲ类包装。货物具有的危险性小，包装强度要求一般。

标准里还规定了这些包装的基本要求、性能试验和检验方法等，也规定了包装容器的类型和标记代号。

《危险货物运输包装类别划分方法》GB/T 15098—2008 规定了划分各类危险化学品运输包装类别的基本原则。

（5）接触和混合储运的危险性　某些化学品接触或混合时其危险性增加。有些化学品接触或混合易燃烧，还有些接触或混合易发生爆炸。另外，这些化学品在发生事故时所使用的灭火方法不同。《常用化学危险品贮存通则》GB 15603—1995、《易燃易爆性商品储存养护技术条件》GB 17914—2013、《腐蚀性商品储存养护技术条件》GB 17915—2013、《毒害性商品储存养护技术条件》GB 17916—2013 等的附录中均附有危险化学品混存性能互抵表。必须掌握危险化学品之间的抵触和不相容性，避免将禁忌物料混储混运，以保证储运安全。

1.3.3　危险化学品事故的控制和防护措施

1.3.3.1　危险化学品火灾、爆炸事故预防控制措施

从理论上讲，防止火灾、爆炸事故发生的基本原则主要有以下 3 点。

（1）防止燃烧、爆炸系统形成　防止燃烧、爆炸系统形成的措施主要包括替代、密闭、稀有气体保护、通风置换、安全监测及联锁。

（2）消除点火源　能引发事故的点火源有明火、高温表面、冲击、摩擦、自燃、发热、电气火花、静电火花、化学反应热、光线照射等。

消除点火源的具体做法有：

① 控制明火和高温表面；

② 防止摩擦和撞击产生火花；

③ 在火灾、爆炸危险场所采用防爆电气设备和防爆工具，以避免产生电气火花。

气体检测报警装置　　消防栓　　灭火器　　灭火毯　　消防沙

（3）限制火灾、爆炸蔓延扩散 限制火灾、爆炸蔓延扩散的措施包括阻火装置、防爆泄压装置以及防火、防爆分隔等。

1.3.3.2 危险化学品中毒、污染事故预防控制措施

对于危险化学品中毒、污染事故，目前采取的主要预防控制措施是替代、变更工艺、隔离、通风、个体防护和保持卫生。

（1）替代 控制、预防化学品危害最理想的方法是不使用有毒、有害和易燃、易爆的化学品，但这很难做到，通常的做法是选用无毒或低毒的化学品替代有毒、有害化学品。例如，用甲苯替代喷漆和涂漆中用的苯，用脂肪烃替代胶水或黏合剂中的芳香烃等。

（2）变更工艺 虽然替代是控制化学品危害的首选方案，但是目前可供选择的替代品是很有限的，特别是因技术和经济方面的原因，不可避免地要生产、使用有害化学品。这时可通过变更工艺消除或降低有害化学品的危害。如以往用乙炔制乙醛，采用汞作为催化剂，现在发展为用乙烯为原料，通过氧化制乙醛，不需用汞作为催化剂。

（3）隔离 隔离就是通过封闭、设置屏障等措施，避免作业人员直接暴露于有害环境中。最常用的隔离方法是将生产或使用的设备完全封闭起来，使工人在操作中不接触化学品。

隔离操作是另一种常用的隔离方法，简单地说，就是把生产设备与操作室隔离开。最简单的形式就是把生产设备的管线阀门、电控开关放在与生产地点完全隔离的操作室内。

（4）通风 通风是控制作业场所中有害气体、蒸气或粉尘最有效的措施之一。借助于有效的通风，使作业场所空气中有害气体、蒸气或粉尘的浓度低于规定浓度，保证工人的身体健康，防止火灾、爆炸事故的发生。

通风分局部排风和全面通风两种。局部排风是把污染源罩起来，抽出被污染的空气，所需风量小，经济有效并便于净化回收。全面通风则是用新鲜空气将作业场所中的污染物稀释到安全浓度以下，所需风量大，不能净化回收。

对于点式扩散源，可进行局部排风。使用局部排风时，应使污染源处于通风罩控制范围内。为了确保通风系统的高效率，通风系统设计的合理性十分重要。对于已安装的通风系统，要经常维护和保养，使其有效地发挥作用。

对于面式扩散源，要进行全面通风。全面通风也称稀释通风，其原理是向作业场所提供新鲜空气，抽出被污染的空气，进而稀释有害气体、蒸气或粉尘，从而降低其浓度。采用全面通风时，在厂房设计阶段就要考虑空气流向等因素。因为全面通风的目的不是消除污染物，而是将污染物分散、稀释，所以全面通风仅适用于低毒性作业场所，不适用于污染物量大的作业场所。

像实验室中的通风橱、焊接室或喷漆室中可移动的通风管和导管都是局部排风设备。在冶炼厂，熔化的物质从一端流向另一端时散发出有毒的烟和气，此时两种通风系统都要使用。

（5）个体防护 当作业场所中有害化学品的浓度超标时，工人就必须使用合适的个体防护用品。个体防护用品不能降低作业场所中有害化学品的浓度，它仅仅是一道阻止有害物进入人体的屏障。防护用品本身的失效就意味着保护屏障的消失。因此，个体防护不能被视为控制危害的主要手段，而只能作为一种辅助性措施。

防护用品主要有头部防护器具、呼吸防护器具、眼防护器具、躯干防护用品、手足防护用品等。

（6）保持卫生　保持卫生包括保持作业场所清洁和作业人员个人卫生两个方面。经常清洗作业场所，对废弃物、溢出物加以适当处置，保持作业场所清洁，也能有效地预防和控制化学品危害。作业人员应养成良好的卫生习惯，防止有害物附着在皮肤上，并通过皮肤渗入体内。

正压式消防　　　　A级防护服　　　　　急救药箱　　　　　紧急喷淋
空气呼吸器　　　　　　　　　　　　　　　　　　　　　　　洗眼器

1.4　电气安全与静电防护技术

1.4.1　电气事故概述

1.4.1.1　电气事故的特点

（1）电气事故危害大　电气事故往往伴随着人员伤害和财产损失，严重的电气事故不仅会带来重大的经济损失，甚至还可能造成人员伤亡。

（2）直观地识别电气事故较为困难　由于电看不见、听不到、闻不着，其本身不具备被人们直观识别的特征，因此由电所引发的危险不易被人们察觉，使得电气事故往往来得猝不及防。也正因如此，使得电气事故的防护以及对人员的教育难度增加。

（3）电气事故涉及领域广　电气事故并不仅仅局限在用电领域的触点、设备和线路故障等，在一些非用电场所，也会因电能的释放造成灾害或伤害，如雷电、静电荷电磁场危害等。电能的使用极为广泛，遍布各个行业领域。可以说，哪里使用电，哪里就有可能发生电气事故，哪里就必须考虑电气事故的预防问题。

1.4.1.2　电气事故的类型

电气事故是由于电能非正常地作用于人体或系统所造成的。根据电能的不同作用形式，可将电气事故分为以下五类。

（1）触电事故　触电事故是以电流形式的能量作用于人体造成的事故。当电流直接作用于人体或转换成其他形式的能量（如热能）作用于人体时，人体都将受到不同形式的伤害。

（2）静电危害事故　静电危害事故是由静电电荷或静电场能量引起的。在化工生产过程中以及操作人员的操作过程中，某些化工材料的相对运动、接触与分离等都会导致静电的产生和积聚。虽然产生的静电能量不算太大，不会直接使人致命，但是，其电压可能会高达数10kV 以上，容易产生放电火花。

（3）雷电灾害事故　雷电是大气中的一种放电现象。雷电放电具有电流大、电压高的特点，其释放的能量可能形成极大的破坏力。

（4）射频电磁场危害　射频是指无线电电波的频率或者相应的电磁振荡频率，泛指

100kHz 以上的频率。射频伤害是由电磁场的能量造成的。过量的辐射可以引起中枢神经系统的机能障碍，甚至出现神经衰弱等临床症状。

（5）电气系统故障危害　电气系统故障危害是由于电能的输送、分配、转换过程中，失去控制而产生的。系统中电气线路或电气设备的故障有可能引起火灾和爆炸、异常带电或停电，从而导致人员伤亡及重大财产损失。

1.4.2　触电保护技术

1.4.2.1　触电事故对人类造成的伤害

电气事故主要包括触电事故、静电事故、电磁场危害、电气火灾和爆炸、雷击，也包括危及人身安全的线路故障和设备故障。由于物体带电不像机械危险部位那样容易被人们察觉到，因而更具有危险性。下面着重讨论电流对人体的伤害。

触电时，电流对人体的伤害可以分为局部电伤和全身性电伤（电击）两类。

（1）局部电伤　局部电伤是指在电流或电弧的作用下，人体部分组织的完整性明显地遭到损伤。有代表性的局部电伤有电灼伤、电烙印、皮肤金属化、机械损伤和电光眼。

（2）全身性电伤　人体遭受电击后，维持生命的重要器官（心脏、肺等）和系统（中枢神经系统）的正常活动受到破坏，甚至会导致死亡。

（3）电流对人体伤害程度的影响因素　主要有：①流经人体的电流强度；②电流通过人体的持续时间；③电流通过人体的途径；④电流的频率；⑤人体的健康状况等。

1.4.2.2　触电的形式与原因

（1）触电形式　按照人体及带电体的接触方式和电流通过人体的途径，电击可以分为以下四种情况（图 1-10）。

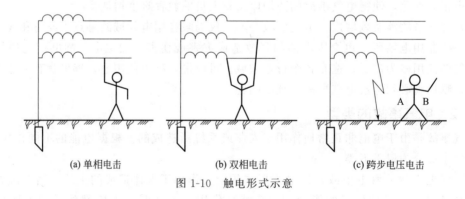

(a) 单相电击　　　　(b) 双相电击　　　　(c) 跨步电压电击

图 1-10　触电形式示意

① 低压单线触电。大部分触电事故都是单相触电事故。亦称为单相电击，即在地面或其他接地导体上，人体的某一部位触及一相带电体的触电事故。

② 低压双线触电。常出现在工作中操作不慎的场合。又称为双相电击，即人体两处同时触及两相带电体的触电事故。这时由于人体受到的电压可高达 220V 或 380V，所以危险性比低压单线触电要大。

③ 跨步电压触电。当带电体接地有电流流入地下时，电流在接地点周围土壤中产生电压降，人在接地点周围，两脚（一般人的步距约为 0.8m）之间出现电压（即跨步电压），由此引起的触电事故称为跨步电压触电。在高压故障接地外或有大电流流过的接地装置附

近，都可能出现跨步触电。

④ 高压电击。对于 1000V 以上的高压电气设备，当人体过分接近它时，高压电能将空气击穿使电流通过人体。此时还伴有高温电弧，能把人烧伤。

（2）触电的原因

① 缺乏电气安全知识。如带电拉高压隔离开关；用手触摸被破坏的胶盖刀闸等。

② 违反操作规程。如在高压线附近施工或运输大型货物，施工工具和货物碰击高压线；带电接临时照明线及临时电源；火线误接到电动工具外壳上等。

③ 维护不良。如大风刮断的低压线路未能及时修理；胶盖开关破损长期不予修理等。

④ 电气设备存在安全隐患。如电气设备漏电；电气设备外壳因没有接地而带电；闸刀开关或磁力启动器缺少护壳；电线或电缆因绝缘磨损或腐蚀而损坏等。

1.4.2.3　触电防护措施

触电事故尽管类型多样，但最常见的情况是偶然触及那些正常情况下不带电而意外带电的导体。触电事故虽然具有突发性，但也有一定的规律性，针对其规律性采取相应的安全技术措施，很多事故是可以避免的。预防触电事故的主要技术措施有以下几个方面。

（1）采用安全电压　安全电压值取决于人体允许电流和人体电阻的大小。国家标准《特低电压（ELV）限值》（GB/T 3805—2008）规定，安全电压额定值的等级为 42V、36V、24V、12V、6V。当电气设备采用了超过 24V 电压时，必须采取防止人直接接触带电体的保护措施。

凡手提照明灯、危险环境和特别危险环境中使用的局部照明灯、高度不足 2.5m 的一般照明灯、危险环境和特别危险环境中使用的携带式电动工具，如果没有特殊安全结构或安全措施，应采用 36V 安全电压；凡工作地点狭窄，行动不便，以及周围有大面积接地导体的环境（如金属容器内、隧道或矿井内等），所使用的手提照明灯应采用 12V 安全电压。

（2）保证绝缘性能　电气设备的绝缘，就是用绝缘材料将带电导体封闭起来，使之不被人身触及，从而防止触电事故发生。一般使用的绝缘材料有瓷、云母、橡胶、塑料、布、纸、矿物油及某些高分子合成材料。不同电压等级的电气设备，有不同的绝缘电阻要求，并要定期测定。电工绝缘材料的品种很多，通常分为以下几种。

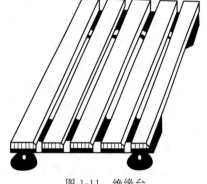

图 1-11　绝缘台

① 气体绝缘材料。常用的有空气、氮气、二氧化碳等。

② 液体绝缘材料。常用的有变压器油、开关油、电容器油、电缆油、十二烷基苯、硅油、聚丁二烯等。

③ 固体绝缘材料。常用的有绝缘漆胶、漆布、漆管、绝缘云母制品、聚四氟乙烯、瓷和玻璃制品等。

此外，电工作业人员应站在绝缘台（图 1-11）上操作，同时还应正确使用绝缘工具，如绝缘夹钳、绝缘杆等（图 1-12、图 1-13），穿戴绝缘防护用品，如绝缘手套、绝缘鞋等。

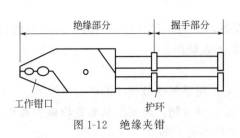

图 1-12　绝缘夹钳

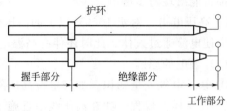

图 1-13　绝缘杆

（3）采用屏护　屏护包括屏蔽和障碍，是指能防止人体有意或无意触及或过分接近带电体的护罩、箱匣等安全装置。某些开启式开关电气的活动部分不便绝缘，或高压设备的绝缘不能保证人接近时的安全，应有相应的屏护，如围墙、护网、护罩等。若采用金属材料，必须满足《机械安全　防护装置　固定式和活动式防护装置的设计与制造一般要求》（GB/T 8196—2018）的规定。必要时，还可以设置声、光报警信号和联锁保护装置。

（4）保持安全距离　安全距离是指有关规程明确规定的、必须保持的带电部位与地面、建筑物、人体、其他设备之间的最小电气安全空间距离。安全距离的大小取决于电压的高低、设备的类型及安装方式等因素。大致可以分为四类：①各种线路的安全距离；②变配电设备的安全距离；③各种用电设备的安全距离；④检修、维修时的安全距离。为了防止火灾、过电压放电和各种短路事故，在带电体与地面之间、接电体与带电体之间、带电体与人体之间、带电体与其他设施之间均应保持安全距离。

（5）合理选用电气设备　合理选用电气设备是减少触电危险和火灾爆炸危害的重要措施。选择电气设备时主要根据周围环境的情况，如在干燥少尘的环境中，可以采用开启式或封闭式电气设备；在潮湿和多尘的环境中，应采用封闭式电气设备；在有腐蚀性气体的环境中，必须采用封闭式电气设备；在有易燃易爆危险的环境中，必须采用防爆式电气设备。

（6）装设漏电保护装置　漏电保护器（也称为漏电流动作保护器）是一种在设备及线路漏电时，保证人身和设备安全的装置。其作用主要是防止由于漏电引起的人身触电，并防止由于漏电引起的设备火灾，同时还可以监视、切除电源一相接地故障。依据《剩余电流动作保护装置安装和运行》（GB/T 13955—2017）的要求，在电源直接接地的保护系统中，在规定的设备、场所范围内必须安装漏电保护器和实现漏电保护器的分级保护。对一旦发生漏电切断电源时，会造成事故和重大经济损失的装置和场所，则应安装报警式漏电保护器。

（7）保护接地　保护接地是在电气设备正常情况下，将不带电的金属部分与接地体之间作良好的金属连接，以保护人体的安全。其目的是防止因绝缘损坏而遭到触电的危险，保护接地的原理如图 1-14 所示。凡是在正常情况下不带电，而发生故障时可能带危险电压的金属部件，均应进行保护接地。

（8）保护接零　采取保护接零措施是将电气设备的金属外壳与变压器中性点引出的工作零线或保护零线相连接，保护接零的原理如图 1-15 所示。同时，为了降低漏电设备的对地电压，减少零线短路时的触电危险性，缩短故障持续时间，常采用重复接地的措施。重复接地是将零线上的一处或多处通过接地装置与大地再次连接的措施。

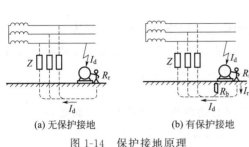

图 1-14　保护接地原理

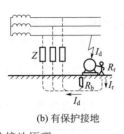

图 1-15　保护接零原理

1.4.2.4　触电的急救

（1）触电后的症状　人员遭电击后，病情表现为三种状态。第一种是当通过人体的电流小于摆脱电流时，伤员意识清醒，能自己摆脱电源，但感到乏力、头晕、胸闷、心悸、出冷汗；第二种是当通过人体的电流增大至大于摆脱电流时，触电伤员会出现意识不清、昏迷，但呼吸、心跳尚存在；第三种是当通过人体的电流强度接近或达到致命电流时，触电伤员会出现神经麻痹、血压降低、呼吸中断、心脏停止跳动等征象，外表上呈现昏迷不醒的状态，同时面色苍白、口唇发绀、瞳孔扩大、肌肉痉挛，呈全身性电休克所致的假死状态。这样的伤员必须立即在现场进行心肺复苏抢救。

（2）触电急救的步骤　触电事故发生后，切不可惊慌失措，必须不失时机地进行急救，尽可能减少伤亡。触电急救的要点是动作迅速、方法正确。

① 迅速脱离电源。人触电以后，可能由于痉挛、失去知觉或中枢神经失调而紧抓带电体，不能自行脱离电源。这时，使触电者尽快脱离电源是救治触电者的首要条件。

低压电触电时帮助触电者脱离电源的方法主要有以下几点：

a. 如果电源开关或电源插头在触电地点附近，可立即拉断开关或拔出插头，切断电源。要注意的是，由于拉线开关和平开关只控制一根线，则切断开关只能切断负荷而不能切断电源；

b. 如果电源开关或电源插头不在触电地点附近，可用带绝缘柄的电工钳或用干燥木柄的斧头切断电源，或用干木板等绝缘物插入触电者身下，隔断电源；

c. 如果电线是搭落在触电者身上或被压在身下，可用干燥的木棒、木板、绳索、手套等绝缘物作为工具，拉开触电者或挑开电线。

高压电触电时帮助触电者脱离电源的方法主要有以下几点：

a. 立即通知有关部门停电；

b. 戴上绝缘手套，穿上绝缘靴，用相应电压等级的绝缘工具拉开开关；

c. 如果事故发生在线路上，可抛掷裸露金属线，使线路短路接地，迫使保护装置动作，切断电源。抛掷金属线前，一定将金属线一端可靠接地，再抛掷另端。被抛出的一端不可触及触电者和其他人。

② 进行现场急救。触电者脱离电源后，应根据触电者的具体情况，迅速地对症救治：

a. 如果触电者伤势不重，意识清醒，但有些心慌、四肢麻木、全身无力，或触电者曾一度昏迷，但已经清醒过来，应让触电者安静休息，注意观察并请医生前来治疗或送往医院。

b. 如果触电者伤势较重，已经失去知觉，但心脏跳动和呼吸尚未中断，应让触电者安静地平卧，解开其紧身衣服以利呼吸；保持空气流通，若天气寒冷，则注意保暖。严密观察，速请医生治疗或送往医院。

c. 如果触电者伤势严重，呼吸停止或心脏跳动停止，应立即实施口对口人工呼吸和胸外心脏按压进行急救。若二者都已经停止，则应同时进行口对口人工呼吸和胸外心脏按压急救，并速请医生治疗或送往医院。在送往医院的途中，不能中止急救。

（3）救护时的注意事项

① 救护人员切不可直接用手、其他金属或潮湿的物件作为救护工具，而必须使用干燥绝缘的工具。救护人员最好只用一只手操作，以防自己触电。

② 为防止触电者脱离电源后可能摔倒，应准确判断触电者倒下的方向，特别是触电者身在高处的情况下，更要采取防摔措施。

③ 人在触电后，有时会有较长时间的"假死"，因此，救护人员应耐心进行抢救，绝不可轻易中止。但切不可给触电者打强心针。

1.4.3 静电的危害与消除

1.4.3.1 静电的产生

静电的产生有内因和外因两个方面的原因。内因是由于物质的逸出功不同，当两物体接触时，逸出功较小的一方失去电子带正电，另一方则获得电子带负电。

产生静电的外因有多种，如物体的紧密接触和迅速分离（如摩擦、撞击、撕裂、挤压等），促使静电的产生；带电微粒附着到与地绝缘的固体上，使之带上静电；感应带电；固定的金属与流动的液体之间会出现电解起电；固体材料在机械力的作用下产生压电效应；流体、粉末喷出时，与喷口剧烈摩擦而产生喷出带电等。需要指出的是，静电产生的方式不是单一的，如摩擦起电的过程中，就包括了接触带电、热电效应起电、压电效应起电等几种形式。

1.4.3.2 静电的危害

（1）爆炸和火灾 爆炸和火灾是静电最大的危害。在有可燃液体的作业场所（如油料装运等），可能由静电火花引起火灾；在有气体、蒸气爆炸性混合物或有粉尘纤维爆炸性混合物的场所，可能会由静电引起爆炸。

（2）电击 当人体接近带电体时，或带静电电荷的人体接近接地体时，都可能产生静电电击。

（3）影响生产 在某些生产过程中，如不消除静电，将会妨碍生产或降低产品质量。

1.4.3.3 防止静电的途径

防止和消除静电的基本途径有以下几种。

（1）工艺控制法 工艺控制法就是从工艺流程、设备结构、材料选择和操作管理等方面采取措施，限制静电的产生或控制静电的积累，使之不能达到危险的程度。具体方法是：限制输送速度；对静电的产生区和逸散区，采取不同的防静电措施；正确选择设备和管道的材料；合理安排物料的投入顺序；消除产生静电的附加源，如液流的喷溅、冲击，粉尘在料斗内的冲击等。

（2）泄漏导走法 泄漏导走法是指将静电接地，使之与大地连接，消除导体上的静电。这是消除静电最基本的方法。可以利用工艺手段对空气增湿、添加抗静电剂，使带电体的电阻率下降或规定静置时间和缓冲时间等，使所带的静电荷得以通过接地系统导入大地。

常用的静电接地连接方式有静电跨接、直接接地、间接接地三种。

（3）静电中和法　静电中和法是利用静电消除器产生的消除静电所必需的离子来对异性电荷进行中和。静电消除器的形式主要有自感应式、外接电源式、放射线式、离子流式和组合式等。自感应式（图 1-16）和放射线式静电消除器适用于任何级别的场所，但当危及安全工作时不得使用放射线式；外接电源式静电消除器应按场所级别选用，如在防爆场所内，应选用具有防爆性能的静电消除器；离子流式静电消除器适用于远距离和需防火、防爆的环境中。

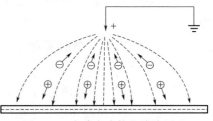

图 1-16　自感应式静电消除原理

1.4.3.4　人体防静电措施

人体带电除了使人遭到电击和对安全生产构成威胁外，还能在生产中造成质量事故。因此，消除人体所带有的静电非常必要。

（1）人体接地　在人体必须接地的场所，工作人员应随时用手接触接地棒，以清除人体所带有的静电。防静电场所的入口处、外侧，应有裸露的金属接地物，如采用接地的金属门、扶手、支架等。在有静电危害的场所，工作人员应穿戴防静电的工作服、鞋和手套，不得穿用化纤衣物。

（2）工作地面导电化　特殊危险场所的工作地面，应有导电性或具备导电条件。这一要求可通过洒水或是铺设导电地板来实现。工作地面泄漏电阻的阻值一般应控制在 $3\times10^4\,\Omega\leqslant R\leqslant10^5\,\Omega$。

（3）安全操作　工作中，应尽量不进行可使人体带电的活动，如接近或接触带电体；操作应有条不紊，避免急骤性的动作；在有静电危险的场所，不得携带与工作无关的金属物品，如钥匙、硬币、手表等；合理使用规定的劳动保护用品和工具，不准使用化纤材料制作的拖布或抹布擦洗物体或地面。

1.5　职业危害及其预防

1.5.1　生产性毒物危害

1.5.1.1　生产性毒物的来源与存在形态

（1）来源　在生产过程中，生产性毒物主要来自原料、辅助材料、中间产品、夹杂物、半成品、成品、废气、废液及废渣，有时也可能来自加热分解的产物，如聚氯乙烯塑料加热至 $160\sim170℃$ 时可分解产生氯化氢。

（2）存在形态　生产性毒物的存在形式有：气体，如氯、溴、氨、一氧化碳和甲烷等；固体升华、液体蒸发时形成的蒸气；液体，混悬于空气中的液体微粒，如喷洒所形成的雾滴，生产产生的硫酸雾等；固体，直径小于 $0.1\mu m$ 的悬浮于空气中的固体微粒，如熔镉时产生的氧化镉烟尘等。

能较长时间悬浮于空气中的固体微粒，直径大多数为 $0.1\sim1\mu m$。悬浮于空气中的粉尘、烟和雾等微粒，统称为气溶胶。了解生产性毒物的存在形态，有助于研究毒物进入人体的途径、人的发病原因，且便于采取有效的防护措施，以及选择车间空气中有害物的采样方法。

1.5.1.2　生产性毒物危害的治理措施

生产过程的密闭化、自动化是解决毒物危害的基本途径。采用无毒、低毒物质代替有毒或高毒物质是从根本上解决毒物危害的办法。常用的生产性毒物控制措施如下：

（1）密闭-通风排毒系统　该系统由密闭罩、通风管、净化装置和通风机构成。

（2）局部排气罩　就地密闭、就地排出、就地净化，是通风防毒工程的一个重要的技术准则。排气罩就是实施毒源控制、防止毒物扩散的具体技术装置。局部排气罩按其构造分为密闭罩、开口罩、通风橱 3 种类型。

（3）排出气体的净化　工业的无害化排放是通风防毒工程必须遵守的重要准则。根据输送介质特性和生产工艺的不同，可采用不同的有害气体净化方法。

① 确定净化方案的原则：

a.设计前必须确定有害物质的成分、含量和毒性等理化指标；

b.确定有害物质的净化目标和综合利用方向，应符合卫生标准和环境保护标准的规定；

c.净化设备的工艺特性，必须与有害介质的特性相一致；

d.落实防火、防爆的特殊要求。

② 有害气体净化方法。有害气体净化方法大致分为洗涤法、吸附法、袋滤法、静电法、燃烧法和高空排放法。

刷毒物品的
管理与使用

（4）个体防护　对接触毒物作业的工人来说，个体防护有特殊意义。毒物通过呼吸道、口、皮肤侵入人体，因此，凡是接触毒物的作业都应规定有针对性的个人卫生制度，必要时应列入操作规程，如不准在作业场所吸烟、吃东西，不准将工作服带回家中等。个体防护制度不仅保护操作者本人，而且可避免家庭成员，特别是儿童受到间接侵害。

作业场所的防护用品有防腐服装、防毒口罩和防毒面具。

1.5.2　物理因素危害

1.5.2.1　生产性噪声

在生产中，由于机器转动、气体排放、工件撞击与摩擦所产生的噪声，称为生产性噪声或工业噪声。

（1）生产性噪声的分类　生产性噪声可分为空气动力噪声、机械性噪声和电磁性噪声3 类。

① 空气动力噪声是由于气体压力变化引起气体扰动，以及气体与其他物体相互作用所致，如各种风机、空气压缩机、风动工具、喷气发动机和汽轮机等由于压力脉冲和气体排放发出的噪声。

② 机械性噪声是由于机械撞击、摩擦或质量不平衡旋转等机械力作用引起固体部件振动所产生的噪声，如各种车床、电锯、电刨、球磨机、砂轮机和织布机等发出的噪声。

③ 电磁性噪声是由于磁场脉冲、磁致伸缩引起电气部件振动所致，如电磁式振动台和振荡器、大型电动机、发电机和变压器等产生的噪声。

（2）生产性噪声的特性　生产性噪声一般声级较高，有的作业地点可高达 120～130dB（A）。据调查，我国生产场所的噪声声级超过 90dB（A）的占 32%～42%，中高频噪声所占比例最大。

（3）生产性噪声的危害　由于长时间接触噪声导致的听阈升高且不能恢复到原有水平称为永久性听力阈移，临床上称为噪声聋。噪声不仅对听觉系统有影响，对非听觉系统如神经系统、心血管系统、内分泌系统、生殖系统及消化系统等都有影响。

1.5.2.2　振动

（1）产生振动的机械　在生产过程中，生产设备、工具产生的振动称为生产性振动。产生振动的机械有锻造机、冲压机、压缩机、振动机、送风机和打夯机等。

（2）振动的危害　在生产中，手臂振动所造成的危害较为明显和严重，国家已将手臂振动病列为职业病。存在手臂振动的生产作业主要有：操作锤打工具、手持转动工具、固定轮转工具和输送工具等。

1.5.2.3　辐射

电磁辐射广泛存在于地球上和宇宙空间中。当一根导线通过交流电时，导线周围辐射出一种能量，这种能量以电场和磁场形式存在，并以波动形式向四周传播。人们把这种交替变化的、以一定速度在空间传播的电场和磁场，称为电磁辐射或电磁波。电磁辐射分为射频辐射、红外线、可见光、紫外线、X 射线及 γ 射线等。

各种电磁辐射，由于其频率、波长、量子能量不同，对人体的危害也不同。当量子能量达到 12eV 以上时，对物体有电离作用，能导致机体的严重损伤，这类辐射称为电离辐射。量子能量小于 12eV 的不足以引起生物体电离的电磁辐射称为非电离辐射。现将在作业场所中可能接触的几种电磁辐射简述如下。

（1）非电离辐射

① 射频辐射。射频辐射又称为无线电波，量子能量很小。按波长和频率，射频辐射可分成高频电磁场、超高频电磁场和微波 3 个波段。

一般来说，射频辐射对人体的影响不会导致组织器官的器质性损伤，主要是引起功能性改变，并具有可逆性特征，在停止接触数周或数月后往往可恢复。但在大强度长期射频辐射的作用下，心血管系统的症状可持续较长时间，并可呈进行性变化。

② 红外线辐射。在生产环境中，加热金属、熔融玻璃及强发光体等可成为红外线辐射源。炼钢工、铸造工、轧钢工、锻钢工、玻璃熔吹工、烧瓷工及焊接工等会受到红外线辐射。红外线辐射对机体影响的主要部位是皮肤和眼睛。

③ 紫外线辐射。生产环境中，温度达 1200℃以上物体的辐射电磁波谱中即会出现紫外线。随着物体温度的升高，辐射的紫外线频率增高，波长变短，其强度也增大。

强烈的紫外线辐射可引起皮炎，表现为弥漫性红斑，有时可出现小水泡和水肿，并有发痒、烧灼感。在作业场所比较多见的是紫外线对眼睛的损伤。

④ 激光。激光不是天然存在的，而是用人工激活某些活性物质，在特定条件下受激发光。激光也是电磁波，属于非电离辐射，被广泛应用于工业、农业、国防、医疗和科研等领域。

激光对人体的危害主要是由它的热效应和光化学效应造成的。激光对皮肤损伤的程度取决于激光的强度、频率及肤色深浅、组织水分和角质层厚度等。激光能烧伤皮肤。

（2）电离辐射　凡能引起物质电离的各种辐射称为电离辐射。其中 α，β 等带电粒子都能直接使物质电离，称为直接电离辐射；γ 光子、中子等非带电粒子，先作用于物质产生高速电子，继而由这些高速电子使物质电离，称为非直接电离辐射。能产生直接或非直接电离辐射的物质或装置称为电离辐射源，如各种天然放射性核素、人工放射性核素和 X 线机等。

1.5.2.4 高温作业

高温作业是指在生产劳动过程中，其工作地点平均 WBGT 指数等于或大于 25℃的作业。WBGT 指数也称为湿球黑球温度（℃），是表示人体接触生产环境热强度的一个经验指数，它采用了自然温球温度（t_{nw}）、黑球温度（t_g）和干球温度（t_a）3 种参数。

室内作业　　　　WBGT＝$0.7t_{nw}+0.3t_g$

室外作业　　　　WBGT＝$0.7t_{nw}+0.2t_g+0.1t_a$

按照工作地点 WBGT 指数和接触高温作业的时间可将高温作业分为四级，级别越高表示热强度越大。

第2章 化工自动化控制系统

2.1 化工自动化

2.1.1 化工自动化概述

自动化技术是当今举世瞩目的高技术之一，也是中国今后重点发展的一个高科技领域。自动化技术的研究开发和应用水平是衡量一个国家发达程度的重要标志，也是现代化社会的一大标志。

自动化技术的进步推动了工业生产的飞速发展，在促进产业革命中起着十分重要的作用，特别是在石油、化工、冶金、轻工等部门，由于采用了自动化仪表和集中控制装置，促进了连续生产过程自动化的发展，大大地提高了劳动生产率，获得了巨大的社会效益和经济效益。

化工自动化是化工、炼油、食品、轻工等化工类型生产过程自动化的简称。在化工设备上，配备上一些自动化装置，代替操作人员的部分直接劳动，使生产不同程度地自动进行，这种用自动化装置来管理化工生产过程的办法，称为化工自动化。

自动化是提高社会生产力的有力工具之一。实现化工生产过程自动化的目的如下：

① 加快生产速度，降低生产成本，提高产品产量和质量。在人工操作的生产过程中，由于人的五官、手、脚，对外界的观察与控制其精确度和速度是有一定限度的，而且由于体力关系，人直接操纵设备效率也是有限的。如果用自动化装置代替人的操纵，则以上情况可以得到避免和改善，并且通过自动控制系统，使生产过程在最佳条件下进行，从而可以大大加快生产速度，降低能耗，实现优质高产。

② 减轻劳动强度，改善劳动条件。多数化工生产过程是在高温、高压或低温、低压下进行，还有的是易燃、易爆或有毒、有腐蚀性、有刺激性气味，实现了化工自动化，工人只需要对自动化装置的运转进行监视，而不需要再直接从事大量危险的操作。

③ 能够保证生产安全，防止事故发生或扩大，达到延长设备使用寿命，提高设备利用能力的目的。如离心式压缩机，往往由于操作不当引起喘振而损坏机体；聚合反应釜，往往因反应过程中温度过高而影响生产，假如对这些设备进行必要的自动控制，就可以防止或减少事故的发生。

④ 生产过程自动化的实现，能从根本上改变劳动方式，提高工人文化技术水平，为逐步地消灭体力劳动和脑力劳动之间的差别创造条件。从化工生产过程自动化的发展情况来看，首先是应用一些自动检测仪表来监视生产。在 20 世纪 40 年代以前，绝大多数化工生产处于手工操作阶段，操作工人根据反映主要参数的仪表指示情况，用人工来改变操作条件，

生产过程单凭经验进行。对于那些连续生产的化工厂，在进出物料彼此联系中装设了大的贮槽，起着克服干扰影响及稳定生产的作用，显然生产是低效率的，花在设备上的庞大投资也是浪费的。

2.1.2　化工自动化的发展趋势

20世纪50～60年代，人们对化工生产各种单元操作进行了大量的开发工作，使得化工生产过程朝着大规模、高效率、连续生产、综合利用方向迅速发展。因此，要使这类工厂生产运行正常，必须要有性能良好的自动控制系统和仪表。此时，在实际生产中应用的自动控制系统主要是温度、压力、流量和液位四大参数的简单控制，同时，串级、比值、多冲量等复杂控制系统也得到了一定程度的发展。所应用的自动化技术工具主要是基地式电动、气动仪表及单元组合式仪表。此时期由于还不能深入了解化工对象的动态特性，应用半经验、半理论的设计准则和整定公式，对自动控制系统设计和参数整定起了相当重要的作用，解决了许多实际问题。

20世纪70年代以来，化工自动化技术又有了新的发展。在自动化技术工具方面，仪表的更新非常迅速，特别是计算机在自动化中发挥越来越重要的作用，这对常规仪表产生了一系列的影响，促使常规仪表不断变革，以满足生产过程中对能量利用、产品质量等各方面越来越高的要求。在自动控制系统方面，由于控制理论和控制技术的发展，给自动控制系统的发展创造了各种有利条件，各种新型控制系统相继出现，控制系统的设计与整定方法也有了新的发展。

现代自动化技术已经不只是局限于对生产过程中重要参数的自动控制了，概括地说，现代自动化技术主要具有以下一些特点：现代自动化技术已发展为综合自动化，其应用的领域和规模越来越大，控制与管理一体化的系统已提到议事日程，因此，其社会、经济效益也越来越大；自动化技术显示了知识密集化、高技术集成化的特点，它是信息技术、自动化技术、管理科学等相结合的现代高技术，在发展自动化技术的过程中，软设备所起的作用日益被重视。自动化过程中的智能化程度日益增加，各种智能仪表不断出现，控制的精度越来越高，控制的方式日益多样化，自动化技术不仅仅减轻和代替了人们的部分体力劳动，而且也在很大程度上代替了人们的部分脑力劳动。

20世纪末，计算机、信息技术的飞速发展，引发了自动化系统结构的变革：专用微处理器嵌入传统测量控制仪表，使它们具有数字计算和数字通信能力；采用双绞线等作为通信总线，把多个测量控制仪表连接成网络系统，并按开放、标准的通信协议，在多个现场智能测量控制设备之间以及与远程监控计算机之间实现数据传输与信息交换，组成各种适合实际需要的自动控制系统，即现场总线控制系统。现场总线控制系统的出现，使自动化仪表、集散控制系统和可编程序控制器产品的体系结构、功能结构都发生了很大的变化。

近年来，由于现代自动化技术的发展，在化工行业，生产工艺、设备、控制与管理已逐渐成为一个有机的整体。因此，一方面，从事化工过程控制的技术人员必须深入了解和熟悉生产工艺与设备；另一方面，化工工艺技术人员必须具有相应的自动控制的知识。越来越多的工艺技术人员认识到：学习自动化及仪表方面的知识，对于管理与开发现代化化工生产过程是十分重要的。通过学习化工自动化的基本知识，理解自动控制系统的组成、基本原理及各环节的作用；能根据工艺要求，与自控设计人员共同讨论和提出合理的自动控制方案；能在工艺设计或技术改造中，与自控设计人员密切合作，综合考虑工艺与控制两个方面，并为自控设计人员提供正确的工艺条件与数据；能了解化工对象的基本特性及其对控制过程的影响；能了解基本控制规律及其控制器参数与被控过程的控制质量之间的关系；能了解主要工艺参数（温度、压力、流量及物位）的基本测量方法和仪表的工作原理及其特点；在生产控制、管理和调度中，能正确地选择和使用常见的测量仪表和控制装置，使它们充分发挥作用；能在生产开停车过程中，初步掌握自动控制系统的投运及控制器的参数整定；能在自动控制系统运行过程中，发现和分析出现的一些问题和现象，以便提出正确的解决办法；能在处理各类技术问题时，应用一些控制论、系统论、信息论的观点来分析思考，寻求考虑整体条件、考虑事物间相互关联的综合解决方法。

2.2　化工识图

2.2.1　工艺方案流程图

工艺方案流程图又称工艺流程草图或流程示意图，是用来表达整个工厂或车间生产流程的图样。它是设计开始时供工艺方案讨论常用的流程图，是工艺流程图设计的依据。当生产方法确定以后，就可以开始设计绘制方案流程图。在绘制方案流程图时尚未进行定量计算，因而它只是定性地表示出由原料转化成产品的变化、流向顺序以及生产中采用的各种化工单元及设备。生产工艺方案流程图一般由物料流程、图例和设备一览表三个部分组成。其中物料流程包括：

（1）设备示意图　设备可按大致几何形状画出，设备位置的相对高低不要求准确，但要标出设备名称及位号。

（2）物流管线及流向箭头　画出全部物料管线和部分辅助管线，在管线上用箭头表示物料的流向。

（3）必要的文字注释　包括设备编号和名称、物料名称、物料流向等。

图例只要标出管线图例，阀门、仪表等不必标出，设备一览表包括图名、图号、设计阶段等内容，有时可省略设备一览表。工艺方案流程图一般由左至右展开，设备轮廓线用细实线，物料管线用粗实线，辅助管线用中实线画出（见图 2-1）。

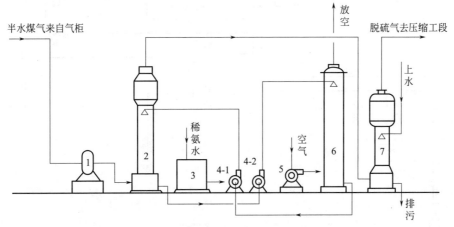

图 2-1　脱硫系统工艺方案流程图

1—罗茨鼓风机；2—脱硫塔；3—氨水槽；4-1，4-2—氨水泵；5—空气鼓风机；6—再生塔；7—除尘塔

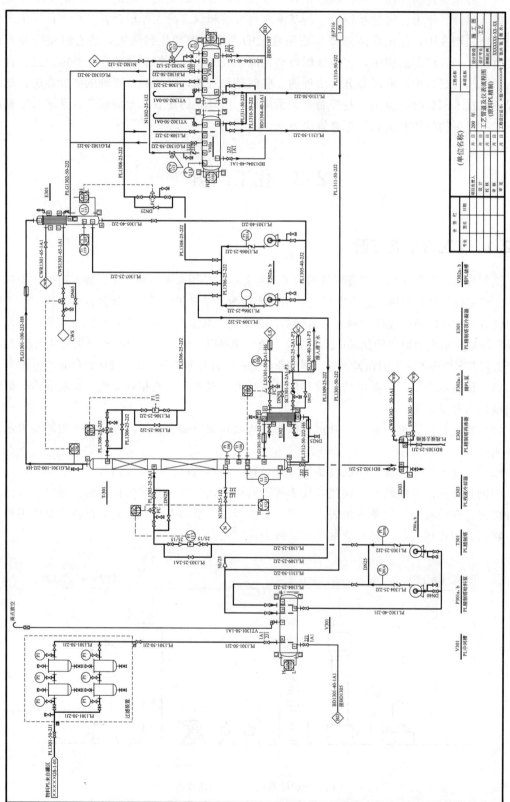

图 2-2 工艺管道及仪表流程图

2.2.2　P&ID 图

P&ID 图是管道及仪表流程图（piping & instrumentation diagram）的缩写，指的是用统一规定的图形符号和文字代号，详细地表示该系统的全部设备、仪表、管道、阀门和其他有关公用工程系统。

管道及仪表流程图是在工艺设计的基础上开展工作的，是工程设计的一个重要工作环节，亦是工程设计中各有关专业开展工作的主要依据。管道及仪表流程图是设计和施工的依据，也是开停车操作运行，事故处理及维修、检修的指南。

管道及仪表流程图分为"工艺管道及仪表流程图"和"辅助及公用系统管道及仪表流程图"。工艺管道及仪表流程图是以工艺管道及仪表为主体的流程图。辅助系统包括正常生产和开、停车过程中所需用的仪表空气、工厂空气、加热用的燃料（气或油）、制冷剂、脱吸及置换用的惰性气、机泵的润滑油及密封油、废气、放空系统等；公用系统包括自来水、循环水、软水、冷冻水、低温水、蒸汽、废水系统等。

管道及仪表流程图一般以工艺装置的主项（工段或工序）为单元绘制，当工艺过程比较简单时，也可以装置为单元绘制。管道及仪表流程图一般采用标准规格的 A1 图幅，横幅绘制，流程简单者采用 A2 图幅。管道及仪表流程图不按比例绘制，但示意出各设备相对位置的高低。一般设备（机器）图例只取相对比例，不按实物比例。图中绘出和标注全部管道，包括阀门、管件、管道附件，亦绘出和标注全部检测仪表、调节系统、分析取样系统，如图 2-2 所示。

2.3　过程监测及仪表

2.3.1　仪表基础知识

2.3.1.1　常用仪表的分类

（1）按动力源分　有气动仪表、电动仪表、液动仪表。

（2）从构造上分　有基地式仪表、单元组合仪表。

（3）从功能上分　有测量仪表（包括变送器）、显示仪表、调节仪表、成分分析仪表和辅助仪表等。

2.3.1.2　基地式仪表、单元组合仪表和智能化仪表

（1）基地式仪表　基地式仪表是把指示、调节、记录等部件都装在一个壳体内的仪表，它的各部分一般用机械杠杆联系，用于简单的控制系统或就地调节。

（2）单元组合仪表　单元组合仪表是根据自动检测和调节系统中各个环节的不同功能和使用要求，将整套仪表划分成若干个具有独立作用的单元，各单元之间用统一的标准信号联系，它不仅可以按照生产工艺的需要加以组合，构成多种多样的、复杂各异的自动检测和调节系统，还可以与巡回检测、数据处理装置以及工业控制机等配合使用。这种仪表的制造、使用、维护都比较方便，所以被广泛使用。

（3）智能化仪表　智能化仪表是采用集成电路的电子化仪表，它一般具有通讯功能、自

诊断功能和各种显示报警、运算功能。它能将检测变送来的模拟信号转换成数字信号,采集处理,通过微处理器进行一系列较复杂的逻辑运算、数字运算、连续控制、间歇控制、顺序控制等。智能化仪表比单元组合仪表更便于灵活地组态,而且对大规模系统经济性好,可靠性高。

2.3.1.3　气动仪表、电动仪表的特点

(1) 气动仪表　气动仪表的特点如下:

① 结构简单、工作可靠。对环境温度、湿度、电磁场的抗干扰能力强。因为没有半导体或触点之类的元件,所以很少发生突然故障,平均无事故间隔比电动仪表长。

② 容易维修。

③ 本身具有安全防噪的特点。

④ 便于与气动执行器匹配,但不宜远距离传输,反应慢,精度低。

⑤ 价格便宜。

气动仪表在中小型企业和现场就地指示调节的场合被大量采用。

(2) 电动仪表　电动仪表的特点如下:

① 由于采用了集成电路,故体积小、反应快、精度高,并能进行较复杂的信息处理、运算和先进控制。

② 信号便于远距离传输,易于集中管理。

③ 便于与计算机配合使用。

由于电动仪表在使用中绝对不能成为产生电火花的火源,防爆要求极高,在石油化工企业尤其如此,因此成本较高,大型企业或者要求反应快、精度高并进行较复杂的信息处理、运算和先进控制的场合应用较多。

2.3.2　压力检测及仪表

2.3.2.1　压力单位及测压仪表

压力是指均匀垂直地作用在单位面积上的力。根据国际单位制(代号为 SI)规定,压

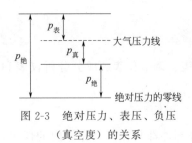

图 2-3　绝对压力、表压、负压
(真空度)的关系

力的单位为帕斯卡,简称帕 (Pa),1 帕为 1 牛顿每平方米,即 $1Pa=1N/m^2$,帕所表示的压力较小,工程上经常使用兆帕 (MPa)。帕与兆帕之间的关系为:$1MPa=1\times 10^6 Pa$。在压力测量中,常有表压、绝对压力、负压或真空度之分,其关系见图 2-3。工程上所用的压力指示值,大多为表压 (绝对压力计的指示值除外)。表压是绝对压力和大气压力之差,即

$$p_{表压}=p_{绝对压力}-p_{大气压力}$$

当被测压力低于大气压力时,一般用负压或真空度来表示,它是大气压力与绝对压力之差,即:

$$p_{真空度}=p_{大气压力}-p_{绝对压力}$$

因为各种工艺设备和测量仪表通常是处于大气之中,本身就承受着大气压力。所以,工程上经常用表压或真空度来表示压力的大小。实际生产中除特别说明外,均指表压或真空度。测量压力或真空度的仪表很多,按照其转换原理的不同,大致可分为四大类。

（1）液柱式压力计 它是根据流体静力学原理，将被测压力转换成液柱高度进行测量的。按其结构形式的不同，有 U 形管压差计、双液位压差计、倒 U 形管压差计和斜管压差计等。这类压力计结构简单、使用方便，但其精度受工作液的毛细管作用、密度及视差等因素的影响，测量范围较窄，一般用来测量较低压力、真空度或压力差。

（2）弹性式压力计 它是将被测压力转换成弹性元件变形的位移进行测量的。例如弹簧管压力计、波纹管压力计等。

（3）电气式压力计 它是通过机械和电气元件将被测压力转换成电量（如电压、电流、频率等）来进行测量的，例如各种压力传感器和压力变送器。

（4）活塞式压力计 它是根据水压机液体传送压力的原理，将被测压力转换成活塞上所加平衡砝码的质量来进行测量的。它的测量精度很高，允许误差可小到 $0.05\%\sim0.02\%$。但结构较复杂，价格较贵。一般作为标准型压力测量仪器，来检验其他类型的压力计。

2.3.2.2 压力计的选用及安装

正确地选用及安装是保证压力计在生产过程中发挥应有作用的重要环节。

压力计的选用应根据工艺生产过程对压力测量的要求，结合其他各方面的情况，加以全面的考虑和具体的分析。选用压力计和选用其他仪表一样，一般应考虑以下几方面。

（1）仪表类型的选用 仪表类型的选用必须满足工艺生产的要求。例如是否需要远传、自动记录或报警；被测介质的物理化学性能（如腐蚀性、温度高低、黏度大小、脏污程度、易燃易爆性能等）是否对测量仪表提出特殊要求；现场环境条件（如高温、电磁场、振动及现场安装条件等）对仪表类型有无特殊要求等等。总之，根据工艺要求正确选用仪表类型是保证仪表正常工作及安全生产的重要前提。

例如，普通压力计的弹簧管多采用铜合金，高压的也有采用碳钢的，而氨气压力计弹簧管的材料却都采用碳钢，不允许采用铜合金。因为氨气对铜的腐蚀极强，所以普通压力计用于氨气压力测量时很快就会损坏。氧气压力计与普通压力计在结构和材质上完全相同，只是氧气压力计禁油。因为油进入氧气系统易引起爆炸。所用氧气压力计在校验时，不能像普通压力计那样采用变压器油作为工作介质，并且氧气压力计在存放中要严格避免接触油污。如果必须采用现有的带油污的压力计测量氧气压力时，使用前必须用四氯化碳反复清洗，认真检查直到无油污时为止。

（2）仪表测量范围的确定 仪表的测量范围是指该仪表可按规定的精确度对被测量进行测量的范围，它是根据操作中需要测量的参数的大小来确定的。

在测量压力时，为了延长仪表使用寿命，避免弹性元件因受力过大而损坏，压力计的上限值应该高于工艺生产中可能的最大压力值。根据"化工自控设计技术规定"，在测量稳定压力时，最大工作压力不应超过测量上限值的 2/3；测量脉动压力时，最大工作压力不应超过测量上限值的 1/2；测量高压压力时，最大工作压力不应超过测量上限值的 3/5。

为了保证测量值的准确度，所测的压力值不能太接近于仪表的下限值，亦即仪表的量程不能选得太大，一般被测压力的最小值不低于仪表满量程的 1/3 为宜。

根据被测参数的最大值和最小值计算出仪表的上、下限后，还不能以此数值直接作为仪表的测量范围。因为仪表标尺的极限值不是任意取一个数字都可以的，它是由国家主管部门用规程或标准规定了的。因此，选用仪表的标尺极限值时，也只能采用相应的规程或标准中的数值（一般可在相应的产品目录中找到）。

（3）仪表精度的选取　仪表精度是根据工艺生产上所允许的最大测量误差来确定的。一般来说，所选用的仪表越精密，则测量结果越精确、可靠。但不能认为选用的仪表精度越高越好，因为越精密的仪表，一般价格越贵，操作和维护越复杂。因此，在满足工艺要求的前提下，应尽可能选用精度较低、价廉耐用的仪表。

（4）安装与维护保养　压力表的安装压力表的连接管应直接与压力容器本体相连接。压力表应便于观察和检查，应有足够的照明，不受高温辐射或振动的影响，一般应垂直安装；安装位置较高时，应向操作人员方向倾斜 $15°\sim30°$。为便于进行更换和校验，压力表与容器之间应装旋塞。用于高温蒸汽的压力表，其接管应装有弯管，避免高温蒸汽直接冲击压力表。当被测介质有腐蚀性时，应采用抗腐蚀压力表或波纹平膜式压力表，或者加隔离装置。

压力表的表盘玻璃应保持清洁、明亮，使指针指示的压力值清晰可见。压力表的连接管要定期吹洗，以免堵塞。压力表应定期校验，一般每年至少校验一次，校验后应有合格证。

2.3.3　流量检测及仪表

在化工和炼油生产过程中，为了有效地进行生产操作和控制，经常需要测量生产过程中各种介质（液体、气体和蒸汽等）的流量，以便为生产操作和控制提供依据。同时，为了进行经济核算，经常需要知道在一段时间（如一班、一天等）内流过的介质总量。所以，介质流量是控制生产过程达到优质高产和安全生产以及进行经济核算所必需的一个重要参数。一般所讲的流量大小是指单位时间内流过管道某一截面的流体数量的大小，即瞬时流量。而在某一段时间内流过管道的流体流量的总和，即瞬时流量在某一段时间内的累计值，称为总量。流量和总量，可以用质量表示，也可以用体积表示。单位时间内流过的流体以质量表示的称为质量流量，常用符号 M 表示。以体积表示的称为体积流量，常用符号 Q 表示。若流体的密度是 ρ，则体积流量与质量流量之间的关系是：

$$M=Q\rho \text{ 或 } Q=M/\rho$$

测量流体流量的仪表一般叫流量计；测量流体总量的仪表常称为计量表。然而两者并不是截然划分的，在流量计上配以累积机构，也可以读出总量。常用的流量单位有吨每小时（t/h）、千克每小时（kg/h）、千克每秒（kg/s）、立方米每小时（m^3/h）、升每小时（L/h）、升每分（L/min）等。测量流量的方法很多，其测量原理和所应用的仪表结构形式各不相同。目前有许多流量测量的分类方法，仅举一种大致的分类法，简介如下：

（1）速度式流量计　这是一种以测量流体在管道内的流速作为测量依据来计算流量的仪表。例如差压式流量计、转子流量计、电磁流量计、涡轮流量计、堰式流量计等。

动画扫一扫
涡轮流量计

（2）容积式流量计　这是一种以单位时间内所排出的流体固定容积的数目作为测量依据来计算流量的仪表。例如椭圆齿轮流量计、活塞式流量计等。

（3）质量流量计　这是一种以测量流体流过的质量 M 为依据的流量计。质量流量计分直接式和间接式两种。直接式质量流量计直接测量质量流量。例如量热式、角动量式、陀螺式和科里奥利力式等质量流量计。间接式质量流量计是用密度与容积流量经过运算求得质量流量的。质量流量计具有测量精度不受流体的温度、压力、黏度等变化影响的优点，是一种发展中的流量测量仪表。部分流量测量仪表及性能见表2-1。

表 2-1　部分流量测量仪表及性能

仪表名称	测量精度	主要应用场合	说明
差压式流量计	1.5	可测液体、蒸汽和气体的流量	应用范围广,适应性强,性能稳定可靠,安装要求较高,需一定直管道
椭圆齿轮流量计	0.2～1.5	可测量黏度液体的流量和总量	计量精度高,范围度宽,结构复杂,一般不适于高低温场合
腰轮流量计	0.2～0.5	可测液体和气体的流量和总量	精度高,无需配套的管道
浮子式流量计	1.5～2.5	可测液体、气体的流量	适用于小管径、低流速,没有上游直管道的要求,压力损失较小,使用流体与工厂标定流体不同时要做流量示值修正
涡轮流量计	0.2～1.5	可测基本洁净的液体、气体的流量和总量	线性工作范围宽,输出电脉冲信号,易实现数字化显示,抗干扰能力强,可靠性受磨损的制约,弯道型不适于测量高黏度液体
电磁流量计	0.5～2.5	可测各种导电液体和液固两相流体介质的流量	不产生压力损失,不受流体密度、黏度、温度、压力变化的影响,测量范围度大,可用于测量各种腐蚀性流体及含固体颗粒或纤维的液体,输出线性,不能测气体、蒸汽和含气泡的液体及电导率很低的液体流量,不能用于高温和低温液体的测量
涡街流量计	0.5～2	可测各种液体、气体、蒸汽的流量	可靠性高,应用性广,输出与流量成正比的脉冲信号,无零点漂移,安装费用较低,测量气体时,上限流速受介质可压缩性变化的限制,下限流速受雷诺数和传感器灵敏度的限制
超声波流量计	0.5～1.5	用于测量导声流体的流量	可测非电导性介质,是对非接触性测量的电磁流量计的一种补充,可用于特大型圆管和矩形管道,价格较高
质量流量计	0.5～1	可测液体、气体、浆体的质量流量	热式质量流量计使用性能相对可靠,响应慢。科氏质量流量计具有较高的测量精度

2.3.4　物位检测及仪表

在容器中液体介质的高低称为液位，容器中固体或颗粒状物质的堆积高度称为料位。测量液位的仪表称为液位计，测量料位的仪表称为料位计，而测量两种不同密度液体介质的分界面的仪表称为界面计。上述三种仪表统称为物位仪表。

物位测量在现代工业生产自动化中具有重要的地位。随着现代化工业设备规模的扩大和集中管理，特别是计算机投入运行以后，物位的测量和远传更显得重要了。

通过物位的测量，可以正确获知容器设备中所储物质的体积或质量；监视或控制容器内的介质物位，使它保持在一定的工艺要求的高度，或对它的上、下限位置进行报警，以及根据物位来连续监视或调节容器中流入与流出物料的平衡。所以，一般测量物位有两种目的，一种是对物位测量的绝对值要求非常准确，借以确定容器或贮存库中的原料、辅料、半成品或成品的数量；另一种是对物位测量的相对值要求非常准确，要能迅速正确反映某一特定水准面上的物料相对变化，用以连续控制生产工艺过程，即利用物位仪表进行监视和控制。

物位测量与安全生产关系十分密切。例如合成氨生产中铜洗塔塔底的液位过高，精炼气就会带液，导致合成塔催化剂中毒；反之，如果液位过低时，会失去液封作用，发生高压气冲入再生系统，造成严重事故。

工业生产中对物位仪表的要求多种多样，主要要求有精度、量程、经济和安全可靠等方面。其中首要的是安全可靠。测量物位仪表的种类很多。按其工作原理主要有下列几种类型。

① 直读式物位仪表　这类仪表中主要有玻璃管液位计、玻璃板液位计等。

② 差压式物位仪表　它又可分为压力式物位仪表和差压式物位仪表，利用液柱或物料堆积对某定点产生压力的原理而工作。

③ 浮力式物位仪表　利用浮子（或称沉筒）高度随液位变化而改变或液体对浸沉于液体中的浮子的浮力随液位高度而变化的原理工作。它又可分为浮子带钢丝绳或钢带的、浮球带杠杆的和浮筒式的几种。

④ 电磁式物位仪表　使物位的变化转换为一些电量的变化，通过测出这些电量的变化来测知物位。它可以分为电阻式(即电极式)、电容式和电感式物位仪表等。还有利用压磁效应工作的物位仪表。

⑤ 辐射式物位仪表　利用辐射透过物料时，其强度随物质层的厚度变化而变化的原理而工作的，目前应用较多的是 γ 射线。

⑥ 声波式物位仪表　由于物位的变化引起声阻抗的变化、声波的遮断和声波反射距离的不同，测出这些变化就可测知物位。所以声波式物位仪表可以根据它的工作原理分为声波遮断式、反射式和阻尼式。

⑦ 光学式物位仪表　利用物位对光波的遮断和反射原理工作，它利用的光源可以有普通白炽灯光或激光等。

此外还有微波式、机械接触式等以适应各种不同的检测要求，表 2-2 给出了常见液位计及其特性。

表 2-2　常见液位测量仪表的特性

	仪表名称	测量范围/m	主要应用场合	说明
直读式	玻璃管液位计	<2	主要用于直接指示密闭及开口容器中的液位	就地指示
	玻璃板液位计	<6.5		
浮力式	浮球式液位计	<10	用于开口或承压容器液位的连续测量	可直接指示液位,也可输出 4～20mA ADC(转换器)信号
	浮筒式液位计	<6	用于液位和相界面的连续测量,在高温高压条件下的工业生产过程的液位、界位测量和与限位越位报警联锁	
	磁翻板液位计	0.2～15	适用于各种贮罐的液位指示报警,特别适用于危险介质的液位测量	有显示醒目的现场指示;远传装置输 DC4-20mA 标准信号及报警器多功能为一体,可与 DDZ-Ⅲ 型组合仪表及计算机配套使用
	浮磁式液位计	115～60	用于常压,承压容器内液位、界位的测量特别适用于大型贮槽球罐腐蚀性介质的测量	

	仪表名称	测量范围/m	主要应用场合	说明
静压头	压力式液位计	0～0.4～200	可测较黏稠、有气雾等的液体	压力式液位计主要用于开口容器液位的测量。差压式液位计主要用于密闭容器的液位测量
	差压式液位计	20	应用于各种液体的液位测量	
电磁式	电导式液位计	<20	适用于一切导电液体(如水、污水、果酱、啤酒等)液位测量	
	电容式液位计	10	用于各种贮槽、容器液位,粉状料位的连续测量及控制报警	不适合测高黏度液体
其他形式	运动阻尼式物计	1～2～3.5～5～7	用于敞开式料仓内的固体颗粒(如矿砂、水泥等)料位的信号报警及控制	以位式控制为主
	声波物位计	液体 10～34 固体 5～60 盲区 0.3～1	被测介质可以是腐蚀性液体或粉状的固体物料,非接触测量	测量结果受温度影响
	辐射式物位计	0～2	适用于各种料仓内、容器内高温、高压、强腐蚀、剧毒的固态、液态介质的料位、液位的非接触式连续测量	放射线对人体有害
	微波式物位计	0～35	适于罐体和反应器内具有高温、高压、湍动、稀有气体覆盖层及尘雾或蒸汽的液体。浆状、糊状或块状固体的物体测量,适用于各种恶劣工矿和易爆、危险的场合	安装于容器外壁
	雷达物位计	2～20	应用于工业生产过程中各种敞口或承压容器的液位控制和测量	测量结果不受温度、压力影响
	激光式物位计		不透明的液体粉末的非接触测量	测量不受高温、真空压力、蒸汽等影响
	机电式物位计	可达几十米	恶劣环境下大料仓内固体及容器内液体的测量	

2.3.5　温度检测及仪表

　　温度是表征物体冷热程度的物理量,是各种工业生产和科学实验中最普遍而重要的操作参数。除此之外,在现代化的农业和医学中也是不可缺少的。

　　在化工生产中,温度的测量与控制有着重要的作用。众所周知,任何一种化工生产过程都伴随着物质的物理和化学性质的改变,都必然有能量的交换和转化,其中最普遍的交换形式是热交换形式。因此,化工生产的各种工艺过程都是在一定的温度下进行的。例如精馏塔的精馏过程中,对精馏塔的进料温度、塔顶温度和塔釜温度都必须按照工艺要求分别控制在一定数值上。又如 N_2 和 H_2 合成 NH_3 的反应,在催化剂存在的条件下,反应的温度是500℃。一定要控制好温度,否则产品不合格,严重时还会发生事故。因此说,温度的测量与控制是保证化学反应过程正常进行与安全运行的重要环节。

　　温度不能直接测量,只能借助于冷热不同物体之间的热交换,以及物体的某些物理性质随冷热程度不同而变化的特性来加以间接测量。

任意两个冷热程度不同的物体相接触，必然要发生热交换现象，热量将由受热程度高的物体传到受热程度低的物体，直到两物体的冷热程度完全一致，即达到热平衡状态为止。利用这一原理，就可以选择某一物体同被测物体相接触，并进行热交换，当两者达到热平衡状态时，选择物体与被测物体温度相等。于是，通过测量选择物体的某一物理量（如液体的体积、导体的电量等），便可以定量地给出被测物体的温度数值。以上就是接触测温法。也可以利用热辐射原理，来进行非接触测温。

温度测量范围甚广，有的处于接近绝对零度的低温，有的要在几千度的高温下进行，这样宽的测量范围，需用各种不同的测温方法和测温仪表。若按使用的测量范围分，常把测量600℃以上的测温仪表称为高温计，把测量600℃以下的测温仪表称为温度计。若按用途分，可分为标准仪表、实用仪表。若按工作原理分，则分为膨胀式温度计、压力式温度计、热电偶温度计、热电阻温度计和辐射高温计五类。若按测量方式分，则可分为接触式与非接触式两大类，前者测温元件直接与被测介质接触，这样可以使被测介质与测温元件进行充分的热交换，而达到测温目的；后者测温元件与被测介质不相接触，通过辐射或对流实现热交换来达到测温的目的。

热电偶温度计

普通型热电偶、铠
装热电偶的结构

热电偶温度计的
测温原理

现按测量方式分类的常见温度仪表及性能见表2-3。

表2-3 常见温度仪表及性能

测温方式	测温原理	温度计名称	温度范围/℃	特点及应用场合
接触式测温仪表	膨胀式（固体式膨胀）	双金属温度计	−50～+600	结构简单、使用方便，与玻璃液体温度计相比，坚固、耐振。耐冲击、体积小。但精度低。广泛应用于有振动且精度要求不高的机械设备上。并可直接测量气体、液体、蒸汽的温度
	液体式膨胀	玻璃液体温度计	−30～+600 水银 −100～+150 有机液体	结构简单，使用方便，价格便宜。测量准确，但结构脆弱易损坏。不能自动记录和远传。适用于生产过程和实验室中各种介质温度就地测量
	气体式膨胀	压力式温度计	0～+500 液体型 0～+200 蒸汽型	机械强度高。不怕振动，输出编号可以自动记录和控制。但热惯性大，维修困难。适于测量对铜及铜合金不起腐蚀作用的各种介质的温度
	热电阻（金属热电阻）	铜电阻,铂电阻	−200～+650 铂电阻 −50～+150 铜电阻 −60～+180 镍电阻	测温范围宽，物理化学性能稳定,测量精度高。输出信号易于远传和自动记录。适于生产过程中测量各种液体、气体、蒸汽介质温度
	半导体热电阻	锗、碳、金属氧化物热敏电阻	−90～+200	变化灵敏，响应时间短。力学性能强,但复现性和互换性差。非线性严重,常用作温度补偿元件

续表

测温方式	测温原理		温度计名称	温度范围/℃	特点及应用场合
接触式测温仪表	热电偶	金属热电偶	铂铑 30-铂铑 6，铂铑-铂，镍铬-镍硅，铜-康铜等热电偶	−200～+1600	测量精度较高。输出信号易于远传和自动记录，结构简单。使用方便，测量范围宽，但输出信号和温度示值呈非线性关系。下限灵敏度较低，需冷端温度补偿。被广泛地应用于化工、冶金、机械等部门的液体、气体、蒸汽等介质的温度测量
		难熔金属热电偶	钨铼，钨～钼，镍铬-金铁热电偶	0～2200 −270～0	钨铼系及钨-钼热电偶可用于超高温的测量。镍铬-金铁热电偶可用于超低温的测量。但未进行标准化，因而使用时需特别标定
非接触式测温仪表	辐射测量	辐射法	辐射式高温计	+20～+2000	全辐射式温度计，结构简单、结实价廉、反应速度快。但测量误差较大，部分辐射温度计结构复杂。测量精度及稳定性也较高。输出信号当可自动记录及远传。适宜测量静止或运动中不宜安装热电偶的物体表面温度
		亮度法	光学高温计	+800～+2000	测量精度高，使用方便。但测量结果容易引起人为主观误差，无法实现自动记录。广泛应用于金属熔炼、浇铸、热处理等不能直接测量的高温场合
		比色法	比色高温计	+50～+2000	仪表示值准确

2.4　常用阀门

2.4.1　手阀

阀门是用来启闭或调节管路中流体流量的部件，种类繁多，在化工厂中被大量使用。必须根据流体特性和生产要求慎重选择阀门的材料和型式，选用不当，阀门会发生操作失灵或过早损坏，常会导致严重后果。此外，阀门常对流过的流体造成较大的阻力，增加了动力消耗和生产成本，因此，在可能条件下宜选用阻力较小、启闭方便的节能型阀门。常用阀门如图 2-4 所示。

（1）闸阀　闸阀的主要部分为一闸板，通过闸板的升降以启闭管路。这种阀门全开时流体阻力小，全闭时较严密，多用于大直径管路上作启闭阀，在小直径管路中也有用作调节阀的。但不宜用于含有固体颗粒或物料易于沉积的流体，以免引起密封面的磨损和影响闸板的闭合。

（2）截止阀　截止阀的主要部分为阀瓣与阀座，流体自下而上通过阀座，其构造比较复杂，流体阻力较大，但密闭性与调节性能较好，也不宜用于黏度大且含有易沉淀颗粒的介质。

闸阀

截止阀

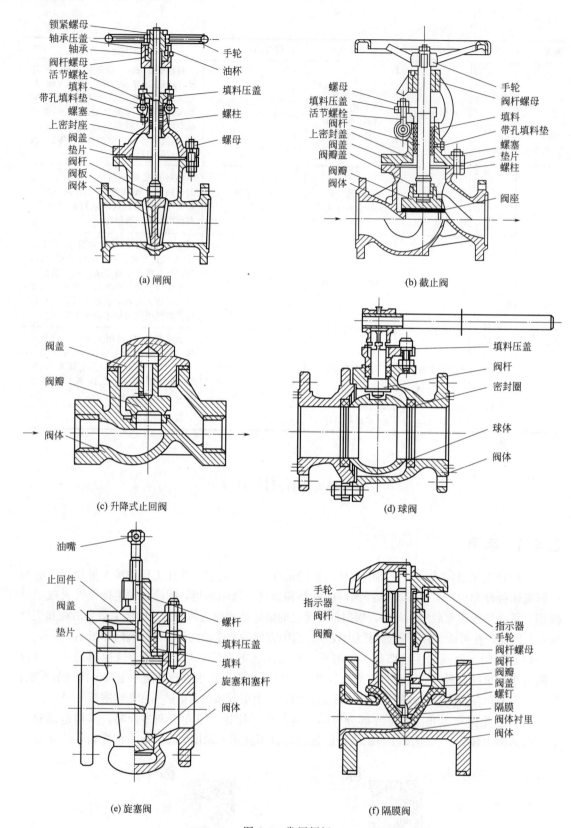

锁紧螺母
轴承压盖
轴承
阀杆螺母
活节螺栓
填料
带孔填料垫
螺塞
上密封座
阀盖
垫片
阀杆
阀板
阀体

手轮
油杯
填料压盖
螺柱
螺母

(a) 闸阀

螺母
填料压盖
活节螺栓
阀杆
上密封盖
阀盖
阀瓣盖
阀体

手轮
阀杆螺母
填料
带孔填料垫
螺塞
垫片
螺柱
阀瓣
阀座

(b) 截止阀

阀盖
阀瓣
阀体

(c) 升降式止回阀

填料压盖
阀杆
密封圈
球体
阀体

(d) 球阀

油嘴
止回件
阀盖
垫片
螺杆
填料压盖
填料
旋塞和塞杆
阀体

(e) 旋塞阀

手轮
指示器
阀杆
阀瓣
指示器
手轮
阀杆螺母
阀杆
阀瓣
阀盖
螺钉
隔膜
阀体衬里
阀体

(f) 隔膜阀

图 2-4　常用阀门

如果将阀座孔径缩小配以长锥形或针状阀瓣插入阀座，则在阀瓣上下运动时，阀座与阀瓣间的流体通道变化比较缓慢而均匀，即构成调节阀或节流阀，后者可用于高压气体管路的流量和压强的调节。

(3) 止回阀　止回阀是一种根据阀前、后的压强差自动启闭的阀门，其作用是使介质只做一定方向的流动，它分为升降式和旋启式两种。升降式止回阀密封性较好，但流动阻力大；旋启式止回阀用摇板来启闭。安装时均应注意介质的流向与安装方位。止回阀一般适用于清洁介质。

(4) 球阀　球阀的阀芯呈球状，中间为一与管内径相近的连通孔，阀芯可以左右旋转以执行启闭，结构比闸阀、截止阀简单，启闭迅速，操作方便，体积小，质量轻，零部件少，流体阻力小，适用于低温、高压及黏度大的介质，因而，应用日益广泛。

(5) 旋塞阀　利用阀体所插入的中央穿孔的锥形栓塞控制启闭的阀件称为旋塞阀。旋塞阀其主要部分为一可转动的圆锥形旋塞，中间有孔道，当旋塞旋转至 90° 时管流即全部停止。旋塞阀结构简单，外形尺寸小，启闭迅速，操作方便，流体阻力小，便于制作成三通或四通阀门，可作分配换向用。这种阀门的主要优点与球阀类似，但由于阀芯与阀体的接触面比球阀大，需要较大的转动力矩；温度变化大时容易卡死；也不能用于高压。但是旋塞阀的密封面容易磨损，开关力较大，不适用于输送高温高压流体，只适用于一般低温低压流体，而且作开闭用，不适用于调节流量。

(6) 隔膜阀　隔膜阀的启闭件是一块橡胶隔膜，位于阀体与阀盖之间，隔膜中间突出部分固定在阀杆上，阀体内衬有橡胶，由于介质不进入阀盖内腔，因此无需填料箱。这种阀结构简单，密封性能好，便于维修，流体阻力小，可用于温度小于 200℃、压强小于 10MPa 的各种与橡胶膜无相互作用的介质和含悬浮物的介质。较新型的节能型阀门，除球阀外尚有蝶阀、套筒阀等，它们的特点都是旋启式的，因此，在全开情况下流体是直通流过的。此外，按用途不同尚有减压阀、安全阀、疏水阀等，它们各有自己的特殊构造与作用。从这些管件、阀门的基本构造可以看到，除了管箍、活接头和法兰等由于其中心轴与管轴重合、通孔与管路基本相同、基本上不影响流体的流速和流向，其阻力仍可认为是直管阻力外，其余的管件、阀门都会造成局部阻力，且阀门开启度不同，其阻力值也会随之变化。

球阀

旋塞阀

隔膜阀

2.4.2 自控阀

2.4.2.1 气动执行器

气动执行器又称气动调节阀，由执行机构和控制机构（阀）两部分组成。执行机构是执行器的推动装置，它按控制信号压力的大小产生相应的推力，推动控制机构动作，所以它是将信号压力的大小转换为阀杆位移的装置。控制机构是执行器的控制部分，它直接与被控介质接触，

气动调节阀

控制流体的流量。所以它是将阀杆的位移转换为流过阀的流量的装置。

图 2-5 是一种常用气动执行器的示意图。气压信号由上部引入，作用在薄膜上，推动阀杆产生位移，改变了阀芯与阀座之间的流通面积，从而达到了控制流量的目的。图中上半部为执行机构，下半部为控制机构。

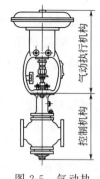

气动执行机构

控制机构

图 2-5 气动执行器示意

气动执行器有时还配备一定的辅助装置。常用的有阀门定位器和手轮机构。阀门定位器的作用是利用反馈原理来改善执行器的性能，使执行器能按控制器的控制信号，实现准确的定位。手轮机构的作用是当控制系统因停电、停气、控制器无输出或执行机构失灵时，利用它可以直接操纵控制阀，以维持生产的正常进行。

（1）气动执行器的结构与分类 气动执行机构主要分为薄膜式和活塞式两种。其中薄膜式执行机构最为常用，它可以用作一般控制阀的推动装置，组成气动薄膜式执行器，习惯上称为气动薄膜调节阀。它的结构简单、价格便宜、维修方便，应用广泛。

气动活塞式执行机构的推力较大，主要适用于大口径、高压降控制阀或蝶阀的推动装置。除薄膜式和活塞式之外，还有长行程执行机构。它的行程长、转矩大，适于输出转角（0°~90°）和力矩，如用于蝶阀或风门的推动装置。

气动薄膜式执行机构有正作用和反作用两种形式。当来自控制器或阀门定位器的信号压力增大时，阀杆向下动作的叫正作用执行机构（ZMA 型）；当信号压力增大时，阀杆向上动作的叫反作用执行机构（ZMB 型）。正作用执行机构的信号压力是通入波纹膜片上方的薄膜气室；反作用执行机构的信号压力是通入波纹膜片下方的薄膜气室。通过更换个别零件，两者便能互相改装。

根据有无弹簧执行机构可分为有弹簧的及无弹簧的，有弹簧的薄膜式执行机构最为常用，无弹簧的薄膜式执行机构常用于双位式控制。

有弹簧的薄膜式执行机构的输出位移与输入气压信号成比例关系。当信号压力（通常为 0.02~0.1MPa）通入薄膜气室时，在薄膜上产生一个推力，使阀杆移动并压缩弹簧，直至弹簧的反作用力与推力相平衡，推杆稳定在一个新的位置。信号压力越大，阀杆的位移量也越大。阀杆的位移即为执行机构的直线输出位移，也称行程。行程规格有 10mm、16mm、25mm、40mm、60mm、100mm 等。

（2）控制阀的选择 气动薄膜控制阀选用得正确与否是很重要的。选用控制阀时，一般要根据被控介质的特点（温度、压力、腐蚀性、黏度等）、控制要求、安装地点等因素，参考各种类型控制阀的特点合理地选用。

① 控制阀结构与特性的选择。控制阀的结构形式主要根据工艺条件，如温度、压力及介质的物理、化学特性（如腐蚀性、黏度等）来选择。例如强腐蚀介质可采用隔膜阀、高温介质可选用带翅形散热片的结构形式。

控制阀的结构形式确定以后，还需确定控制阀的流量特性（即阀芯的形状）。一般是先按控制系统的特点来选择阀的理想流量特性，然后再考虑工艺配管情况来选择相应的理想流量特性。使控制阀安装在具体的管道系统中，畸变后的工作流量特性能满足控制系统对它的要求。目前使用比较多的是等百分比流量特性。

② 气开式与气关式的选择。气动执行器有气开式与气关式两种形式。有压力信号时阀关、无信号压力时阀开的为气关式。反之，为气开式。由于执行机构有正、反作用，控制阀

（具有双导向阀芯的）也有正、反作用。因此气动执行器的气关或气开即由此组合而成。如图 2-6 和表 2-4 所示。

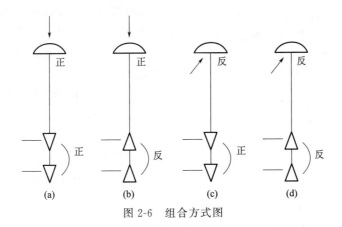

图 2-6　组合方式图

表 2-4　组合方式表

序号	执行机构	控制阀	气动执行器
（a）	正	正	气关（正）
（b）	正	反	气开（反）
（c）	反	正	气开（反）
（d）	反	反	气关（正）

气开、气关的选择主要从工艺生产的安全要求出发。考虑原则是：信号压力中断时，应保证设备和操作人员的安全。如果阀处于打开位置时危害性小，则应选用气关式，以使气源系统发生故障，气源中断时，阀门能自动打开，保证安全。反之，阀处于关闭时危害性小，则应选用气开阀。例如，加热炉的燃料气或燃料油应采用气开式控制阀，即当信号中断时应切断进炉燃料，以免炉温过高造成事故。又如控制进入设备易燃气体的控制阀，应选用气开式，以防爆炸，若介质为易结晶物料，则选用气关式，以防堵塞。

（3）气动执行器的安装和维护　气动执行器的正确安装和维护，是保证它能发挥应有效用的重要一环。对气动执行器的安装和维护，一般应注意下列几个问题。

① 为便于维护检修，气动执行器应安装在靠近地面或楼板的地方。当装有阀门定位器或手轮机构时，更应保证观察、调整和操作的方便。手轮机构的作用是：在开停车或发生事故情况下，可以用它来直接人工操作控制阀，而不用气压驱动。

② 气动执行器应安装在环境温度不高于＋60℃和不低于－40℃的地方，并应远离振动较大的设备。为了避免膜片受热老化，控制阀的上膜盖与载热管道或设备之间的距离应大于 200mm。

③ 阀的公称通径与管道公称通径不同时，两者之间应加一段异径管。

④ 气动执行器应该是正立垂直安装于水平管道上。特殊情况下需要水平或倾斜安装时，除小口径阀外，一般应加支撑。即使正立垂直安装，当阀的自重较大和有振动场合时，也应加支撑。

⑤ 通过控制阀的流体方向在阀体上有箭头标明，不能装反，正如孔板不能反装一样。

⑥ 控制阀前后一般要各装一只切断阀，以便修理时拆下控制阀。考虑到控制阀发生故

障或维修时，不影响工艺生产的继续进行，一般应装旁路阀，如图 2-7 所示。

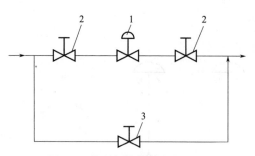

图 2-7 控制阀在管道中的安装
1—调节阀；2—切断阀；3—旁路阀

⑦ 控制阀安装前，应对管路进行清洗，排去污物和焊渣。安装后还应再次对管路和阀门进行清洗，并检查阀门与管道连接处的密封性能。当初次通入介质时，应使阀门处于全开位置以免杂质卡住。

⑧ 在日常使用中，要对控制阀经常维护和定期检修。应注意填料的密封情况和阀杆上下移动的情况是否良好，气路接头及膜片有否漏气等。检修时重点检查部位有阀体内壁、阀座、阀芯、膜片及密封圈、密封填料等。

2.4.2.2 电动执行器

电动执行器与气动执行器一样，是控制系统中的一个重要部分。它接收来自控制器的 $0\sim10mA$ 或 $4\sim20mA$ 的直流电流信号，并将其转换成相应的角位移或直行程位移，去操纵阀门、挡板等控制机构，以实现自动控制。

电动执行器有角行程、直行程和多转式等类型。角行程电动执行机构以电动机为动力元件，将输入的直流电流信号转换为相应的角位移（$0°\sim90°$），这种执行机构适用于操纵蝶阀、挡板之类的旋转式控制阀。直行程执行机构接收输入的直流电流信号后，使电动机转动，然后经减速器减速并转换为直线位移输出，去操纵单座、双座、三通等各种控制阀和其他直线式控制机构。多转式电动执行机构主要用来开启和关闭闸阀、截止阀等多转式阀门，由于它的电机功率比较大，最大的有几十千瓦，一般多用作就地操作和遥控。

2.4.3 阀门的使用

操作人员应该熟悉和掌握阀门的结构原理和性能，只有这样，才能很好地使用和维护，进而得心应手地进行生产操作。在开关进出口阀门时，要核实无误后才能动作，千万不能搞错。向容器内加物料时，一定要保证投料数量、品种的顺序、间隔时间和工艺条件等符合工艺要求，杜绝性质相抵触的物料骤然混合引起剧烈反应。阀门的开启和关闭应缓慢进行，使容器有一个预热过程和平稳升降压过程，严防使容器发生骤冷骤热而产生较大的热应力。阀门的开启和关闭有手动、电动、气液动及自动等多种传动方式。现将各种阀门的操作要点简述如下。

(1) 手动阀门的操作

① 要识别阀门的开闭方向。一般规定手轮顺时针方向为闭，逆时针方向为开，但也有例外规定。

② 开关阀门应根据公称直径而定人力，公称直径大的可由两人操作；使用的扳手的手柄长度不宜太长，更不应使用大锤猛击，以防损坏零件或卡死。

③ 设有旁通阀的大口径阀门，应先开启旁通阀充气和预热，然后再开启大口径主阀。

④ 开启蒸汽阀门前，应先微开，以缓慢加热设备和管路，并排除冷凝水，然后再缓慢开启，以防产生水锤现象和造成爆破事故。

⑤ 高温阀门关闭后，会发生冷却收缩现象，因此，要在经过一段时间，等进一步冷却

后，再关闭一下，使密封面不留缝隙，以免高速气流冲刷破坏密封面。

⑥ 开关旋塞、球阀和蝶阀时，首先要看清楚阀芯处在什么状态，再进行操作。严防误操作。

⑦ 暗杆闸板阀的开闭程度要按标记进行。

⑧ 长时间不操作的阀门，应擦拭阀杆并松动填料压盖，然后加些润滑油，再缓慢旋转手轮；切不可用大锤猛击，防止损坏零件或介质喷出伤人。

（2）电动阀门和气液动阀门的操作

① 操作人员应懂得所用阀门的结构原理和特性，了解工艺管路的来龙去脉后才能操作。

② 按动电钮时，要慎重从事，不可发生错误。一般按下电源电钮，白色指示灯亮，表示电源接通；按下启动电钮，绿灯亮，表示阀门打开；按下关闭电钮，红灯亮，表示关闭。如指示灯该亮不亮，说明发生故障，应让电修人员检修。

③ 电动、气液动装置失灵时，应及时改为手动，并通知有关人员修理。

④ 遥控阀门应经常检查执行机构是否灵活，有无异常错位和松动现象。

⑤ 经常检查指示信号是否变化，发现异常应及时检查处理。

（3）阀门的维护

① 阀门的螺纹部分应经常擦拭，保持清洁和润滑良好，使传动零部件动作灵活，无卡涩现象。

② 阀门的零件应保持齐全完好。

③ 填料处发生渗漏时，应适当将压盖螺母拧紧，或增添填料。如填料硬化变质，应更换新填料。换填料时，应采取安全措施，防止流体喷出伤人。

④ 冬季应该检查保温层是否完好、停用阀门的内部积水是否排净，要严防冻结和冻裂。

⑤ 露天的阀门传动装置应加防护罩，以防雨、雪和大气的侵蚀。

⑥ 对于安全阀，要经常检查是否渗漏和挂污垢，发现后及时解决，并定期校验其灵敏度。

⑦ 对于减压阀，要经常观察减压效能，发现减压值变动大时，应解体检修。

⑧ 对于止回阀，应经常测听阀瓣或阀芯的跳动情况，发现声音异常时，应及时修理，防止掉落失效。

⑨ 当阀门全开时，应将手轮倒转少许，使螺纹之间严密，以免松动损伤。

⑩ 保持电动装置的清洁，不应受汽、水和油污的沾染，并保持电器接点不松动。

（4）阀门的常见故障与处理方法　阀门的常见故障与处理方法见表 2-5。

表 2-5　阀门的常见故障与处理方法

故障名称	产生原因	处理方法
填料函泄漏	(1)填料填装得不严密。 (2)压盖未压紧。 (3)填料老化失效或填料规格不符。 (4)阀杆磨损或腐蚀	(1)采取单圈、错口顺序填装填料。 (2)应均匀勾紧填料。 (3)更换新填料。 (4)更换新阀杆
密封面泄漏	(1)密封面之间有脏物粘贴。 (2)密封面锈蚀磨伤。 (3)阀杆弯曲使密封面错开	(1)反复微开闭冲走或冲洗干净。 (2)拆开研磨或更换。 (3)调直调整
阀杆转动不灵活	(1)填料压得过紧。 (2)阀杆弯曲或螺纹损坏。 (3)阀杆螺纹部分太脏。 (4)阀体内部积存结疤	(1)适当放松压盖。 (2)调直修整。 (3)应清洗擦净。 (4)拆下清理

续表

故障名称	产生原因	处理方法
机电机构动作不协调	(1)离合器未啮合。 (2)行程开关触点接触不良。 (3)行程控制器失灵	(1)拆卸检修。 (2)修理接触片。 (3)检查调节控制装置
安全阀灵敏度不高	(1)弹簧疲劳。 (2)弹簧级别不符。 (3)阀体内水垢结疤严重	(1)更换新弹簧。 (2)应按压力等级选用。 (3)应彻底清理
减压阀压力自调失灵	(1)控制通路堵塞。 (2)调节弹簧或膜片失效。 (3)活塞或阀芯被锈斑卡住	(1)清理干净。 (2)更换新件。 (3)清洗干净打磨光滑

2.5 简单控制系统

2.5.1 简单控制系统的结构和组成

随着生产过程自动化水平的日益提高，控制系统的类型越来越多，复杂程度的差异也越来越大，本节主要介绍几种使用最普遍、结构最简单的自动控制系统，即简单控制系统。所

液位控制单元
3D仿真项目

谓简单控制系统，通常是指由一个测量元件、变送器，一个控制器、两个执行器和一个被控对象所构成的一个回路的闭环系统，因此也称为单回路控制系统。

图 2-8 所示的液位控制系统与图 2-9 所示的温度控制系统都是典型的简单控制系统。图 2-8 所示的液位控制系统中，贮槽是被控对象，液位是被控变量，变送器 LT 将反映液位高低的信号送往液位控制器 LC，控制器的输出信号送往执行器，从而改变控制阀开度使贮槽输出流量发生变化以维持液位稳定。

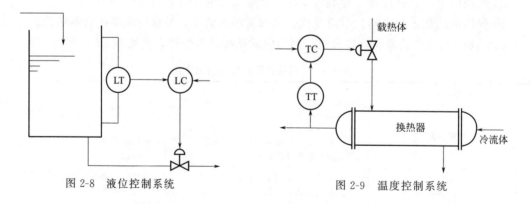

图 2-8 液位控制系统   图 2-9   温度控制系统

图 2-9 所示的温度控制系统，是通过改变进入换热器的载热体流量，以维持换热器出口物料的温度在工艺规定的数值上。

简单控制系统的典型方框图如图 2-10 所示。由图可知，简单控制系统由四个基本环节

组成，即被控对象（简称对象）、测量变送装置、控制器和执行器。对于不同对象的简单控制系统，都可以用相同的方框图来表示，这就便于对它们的共性进行研究。

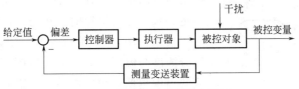

图 2-10　简单控制系统的方框图

简单控制系统的结构比较简单，所需的自动化装置数量少，投资低，操作维护方便，在工业生产过程中得到了广泛的应用，因此学习和研究简单控制系统的结构、原理及使用是十分必要的。同时学会了简单控制系统的分析，将会给复杂控制系统的分析和研究提供很大的方便。

本部分将介绍组成控制系统的基本原则、简单控制系统的分析方法、控制器控制规律的选择及控制器参数的工程整定、控制系统的投运及运行中的问题分析等。

2.5.2　简单控制系统的初步设计

2.5.2.1　被控变量的选择

生产过程中希望借助自动控制保持恒定值的变量称为被控变量。在构成一个自动控制系统时，被控变量的选择十分重要，它关系到系统能否达到稳定操作、增加产量、提高质量、改善劳动条件等目的，关系到控制方案的成败。被控变量选取不当，不管组成什么形式的控制系统，也不管配上多么精密的工业自动化仪表，都不能达到预期的控制效果。

被控变量的选择是与生产工艺密切相关的。影响一个生产过程正常操作的因素是很多的，但并非所有影响因素都需要且可能加以自动控制，必须深入实际、调查研究、分析工艺，找出影响生产的关键变量作为被控变量。所谓关键变量，是指这些变量对产品的产量、质量以及安全具有决定性的作用，而人工操作又难以满足工艺要求；或者人工操作虽然可以满足要求，但是这种操作既紧张又频繁。

根据被控变量与生产过程的关系，可分为两种类型的控制形式：直接指标控制与间接指标控制。如果被控变量本身就是需要控制的工艺指标（如温度、压力、流量、液位等），则称为直接指标控制；如果工艺是要求按质量指标进行操作的，按理应以质量指标作为直接指标进行控制，但有时缺乏各种合适的获取质量信号的工具，或虽能测量，但信号很微弱或滞后很大，这时可选取与直接质量指标有单值对应关系且反应又快的参数，如温度、压力等作为间接指标，进行间接指标控制。

被控变量的选择，有时是一件十分复杂的工作，除了前面所说的要找出关键变量外，还要考虑许多其他因素，下面举一个例子略加说明，然后再归纳出被控变量选择的一般原则。

图 2-11 是精馏过程的示意图。它的工作原理是利用被分离物各组分的挥发度不同，对混合物的各组分进行分离。假定该精馏塔的操作是要使塔顶产品达到规定的纯度，那么塔顶馏出物的组分 x_D 应作为被控变量，因为它就是工艺上的质量指标。

如果测量塔顶馏出物的组分 x_D 尚有困难，那么就不能直接以 x_D 作为被控变量进行直接指标控制。这时可以在与 x_D 有关的变量中找出合适的变量作为被控变量，进行间接指标控制。

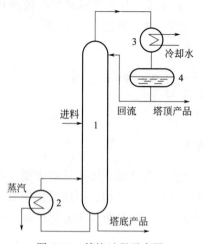

图 2-11　精馏过程示意图

1—精馏塔；2—蒸汽加热器；

3—冷凝器；4—回流罐

在二元系统的精馏中，当气液两相并存时，塔顶易挥发组分的浓度 x_D、塔顶温度 T_D、压力 p 三者之间有一定关系。压力恒定时，组分 x_D 和温度间存在着单值对应关系。图 2-12 所示为苯、甲苯二元系统中易挥发组分浓度与温度间的关系。易挥发组分的浓度越高，对应的温度越低；相反，易挥发组分的浓度越低，对应的温度越高。

当温度 T_D 恒定时，组分 x_D 和压力之间也存在着单值对应关系。如图 2-13 所示，易挥发组分的浓度越高，对应的压力也越高；反之，易挥发组分的浓度越低，与之对应的压力也越低。由此可见，在组分，温度、压力三个变量中，只要固定温度或压力中的一个变量，另一个变量就可以代替组分 x_D 作为被控变量。在温度和压力中，究竟选哪一个变量作为被控变量好呢？

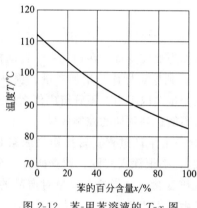

图 2-12　苯-甲苯溶液的 T-x 图

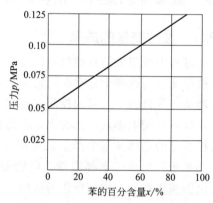

图 2-13　苯-甲苯溶液的 p-x 图

从工艺合理性考虑，常常选择温度作为被控变量。这是因为：第一，在精馏塔操作中，压力往往需要固定，只有在规定的压力下进行塔操作，才易于保证塔的分离纯度，保证塔的效率和经济性，如果塔压波动，就会破坏原来的气液平衡，影响相对挥发度，使塔处于不良工况；同时，随着塔压的变化，往往还会引起与之相关的其他物料量（例如进、出量，回流量等）的变化，影响塔的物料平衡，引起负荷波动。第二，在塔压固定的情况下，精馏塔各层塔板上的压力基本不变，这样各层塔板上的温度与组分之间就有一定的单值对应关系，由此可见，固定压力，选择温度作为被控变量对精馏塔的出料组分进行间接指标控制是可能的，也是合理的。

在选择被控变量时，还必须使所选变量有足够的灵敏度。在上例中，当 x_D 变化时，温度 T_D 的变化必须灵敏，有足够大的变化，容易被测量元件所感受，且使相应的测量仪表比较简单、便宜。

此外，还要考虑简单控制系统被控变量间的独立性。假如在精馏操作中，塔顶和塔底的产品纯度都需要控制在规定的数值，据上分析，可在固定塔压的情况下，塔顶与塔底分别设置温度控制系统。但这样一来，由于精馏塔各塔板上的物料温度相互之间有一定影响，塔底温度升高，塔顶温度相应也会升高；同样，塔顶温度升高，亦会使塔底温度相应升高。也就是说，塔顶的温度与塔底的温度之间存在关联问题。因此，以两个简单控制系统分别控制塔顶温度与塔底温度，势必造成相互干扰，使两个系统都不能正常工作。所以采用简单控制系统时，通常只能保证塔顶或塔底一端的产品质量。若工艺要求保证塔顶产品质量，则选塔顶温度为被控变量；若工艺要求保证塔底产品质量，则选塔底温度为被控变量。如果工艺要求塔顶和塔底产品纯度都要严格保证，则通常需要组成复杂控制系统，增加解耦装置解决相互关联问题。

从上述实例中可以看出，若要正确地选择被控变量，就必须了解工艺过程和工艺特点对控制的要求，仔细分析各变量之间的相互关系。选择被控变量时，一般要遵循下列原则：

① 被控变量应能代表一定的工作操作指标或能反应工艺的操作状态，一般都是工艺过程中比较重要的变量。

② 被控变量在工艺操作过程中常常会受到一些干扰影响而发生变化，为维持被控变量的恒定，需要较频繁地调节。

③ 尽量采用直接指标作为被控变量。当无法获得直接指标信号，或其测量信号滞后很大时，可选择与直接指标有单值对应关系的间接指标作为被控变量。

④ 被控变量应比较容易测量，并具有小的滞后和足够大的灵敏度。

⑤ 选择被控变量时，必须考虑工艺合理性和国内仪表产品现状。

⑥ 选择被控变量时，被控变量应是独立可控的。

2.5.2.2　操纵变量的选择

在自动控制系统中，把用来克服干扰对被控变量的影响，实现控制作用的变量称为操纵变量。最常见的操纵变量是某种介质的流量。此外，也有以转速、电压等作为操纵变量的。如图 2-8 所示的液位控制系统，其操纵变量是出口流体的流量；图 2-9 所示的温度控制系统，其操纵变量是载热体的流量。

当被控变量选定以后，接下来应对工艺进行分析，找出哪些因素会影响被控变量发生变化，并确定这些影响因素中哪些是可控的，哪些是不可控的。原则上，应将对被控变量影响较显著的可控因素作为操纵变量。下面举一实例加以说明。

图 2-14 是精馏塔流程图。如果根据工艺要求，已选定提馏段某块塔板（一般为灵敏板）上的温度作为被控变量，那么，自动控制系统的任务就是通过维持灵敏板温度恒定，来保证塔底产品的成分满足要求。

从工艺分析可知，影响提馏段灵敏板温度 $T_灵$ 的因素主要有：进入流量（$Q_入$）、成分（$x_入$）、温度（$T_入$）、回流的流量（$Q_回$）、加热蒸汽流量（$Q_蒸$）、冷凝器冷却温度（$T_冷$）及塔压（p）等。这些因素都会影响被控变量 $T_灵$ 的变化，如图 2-15 所示。现在的问题是选择哪一个变量作为操纵变量。为此，我们可将这些影响因素分为两大类，即可控的和不可控的。从工艺角度来看，本例中只有回流量 $Q_回$ 和加热蒸汽量 $Q_蒸$ 为可控因素，其他均为不可控因素。当然，在不可控因素中，有些也是可以控制的，例如 $Q_入$、塔压 p 等，只是工艺上不允许用这些变量去控制塔内的温度（因为 $Q_入$ 的波动意味着生产负荷的波动，塔压的波动意味着塔的工况不稳定，这些都是不允许的）。在两个可控因素中，蒸汽流量的变化对提馏段温度的影响相较更迅速、显著。同时，从经济角度来看，控制蒸汽流量比控制回流量所消耗的能量要小，所以通常应选择蒸汽流量作为操纵变量。

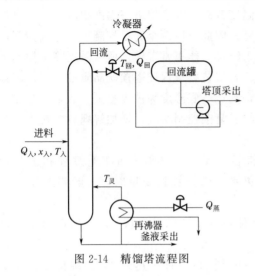

图 2-14　精馏塔流程图

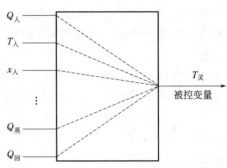

图 2-15　影响提馏段温度各种因素示意图

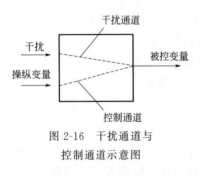

图 2-16　干扰通道与
控制通道示意图

作用在对象上的操纵变量和干扰变量，都会引起被控变量的变化。图 2-16 是干扰通道与控制通道示意图。干扰变量由干扰通道施加在对象上，起着破坏作用，使被控变量偏离给定值；操纵变量由控制通道加到对象上，使被控变量回复到给定值，起着校正作用，这是一对相互矛盾的变量，它们对被控变量的影响都与对象特性有密切的关系。因此在选择操纵变量时，要认真分析对象特性，以提高控制系统的控制品质。

概括起来，选择操纵变量的原则有如下三点：

① 操纵变量应可控，即工艺上允许控制的变量。

② 操纵变量一般应比其他干扰对被控变量的影响更加灵敏。为此，应通过合理选择操纵变量，使控制通道的放大倍数适当大、时间常数适当小、滞后时间尽量少。为使其他干扰对被控变量的影响减小，应使干扰通道的放大倍数尽可能小，时间常数尽可能大。

③ 在选择操纵变量时，除了从自动化角度考虑外，还要考虑工艺的合理性与生产的经济性，尽可能地降低物料和能量的消耗。一般来说，不宜选择生产负荷作为操纵变量，因为生产负荷直接关系到产品的产量，是不宜经常波动的。

2.5.3　控制器控制规律的选择及参数整定

2.5.3.1　控制规律的选择

目前工业上常用的控制器主要有三种控制规律：比例控制规律、比例积分控制规律和比例积分微分控制规律，分别简写为 P、PI 和 PID。工业上主要是根据控制器的特性和工艺要求来决定选择具体的控制规律。

（1）比例控制器　比例控制器是具有比例控制规律的控制器，它的输出 p 与输入偏差 e（实际上是指它们的变化量）之间的关系为

$$p = K_{P}ep$$

比例控制器的可调整参数是比例放大系数 K_P 或比例度 δ，对于单元组合仪表来说，它们的关系为

$$\delta = 1/K_P \times 100\%$$

比例控制器的特点是：控制器的输出与偏差成比例，阀门位置与偏差之间有一一对应关系。当负荷变化时，比例控制器克服干扰能力强，过渡过程时间短。在常用控制规律中，比例作用是最基本的控制规律，不加比例作用的控制规律是很少采用的。但是，纯比例控制器在过渡过程终了时存在余差。负荷变化越大，余差就越大。

比例控制器适用于调节通道滞后较小、负荷变化不大、工艺上没有提出无差要求的系统。如中间贮罐的液位、精馏塔塔釜液位以及不太重要的蒸汽压力等。

（2）比例积分控制器　比例积分控制器是具有比例积分控制规律的控制器。它的输出 p 与输入偏差 e 的关系为

$$p = K_P \left(e + \frac{1}{T_I} \int e \, dt \right)$$

比例积分控制器的特点是：积分作用使控制器的输出与偏差的积分成比例，故过渡过程结束时无余差，这是积分作用的显著优点。但是，加上积分作用，会使稳定性降低。虽然在加上积分作用的同时，可以通过加大比例度，使稳定性基本保持不变，但超调量和振荡周期都相应增大，过渡过程时间也加长。

比例积分控制器是使用最多、应用最广的控制器。它适用于调节通道滞后较小、负荷变化不大、工艺参数不允许有余差的系统。例如流量、压力和要求严格的液位控制系统，常采用比例积分控制器。

（3）比例积分微分控制器　比例积分微分控制器是具有比例积分微分控制规律的控制器，常称为三作用（PID）控制器。理想的三作用控制器，其输出 p 与输入偏差 e 之间具有下列关系：

$$p = K_P \left(e + \frac{1}{T_I} \int e \, dt + T_D \frac{de}{dt} \right)$$

比例积分微分控制器的特点是：微分作用使控制器的输出与偏差变化速度成比例。它对克服对象滞后有显著效果。在比例的基础上加上微分作用能提高稳定性，再加上积分作用可以消除余差。

比例积分微分控制器适用于容量滞后较大、负荷变化大、控制质量要求较高的系统，目前应用较多的是温度系统。对于滞后很小或噪声严重的系统，应避免引入微分作用，否则会由于参数的快速变化引起控制作用的大幅度变化，严重时会导致控制系统不稳定。

值得提出的是，目前生产的模拟式控制器一般都同时具有比例、积分、微分三种作用。只要将其中的微分时间 T_D 置于 0，就成了比例积分控制器，如果同时将积分时间 T_I 置于无穷大，便成了比例控制器。

2.5.3.2　控制器参数的工程整定

一个自动控制系统的过渡过程或者控制质量，与被控对象的特性、干扰形式与大小、控制方案的确定及控制器的参数整定有着密切关系。对象特性和干扰情况是受工艺操作和设备特性限制的。在确定控制方案时，只能尽量设计合理，并不能任意改变它。一旦方案确定之后，对象各通道的特性就已成定局，这时控制质量就取决于控制器参数的整定了。所谓控制器参数的整定，就是按照已定的控制方案，求取使控制质量最好时的控制器参数值。具体来

说，就是确定最合适的控制器比例度 δ、积分时间 T_I 和微分时间 T_D。

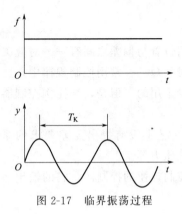

图 2-17　临界振荡过程

整定的方法很多，下面介绍几种工程上最常用的方法。

（1）临界比例度法　这是目前使用较多的一种方法。它是先通过试验得到临界比例度 $δ_K$ 和临界周期 T_K，然后根据经验总结出来的关系求出控制器各参数值。具体做法如下：

在闭合的控制系统中，先将控制器变为纯比例作用，即将 T_I 放在"∞"位置上，T_D 放在"0"位置，在干扰作用下，从大到小地逐渐改变控制器的比例度，直到系统产生等幅振荡（即临界振荡），如图 2-17 所示，这时的比例度叫临界比例度 $δ_K$，周期为临界振荡周期 T_K，记下 $δ_K$ 和 T_K，然后按表 2-6 中的经验公式计算出控制器的各参数整定数值。

表 2-6　临界比例度法参数计算公式表

控制作用	比例度 δ/%	积分时间 T_I/min	微分时间 T_D/min
比例	$2δ_K$		
比例＋积分	$2.2δ_K$	$0.85T_K$	
比例＋微分	$1.8δ_K$		$0.1T_K$
比例＋积分＋微分	$1.7δ_K$	$0.5T_K$	$0.55T_K$

临界比例度法比较简单方便，容易掌握和判断，适用于一般的控制系统。但是对于临界比例度很小的系统不适用。因为临界比例度很小，则控制器输出的变化一定很大，被控变量容易超出允许范围，影响生产的正常进行。

临界比例度法是要使系统达到等幅振荡后，才能找出 $δ_K$ 与 T_K，对于工艺上不允许产生等幅振荡的系统本方法亦不适用。

（2）衰减曲线法　衰减曲线法是通过使系统产生衰减振荡来整定控制器的参数值的，具体做法如下。

在闭合的控制系统中，先将控制器变为纯比例作用，比例度放在较大的数值上，在达到稳定后，用改变给定值的办法加入阶跃干扰，观察记录曲线的衰减比，然后从大到小改变比例度，直至出现 4：1 衰减比为止，见图 2-18(a)，记下此时的比例度 $δ_S$（叫 4：1 衰减比例度），并从曲线上得出衰减周期 T_S，然后根据表 2-7 中的经验公式，求出控制器的参数整定值。

有的过程，4：1 衰减仍嫌振荡过强，可采用 10：1 衰减曲线法。方法同上，得到 10：1 衰减曲线后〔见图 2-18(b)〕，记下此时的比例度 $δ_S'$ 和最大偏差时间 $T_升$（又称上升时间），然后根据表 2-8 中的经验公式，求出相应的 δ、T_I、T_D 值。

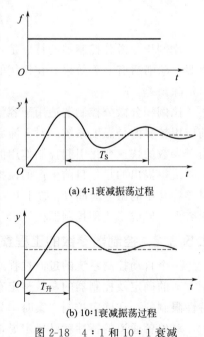

(a) 4：1衰减振荡过程

(b) 10：1衰减振荡过程

图 2-18　4：1 和 10：1 衰减
振荡过程

表 2-7 4:1 衰减曲线法控制器参数计算表

控制作用	比例度 $\delta/\%$	积分时间 T_1/min	微分时间 T_D/min
比例	δ_S		
比例＋积分	$1.2\delta_S$	$0.5T_S$	
比例＋积分＋微分	$0.8\delta_S$	$0.3T_S$	$0.125T_S$

表 2-8 10:1 衰减曲线法控制器参数计算表

控制作用	比例度 $\delta/\%$	积分时间 T_1/min	微分时间 T_D/min
比例	δ'_S		
比例＋积分	$1.2\delta'_S$	$2T_升$	
比例＋积分＋微分	$0.8\delta'_S$	$1.2T_升$	$0.4T_升$

采用衰减曲线法必须注意以下几点：

① 加的干扰幅值不能太大，要根据生产操作要求来定，一般为额定值的 5% 左右，也有例外的情况；

② 必须在工艺参数稳定情况下才能施加干扰，否则得不到正确的 δ_S、T_S 或 δ'_S 和 $T_升$ 值；

③ 对于反应快的系统，如流量、管道压力和小容量的液位控制等，要在记录曲线上严格达到 4:1 衰减曲线比较困难，一般以被控变量来回波动两次达到基本稳定，就可以近似地认为达到 4:1 衰减过程了。

衰减曲线法比较简便，适用于一般情况下的各种参数的控制系统。但对于干扰频繁，记录曲线不规则，不断有小摆动时，由于不易得到正确的衰减比例度 δ_S 和衰减周期 T_S，使得这种方法难于应用。

（3）经验凑试法 经验凑试法是长期的生产实践中总结出来的一种整定方法。它是根据经验先将控制器参数放在一个数值上，直接在闭合的控制系统中，通过改变给定值施加干扰，在记录仪上观察过渡过程曲线，运用 δ、T_1、T_D 对过渡过程的影响为指导，按照规定顺序，对比例度 δ、积分时间 T_1 和微分时间 T_D 逐个整定，直到获得满意的过渡过程为止。

各类控制系统中控制器参数的经验数据，列于表 2-9 中，供整定时参考选择。

表 2-9 各类控制系统中控制器参数经验数据表

被控变量	特点	$\delta/\%$	T_1/min	T_D/min
流量	对象时间常数小，参数有波动，δ 要大；T_1 要短；不用微分	40～100	0.3～1	
温度	对象容量滞后较大，即参数受干扰后变化迟缓，δ 应小；T_1 要长；一般需加微分	20～60	3～10	0.5～3
压力	对象的容量滞后一般，不算大，一般不加微分	30～70	0.4～3	
液位	对象时间常数范围较大。要求不高时，δ 可在一定范围内选取，一般不用微分	20～80		

表 2-9 中给出的只是一个大体范围，有时变动较大。例如，流量控制系统的 δ 值有时需在 200% 以上，有的温度控制系统，由于容量滞后大，T_1 往往需在 15min 以上。另外，选

取 δ 值时应注意测量部分的量程和控制阀的尺寸。如果量程范围小（相当于测量变送器的放大系数 K_m 大）或控制阀尺寸选大了（相当于控制阀的放大系数 K_V 大）时，δ 应选得适当大一些，即 K_c 小一些，这样可以适当补偿 K_m 大或 K_V 大带来的影响，使整个回路的放大系数保持在一定范围内。

整定的步骤有以下两种：

① 先用纯比例作用进行凑试，待过渡过程已基本稳定并符合要求后，再加积分作用消除余差，最后加入微分作用是为了提高控制质量。按此顺序观察过渡过程曲线进行整定工作，具体做法如下。

根据经验并参考表 2-9 的数据，选出一个合适的 δ 值作为起始值，把积分阀全关、微分阀全开，将系统投入自动。改变给定值，观察被控变量，记录曲线形状。如曲线不是 4∶1 衰减（这里假定要求过渡过程是 4∶1 衰碱振荡的），例如衰减比大于 4∶1，说明选的 δ 值偏大，应适当减小，再看记录曲线，直到呈 4∶1 衰减为止。注意，当把控制器比例度盘拨小后，如无干扰就看不出衰减振荡曲线，一般都要改变一下给定值才能看到。若工艺上不允许改变给定值，那只好等候工艺本身出现较大干扰时再看记录曲线。δ 值调整好后，如要求消除余差，则要引入积分作用。一般积分时间可先取为衰减周期的一半值，并在积分作用引入的同时，将比例度增加 $10\% \sim 20\%$，看记录曲线的衰减比和消除余差的情况，如不符合要求再适当改变 δ 和 T 值。如果是三作用控制器，则在已调整好 δ 和 T 的基础上再引入微分作用，而在引入微分作用后，允许把 δ 值缩小一点，把 T 值也再缩小一点。微分时间 T_D 也要凑试，以使过渡过程时间短，超调量小，控制质量满足生产要求。

经验凑试法的关键是"看曲线，调参数"。因此，必须弄清楚控制器参数值变化对过渡过程曲线的影响关系。一般来说，在整定中，观察到曲线振荡很频繁需把比例度增大以减小振荡；当曲线最大偏差大且趋于非周期过程，需把比例度减小。当曲线波动较大时，应增大积分时间；曲线偏离给定值后，长时间回不来，则需减小积分时间，以加快消除余差的过程。如果曲线振荡得厉害，需把微分作用减到最小，或者暂时不加微分作用，以免更加剧振荡；曲线最大偏差大而衰减慢，需把微分时间加长。经过反复凑试，一直调到过渡过程振荡两个周期后基本达到稳定，品质指标达到工艺要求为止。

在一般情况下，比例度过小，积分时间过小或微分时间过大，都会产生周期性的激烈振荡。但是，积分时间过小引起的振荡，周期较长；比例度过小，振荡周期较短；微分时间过大，振荡周期最短。如图 2-19 所示。曲线 a 的振荡是积分时间过小引起的，曲线 b 是比例度过小引起的，曲线 c 的振荡是微分时间过大引起的。

比例度过小、积分时间过小和微分时间过大引起的振荡，还可以这样进行判别：从输出气压（或电流）指针动作之后，一直到测量指针发生动作，如果这段时间短，应把比例度增加；如果这段时间长，应把积分时间增大；如果时间最短，应把微分时间减小。

如果比例度过大或积分时间过大，都会使过渡过程变化缓慢，如何判别这两种情况呢？一般地说，比例度过大，曲线东跑西跑、不规则较大地偏离给定值，而且，形状像波浪般的绕大弯变化，如图 2-20 曲线 a 所示。如果曲线通过非周期的不正常路径，慢慢地回复到给定值，就说明积分时间过大，如图 2-20 曲线 b 所示。应当引起注意的是，积分时间过大或微分时间过大，超出允许的范围时，不管如何改变比例度，都是无法补救的。

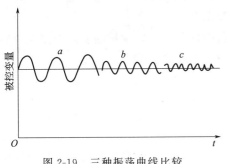

图 2-19　三种振荡曲线比较

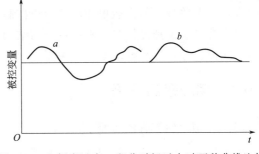

图 2-20　比例度过大、积分时间过大时两种曲线比较

② 经验凑试法也可以按下列步骤进行：先按表 2-9 中给出的范围把 T_1 定下来，如要引入微分作用，可取 $T_D = (1/4 \sim 1/3) T_1$，然后对 δ 进行凑试，凑试步骤与前一种方法相同。

一般来说，上述凑试可较快地找到合适的参数值。但是，如果开始 T_1 和 T_D 设置得不合适。则可能得不到所要求的记录曲线。这时应将 T_1 和 T_D 做适当调整，重新凑试，直至记录曲线符合要求为止。

经验凑试法的特点是方法简单，适用于各种控制系统，因此应用非常广泛。特别是外界干扰作用频繁，记录曲线不规则的控制系统，采用此法最为合适。但是此法主要是靠经验，在缺乏实际经验或过渡过程本身较慢时，往往费时较多。为了缩短整定时间，可以运用优选法，使每次参数改变的大小和方向都有一定的目的性。值得注意的是，对于同一个系统，不同的人采用经验凑试法整定，可能得出不同的参数值，这是由于对每一条曲线的看法，有时会因人而异，没有一个很明确的判断标准，而且不同的参数匹配有时会使所得过渡过程衰减情况相近。

最后必须指出，在一个自动控制系统投运时，控制器的参数必须整定，才能获得满意的控制质量。同时，在生产进行的过程中如果工艺操作条件改变，或负荷有很大变化，被控对象的特性就会改变，因此，控制器的参数必须重新整定。由此可见，整定控制器参数是经常要做的工作，对工艺人员与仪表人员来说，都是需要掌握的。

2.6　复杂控制系统

在大多数情况下，简单控制系统由于需要的自动化工具少，设备投资少，维护、投运整定较简单，同时，生产实践证明它能解决大量的生产控制问题，满足定值控制的要求。因此，简单控制系统是生产过程自动控制中最简单、最基本、应用最广的一种形式，在工厂里约占自动控制系统的 80% 左右。但是，随着工业的发展，生产工艺的革新和强化，对自动化的要求日益提高。例如甲醇精馏塔的温度偏离不允许超过 1℃，石油裂解气的深冷分离中乙烯纯度要求达到 99.99%，简单控制系统往往满足不了这样高的要求，所以相继地出现了各种复杂控制系统。

一般来说，只要是结构上较为复杂或控制目的上较为特殊的控制系统，都可以称为复杂控制系统。通常复杂控制系统是多变量的，具有两个以上变送器、两个以上控制器或两个以上控制阀所组成的多个回路的控制系统，所以又称为多回路控制系统。当然，这类系统的分析、设计、参数整定与投运也相应比简单控制系统要复杂些。

复杂控制系统种类繁多，根据系统的结构和所担负的任务来说，常见的复杂控制系统有串级、比值、分程等系统。本部分主要介绍这些系统的基本原理、特点及应用。

2.6.1　串级控制系统

2.6.1.1　串级控制系统概述

串级控制系统是在简单控制系统的基础上发展起来的，当对象的滞后较大，干扰比较剧烈、频繁时，采用简单控制系统往往控制质量较差，满足不了工艺上的要求，可考虑采用串级控制系统。下面举例说明。

管式加热炉是化工生产中重要装置之一。无论是原油加热或重油裂解，对炉出口温度的控制都十分严格，这一方面可延长炉子寿命，防止烧坏炉管；另一方面可保证后面精馏分离的质量。为了控制炉出口温度，可以设置图 2-21 所示的温度控制系统，根据炉出口温度的变化来控制燃料阀门的开度，即通过改变燃料量来维持炉的出口温度在工艺所规定的数值上，这是一个简单控制系统。

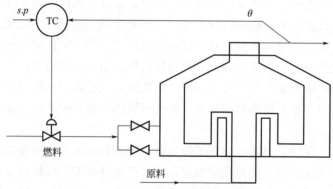

图 2-21　管式加热炉出口温度控制系统

由于燃料量的改变要通过炉膛才能使原料油的温度发生变化，所以炉子的调节通道容量滞后很大，时间常数约为 15min，反应缓慢，调节精度低，但是工艺上要求炉出口温度的变化范围为 ±(1～2)℃。如此高的质量指标要求，图 2-21 所示的单参数单回路控制系统是难以满足的。为了解决容量滞后问题，还需对加热炉的工艺做进一步的分析。

管式加热炉对象是一根很长的受热管道，它的热负荷很大，它是通过炉膛与原料油的温差将热量传给原料油的，因此燃料量的变化首先是从炉膛的温度反映出来的，那么是否能以炉膛温度作为被控变量组成单回路控制系统呢？当然这样做会使调节通道容量滞后减少 3min 左右，但炉膛温度不能真正代表炉出口温度，如果炉膛温度控制好了，其炉出口温度并不一定能满足生产要求。为解决这一问题，人们在生产实践中，根据炉膛温度的变化控制燃料量，再根据炉出口温度与其给定值之差，进一步控制燃料量，以保持炉出口温度的恒定。模仿这样的人工操作就构成了以炉出口温度为主要被控变量的炉出口温度与炉膛温度的串级控制系统，图 2-22 是这种系统的示意图。它的工作过程是这样的：在稳定工况下，炉出口温度和炉膛温度处于相对稳定状态，控制燃料量的阀门保持在一定的开度，假定在某一时刻，燃料油的压力或组分发生变化，这个干扰首先使炉膛温度 θ_2 发生变化，它的变化使燃料原料控制器 T_2C 进行工作，改变燃料的加入量，从而使炉膛温度的偏差随之减小。与此同时，由于炉膛温度的变化，或由于原料本身的进口流量或温度发生变化，会使炉出口温度 θ_1 发生变化，θ_1 的变化通过控制器 T_1C 不断地改变控制器 T_2C 的给定值。这样，两个控制器协同工作，直到炉出口温度重新稳定在给定值时过渡过程才告结束。

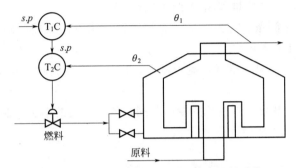

图 2-22　管式加热炉出口温度串级控制系统

图 2-23 是管式加热炉出口温度串级控制系统的方框图。根据信号传递的关系，图中将管式加热炉对象分为两部分：温度对象 1 和温度对象 2。温度对象 2 的输出参数为炉膛温度 θ_2、干扰 F_2 表示燃料油的压力、组分等的变化，它通过温度对象 2 首先影响炉膛温度，然后再通过管壁影响炉出口温度 θ_1。干扰 F_1 表示原料本身的流量、进口温度等的变化，它通过温度对象 1 直接影响炉出口的温度。

从图 2-22 或图 2-23 可以看出，在这个控制系统中，有两个控制器，分别接受来自对象不同部位的测量信号。其中一个控制器的输出作为另一个控制器给定值，而后者的输出去控制控制阀以改变操纵变量，从系统的结构来看，这两个控制器是串接工作的。因此，这样的系统称为串级控制系统。

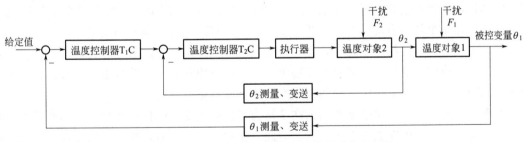

图 2-23　管式加热炉出口温度串级控制系统方框图

为了更好地阐述和研究问题，这里介绍几个串级控制系统中常用的名词。

① 主变量：是工艺控制指标，在串级控制系统中起主导作用的被控变量，如上例中的炉出口温度 θ_1。

② 副变量：串级控制系统中为了稳定主变量或因某种需要而引入的辅助变量，如上例中的炉膛温度 θ_2。

③ 主控制器：按主变量对给定值的偏差而动作，其输出作为副变量给定值的那个控制器称为主控制器（又名主导控制器）。如上例中的温度控制器 T_1C。

④ 副控制器：其给定值由主控制器的输出所决定，并按副变量对给定值的偏差而动作

的那个控制器，称为副控制器（又名随动控制器）。如上例中的温度控制器 T_2C。

⑤ 主对象：对主变量表征其特性的生产设备，如上例中从炉膛温度检测点到炉出口温度检测点间的工艺生产设备，当然还包括必要的工艺管道。

⑥ 副对象：为副变量表征其特性的工艺生产设备，如上例中控制阀至炉膛温度检测点间的工艺生产设备。由上可知，在串级控制系统中，被控对象被分为两部分——主对象与副对象，具体怎样划分，与主变量和副变量的选择有关。

⑦ 主回路：是由主测量、变送，主、副控制器，执行器（控制阀）和主、副对象所构成的外回路，亦称外环或主环。

⑧ 副回路：是由副测量、变送，副控制器，执行器（控制阀）和副对象所构成的回路，亦称内环或副环。

根据前面所介绍的串级控制系统的专用名词，各种形式的串级控制系统都可以画成典型形式的方块图，如图 2-24 所示。

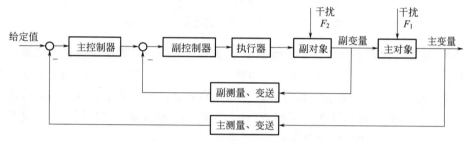

图 2-24   串级控制系统典型方块图

2.6.1.2 串级控制系统的特点及应用

（1）系统的结构   在系统的结构上，串级控制系统有两个主、副闭合回路，有主、副两个控制器串联工作。主控制器的输出作为副控制器的给定值，系统通过副控制器的输出操纵控制阀动作，实现对主变量的定值控制。所以在串级控制系统中，主回路是个定值控制系统，而副回路是个随动系统。有两个测量变送器，分别测量主变量和副变量。

一般来说，在串级控制系统中，主变量是反映产品质量或生产过程运行情况的主要工艺参数。控制系统设置的目的主要就在于稳定这一变量，使它等于工艺规定值。所以，主变量的选择原则与简单控制系统中介绍的被控变量选择原则是一样的。

在串级控制系统中，副变量的引入往往是为了提高主变量的控制质量，它是基于主、副变量之间具有一定的内在关系而工作的。因此，在主变量选定后，选择的副变量应与主变量有一定的关系。

选择串级控制系统的副变量一般有两类情况，一类情况是选择与主变量有一定关系的某一中间变量作为副变量，例如前面所讲的管式加热炉的温度串级控制系统中，选择的副变量是燃料量至炉出口温度通道中间的一个变量，即炉膛温度，由于它的滞后小，反应快，可以提前预报主变量的变化；另一类选择的副变量就是操纵变量本身，这样能及时克服它的波动，减小对主变量的影响，下面举一个例子来说明这种情况。

图 2-25 是精馏塔塔釜温度串级控制系统的示意图。精馏塔塔釜温度是保证产品分离纯度的重要指标，一般要求将它保持在一定的数值。通常采用改变加热蒸汽量来克服干扰（如进料流量温度及成分等的变化）对温度的影响，从而保持塔釜温度的稳定。但是，由于温度

对象滞后比较大，当蒸汽压力波动比较厉害时，使控制质量不够理想。为解决这个问题就构成如图 2-25 所示的塔釜温度与加热蒸汽流量的串级控制系统。温度控制器 TC 的输出作为蒸汽流量控制器的给定值。亦即流量控制器的给定应该由温度控制的需要来决定它应该"变"或"不变"，以及变化的"大"或"小"。通过设计一套串级控制系统，希望在塔釜温度稳定不变时蒸汽流量能保持定值，而当温度在外来干扰作用下偏离给定值时，又要求蒸汽流量能做相应的变化，以使能量的需要和供给之间得到平衡，从而保持釜温在要求恒定的数值上。在这个例子中，选择的副变量就是操纵变量，即蒸汽流量本身。这样，当干扰来自蒸汽压力或流量的波动时，副回路能及时加以克服，以大大减小这种干扰对主变量的影响，使塔釜温度的控制质量得以提高。

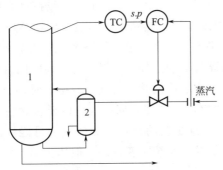

动画扫一扫

精馏塔单元
3D仿真项目

图 2-25　精馏塔塔釜温度串级控制系统
1—精馏塔；2—再沸器

（2）系统的特性　在系统特性上，串级控制系统由于副回路的存在，改善了对象特性，使调节过程加快，具有超前控制的作用，从而有效地克服滞后，提高控制质量。因此，当对象的控制通道很长，容量滞后大或时间常数大，采用简单控制系统不能满足控制质量的要求时，可以考虑采用串级控制系统。

下面以管式加热炉为例，来说明串级控制系统是如何有效地克服滞后提高控制质量的。比如考虑图 2-22 所示的温度串级控制系统。假定控制阀采用气开型式，断气时关闭控制阀，以防止炉管烧坏而酿成事故。温度控制器 T_1C 和 T_2C 都采用反作用方向。下面我们针对不同情况来分析该系统的工作过程。

① 干扰作用于副回路。当系统的干扰只是燃料油的压力或组分波动时，亦即在图 2-23 的方框图中，干扰 F_1 不存在，只有 F_2 作用在温度对象 2 上，这时干扰进入副回路。若采用简单的控制系统（见图 2-21），干扰 F_2 先引起炉膛温度 θ_2 变化，然后通过管壁传热才能引起炉出口温度 θ_1 变化，只有当 θ_1 变化以后，控制作用才能开始，因而控制迟缓，滞后大。设置了副回路以后，干扰 F_2 引起 θ_2 变化，温度控制器 T_2C 及时进行控制，使其很快稳定下来，如果干扰量小，经过副回路控制后，此干扰一般影响不到加热炉出口温度 θ_1；在大幅度的干扰下，其大部分影响为副回路所克服，波及加热炉出口温度 θ_1 已是强弩之末了，再由主回路进一步控制，彻底消除干扰的影响，使被控变量回复到给定值。

假定燃料油的压力增加或热值增加，使炉膛温度升高。显然，这时温度控制器 T_2C 的测量值是增加的。另外由于炉膛温度 θ_2 的升高，会使炉出口温度的 θ_1 也升高，因为温度控制器 T_1C 是反作用，其输出降低，送至温度控制器 T_2C，因而使 T_2C 的给定值降低。由于温度控制器 T_2C 也是反作用的，给定值降低与测量值升高，都同时使输出值降低，它们的作用都是使控制阀关小。因此，控制作用不仅加快，而且加强了，使加热炉出口温度能尽快地回复到给定值。

由于副回路控制通道短，时间常数小，所以当干扰进入副回路时，可以获得比单回路超前的控制作用。为了充分发挥这一优点，当管式加热炉的主要干扰来自燃料油的压力波动时，可以设计图 2-26 所示的加热炉出口温度与燃料油压力串级控制系统。在这个系统中，由于副回路控制通道很短，时间常数很小，因此控制作用非常及时，能有效地克服由于燃料油压力波动对炉出口温度的影响，从而大大提高了控制质量。但是必须指出，在确定副回路时，除了要考虑它的快速性外，还应该使副回路包括主要干扰，可能条件下应力求包括较多的次要干扰。例如前面所说的管式加热炉出口温度控制系统，如果燃料油的压力比较稳定，而燃料油的组分（热值）波动较大，那么，图 2-26 所示的温度压力串级控制系统的副回路作用就不大了，此时宜采用图 2-22 所示的温度串级控制系统。当然，副回路所包括的干扰越多，往往副对象的时间常数也就越大。如果不恰当地追求副回路多包含几个干扰因素，就会把副变量的位置选得靠近主变量，使副回路控制通道加长，滞后增大，时间常数增大，反应迟缓，便失去了副回路的优越性。况且，当主、副回路的时间常数接近时，两个回路的动态联系密切，严重时会出现"共振效应"。所以，在选择副回路时，既要包含主要干扰，又不能太靠近主变量。另外，所选副变量还应注意工艺的合理性和实现的可能性。特别要注意，有些变量从理论上讲是可以作为压力串级控制系统副变量的，但从实际上看来，工艺上可能无法实现或无法检测，这就不得不另外选择了。

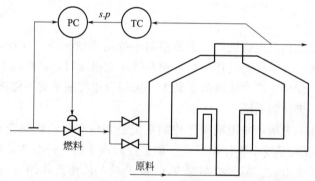

图 2-26　加热炉出口温度与燃料油压力串级控制系统

② 干扰同时作用于副回路和主对象。如果除了进入副回路的干扰外，还有其他干扰作用在主对象上，根据干扰作用下主、副变量变化的方向，又分下列两种情况。

一种是在干扰作用下主、副变量同方向变化，同时增加或同时减小。譬如在图 2-22 所示的温度串级控制系统中，一方面由于燃料油压力增加（或热值增加），使炉膛温度 θ_2 增加，同时由于原料油进口温度增加（或流量减小）而使炉出口温度 θ_1 增加。这时主控制器 T_1C 的输出减小，副控制器由于测量值增加，给定值减小，所以副控制器的输出大大减小以使控制阀关得较小，减少了燃料供给量，直至主变量 θ_1 回复到给定值为止，由于此时主、副控制器的工作都是使阀门关小的，所以加强了控制作用，加快了控制过程。

另一种情况是主、副变量反方向变化，一个增加，一个减小。譬如在上例中，由于燃料油压力升高（或热值增加）使炉膛温度 θ_2 增加，同时由于原料油进口温度降低（或流量增加）而使炉出口温度 θ_1 降低。这时主控制器的测量值降低，输出增加，而副控制器的测量值增加，给定值也增加，如果恰好两者增加量相等，则偏差为零，副控制器输出不变，阀门不需动作；如果两者增加量不相等，由于互相抵消掉一部分，偏差也不大，只要控制阀稍稍改变一下，即可使系统达到稳定。

通过以上分析可以看出，在串级控制系统中由于引入一个闭合的副回路，不仅能迅速克服作用于副回路的干扰，而且对作用于主对象的干扰也能加速克服过程。副回路具有先调、粗调、快调的特点；主回路具有后调、细调、慢调的特点，并对于副回路没有克服掉的干扰能彻底加以克服。因此，在串级控制系统中主、副回路相互配合，充分发挥控制作用，大大提高了控制质量。

（3）自适应能力　由于增加了副回路，使串级控制系统具有一定的自适应能力，可用于负荷和操作条件有较大变化的场合。

前面已经讲过，对于一个控制系统来说，控制器参数是在一定的负荷，一定的操作条件下，按一定的质量指标整定得到的。因此，一定的控制器参数只能适应一定的负荷和操作条件。如果对象具有非线性，那么，随着负荷与操作条件的改变，对象特性就会发生变化，这样，原先的控制器参数就不再适应了，需要重新整定。如果仍用原先的参数，控制质量就会下降。这一问题，在单回路控制系统中是难于解决的。在串级控制系统中，主回路是一个定值系统，副回路却是一个随动系统，当负荷和操作条件发生变化时，主控制器能够适应这一变化及时地改变副控制器的给定值，使系统运行在新的工作点上，从而保证在新的负荷和操作条件下，控制系统仍然具有较好的控制质量。

总之，根据串级控制系统的特点，当对象的滞后和时间常数很大，干扰作用强而频繁，负荷变化大，简单控制系统满足不了要求时，使用串级控制系统是合适的，尤其是当主要扰来自控制阀方面时，选择控制介质的流量或压力作为副变量来构成串级控制系统（如图 2-25 或图 2-26 所示）是很适宜的。

2.6.1.3　主、副控制器控制规律的选择

串级控制系统一般用来高精度地控制主变量，因而，副控制器主变量在控制过程结束时不应有余差。怎样才能实现无差控制呢？从前面分析中可知，副回路主要用来克服进入副回路的干扰，而主回路能够克服所有影响主变量变化的干扰。因而，主控制器采用比例积分控制规律就可实现主变量的无差控制。对于副变量来说，一般要求它服从主变量恒定的需要，其值应随主控制器的输出在一定范围内变化，因而副控制器应采用比例控制规律，如引入积分作用，不仅难于保持副变量为无差控制，而且还会影响副回路的快速作用。副控制器的微分作用也不需要，否则主控制器输出稍有变化，就容易引起控制阀大幅度变化，这不利于系统的稳定。

此外，当工艺主、副变量的要求不同时，主、副控制器的控制规律也是不同的。表 2-10 列出四种情况，其中第一种情况应用是最普遍的。

表 2-10　主、副变量不同时应选用的控制规律

选择方法序号	对变量的要求		应选控制规律		备注
	主变量	副变量	主控	副控	
1	重要指标,要求很高	允许变化,要求不严	PI	P	主控必要时引入微分
2	主要指标,要求较高	主要指标,要求较高	PI	PI	
3	允许变化,要求不高	要求较高,变化较快	P	PI	工程上很少采用
4	要求不高,互相协调	要求不高,互相协调	P	P	

2.6.1.4　主、副控制器正反作用的选择

与简单控制系统一样，在串级控制系统投运和整定之前，必须检查控制器正、反作用开关是否放置在正确的位置。

串级控制系统中，必须分别选择主、副控制器的作用方向，选择方法如下。

（1）副控制器作用方向的选择　串级控制系统中的副控制器作用方向的选择，是根据工艺安全等要求，选定控制阀的开、关型式后，按照使副回路成为一个负反馈系统的原则来确定的。因此，副控制器作用方向与对象特性、控制阀的气关、气开型式有关，其选择方法与简单控制系统中控制器正、反作用的选择方法相同，这时可不考虑主控制器的作用方向，只是将主控制器的输出作为副控制器的给定就行了。

如图 2-22 所示的管式加热炉温度串级控制系统的副回路，如果为了在气源中断时，停止供给燃料油，以防烧坏炉子，那么控制阀应该选气开阀，是正方向。当燃料量加大时，炉膛温度 θ_2（副变量）是增加的，因此副对象是正方向。为了使副回路构成一个负反馈系统，副控制器 T_2C 应选择反作用方向。

（2）主控制器作用方向的选择　串级控制系统中主控制器作用方向的选择可按下述方法进行：当主、副变量在增大（或减小）时，为把主、副变量调回来，如果由工艺分析得出对控制阀动作方向要求一致时，主控制器应选用反作用；反之，则应选用正作用。

如图 2-22 所示的串级控制系统，不论是主变量 θ_1 或副变量 θ_2 增加时，对控制阀动作方向的要求是一致的，都要求关小控制阀，减少供给的燃料量，才能使 θ_1 或 θ_2 降下来，所以这时主控制器 T_1C 应确定为反作用方向。

2.6.1.5　控制器参数整定与系统投运

串级控制系统从整体上来看是个定值控制系统，要求主变量有较高的控制精度。但从副回路来看，是一个随动系统，要求副变量能准确、快速地跟随主控制器输出的变化而变化。只有明确了主、副回路的作用及主、副变量的要求后，才能正确地通过参数整定改善控制系统的特性，获取最佳的控制过程。

串级控制系统主、副控制器的参数整定方法主要有下列两种。

（1）两步整定法　按照串级控制系统主、副回路的情况，先整定副控制器，后整定主控制器的方法叫作两步整定法，整定过程是：

① 在工况稳定，主、副控制器都在纯比例作用运行的条件下，将主控制器的比例度固定在 100% 刻度上，逐渐减小副控制器的比例度，求取副回路在满足某种衰减化（如 4∶1）过渡过程下的副控制器比例度和操作周期，分别用 δ_{2S} 和 T_{2S} 表示；

② 在副控制器比例度等于 δ_{2S} 的条件下，逐步减小主控制器的比例度，直到得到同样衰减比下的控制过程，记下此时主控制器的比例度 δ_{1S} 和操作周期 T_{1S}；

③ 根据上面得到的 δ_{1S}、δ_{2S}、T_{1S}、T_{2S}，按表 2-8（或表 2-7）的规定公式计算主、副控制器的比例度、积分时间和微分时间；

④ 按"先副后主""先比例次积分后微分"的整定规律，将计算出的控制器参数加到控制器上；

⑤ 观察控制过程，适当调整，直到获得满意的过渡过程。

如果主、副对象时间常数相差不大，动态联系密切，可能会出现"共振"现象，主、副变量长时间地处于大幅度波动情况，控制质量严重恶化。这时可适当减少副控制器比例度或

积分时间，以达到减小副回路操作周期的目的。同理，可以加大主控制器的比例度或积分时间，以期增大主回路操作周期，使主、副回路的操作周期之比加大，避免"共振"，这样做的结果会降低控制质量。如果主、副对象特性太相近，则说明确定的控制方案欠妥当，当副变量的选择不合适，这时就不能完全靠改变控制器参数来避免"共振"了。

（2）一步整定法　两步整定法虽能满足主、副变量的不同要求，但要分两步进行，比较烦琐。为了简化步骤，串级控制系统中控制器的参数整定可以采用一步整定法。所谓一步整定法就是副控制器的参数按经验直接确定，主控制器的参数按简单控制系统整定。为什么副控制器的参数可以按经验直接确定呢？从串级控制系统的特点得知，串级控制系统中的副回路较主回路动作速度一般都快得多，因此主、副回路动态联系很少，加上对副回路的控制质量一般没有严格的要求，所以，不必按两步整定，可凭经验一步整定。根据副控制器一般采用比例控制的情况，副控制器的比例度可按照经验在一定范围内先取，具体见表 2-11。

表 2-11　采用一步整定法时副变量的选择范围

副变量	放大系数 K_{C2}	比例度 $\delta_{2S}/\%$	副变量	放大系数 K_{C2}	比例度 $\delta_{2S}/\%$
温度	5.0～1.7	20～60	流量	2.5～1.25	40～80
压力	3.0～1.4	30～70	液位	5.0～1.25	20～80

整定步骤如下：

① 在生产正常，系统为纯比例运行的条件下，按照表 2-11 上所列的数据，把副控制器比例度调到某一适当的数值；

② 利用简单控制系统的任一种参数整定方法整定主控制器的参数；

③ 如果出现"共振"现象，可加大主控制器或减小副控制器的整定参数值，一般即能消除。

串级控制系统的投运和简单控制系统一样，要求投运过程保证做到无扰动切换。

串级控制系统使用的仪表和接线方式各不相同，投运方法也不完全一样。目前采用较为普遍的投运方法是先把副控制器投入自动，然后在整个系统比较稳定的情况下，再把主控制器投入自动，实现串级控制。这是因为在一般情况下系统的主要干扰集中在副回路，而且副回路反应较快，滞后较小，如果副回路先投入自动，把副变量稳定，这时主变量就不会产生大的波动，主控制器的投运就比较容易了。再从主、副两个控制器的联系上看，主控制器的输出是副控制器的给定，而副控制器的输出直接去控制控制阀，因此，先投运副回路，再投运主回路，从系统结构上看也是合理的。

由于所使用的仪表和对系统的要求不同，除了以上投运方法外，也有先投运主回路，后投运副回路的。为了简化步骤，在有的场合，也可以主、副回路一次投运，应当根据具体情况灵活掌握。

2.6.2　比值控制系统

在化工生产中，工艺上经常需要两种或两种以上的物料按一定的比例混合或参加反应，一旦比例失调，就会使产品质量不合格，甚至造成生产事故或发生危险。

例如某厂为配制 6%～8% 的氢氧化钠溶液，采用 30% 的氢氧化钠加水稀释的方法，经过计算可以得到，只要保证30％的氢氧化钠和水的流量之比在1：4～1：2.75之间，就能连续配制6％～8％的氢氧化钠溶液。若不能保证这种比例关系，就会使产品质量不合格。

工业上为了保持两种或两种以上物料的比值为一定的控制叫比值控制，我们这里只讨论两种物料的比值控制问题。

对于比值控制系统，首先要明确哪种物料是主物料，而另一种物料按主物料来配比。一般都是以生产中主要物料量为主动信号，另一种物料量的信号为从动信号，或者以不可控物料为主信号，可控物料与它来配比。

比值控制一般有以下三种类型。

（1）开环比值控制　开环比值控制如图2-27所示，它是最简单的比值控制方案，其中Q_1是主物料量或主动量，在生产过程或控制系统中起主导作用；Q_2是从动物料量或从动量。当Q_1变化时，要控制Q_2跟上Q_1变化，使$Q_2/Q_1=K$，以保持一定的比值关系。由于测量信号取自Q_1，而控制器的输出信号却送至Q_2，所以是开环系统。

这种方案的优点是简单，只需一台纯比例控制器就可以实现，其比例度可以根据比值要求来设定。但这种方案仅适合于从动物料Q_2在阀门开度一定时，流量相当稳定的场合，否则就不能保证两流量的稳定。但实际上，Q_2的流量往往是波动的，所以这种方案使用较少。

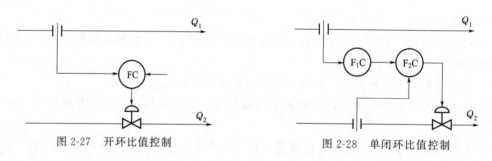

图 2-27　开环比值控制　　　　　　　图 2-28　单闭环比值控制

（2）单闭环比值控制　单闭环比值控制系统如图2-28所示。这种方案与开环比值控制相比，增加了一个从动物料Q_2的流量闭环控制系统，并由主物料的流量控制器（或其他比值装置）的输出作为副控制器的给定。形式上有点像串级控制系统，但主回路不闭合。

当主物料Q_1变化时，通过主、副控制器去控制Q_2以跟上Q_1的变化，保持一定的比值关系；当Q_1不变化，Q_2自己波动时，通过副控制器来稳定Q_2的流量。

这种方案的优点是结构简单，能确保两流量比值不变，是应用最多的方案。但是，如果主物料流量本身有变化，虽然两物料的比值保持一定，但总流量就会变化了。为了保持主物料流量也一定，可以采用双闭环比值控制，但由于结构复杂，故很少采用。

本方案中的副控制器F_2C除接受主控制器的给定外，还要稳定Q_2的流量，应当采用比例积分控制器。而主控制器F_1C的作用只是对主流量信号乘以比值系数，可以选用纯比例控制器，或者用比值器、乘法器、除法器和配比器中任一个仪表，代替主控制器实现比值控制。现在也有把主、副控制器合在一起构成配比控制器来使用的。

在比值控制系统中，一般用比值系数K'来表示两种物料经过变送器以后的流量信号之间的比值，它与生产上要求两种物料的比值K是不一样的。假定

$$K=Q_2/Q_1$$

当流量信号与流量呈线性关系时，则有

$$K' = KQ_{1\max}/Q_{2\max}$$

当流量信号与流量呈平方关系时，则有

$$K' = K^2 Q_{1\max}^2/Q_{2\max}^2$$

式中，$Q_{1\max}$、$Q_{2\max}$ 分别为主物料和从动物料的最大值（或仪表量程）。

比值控制要求从动物料量迅速跟上主物料量的变化，而且越快越好，一般不希望振荡。所以在比值控制系统中进行控制器参数整定时，不希望得到衰减振荡过程，而是要通过参数整定，得到一个没有振荡或有微弱振荡的过程。

（3）变比值控制系统　前面介绍的两种方案都是属于定比值控制系统。控制过程的目的是要保持主、从动物料的比值关系为定值。但有些化学反应过程，要求两种物料的比值能灵活地随第三参数的需要而加以调整，这样就出现了一种变比值控制系统。

图 2-29 是变换炉的煤气与水蒸气的变比值控制系统示意图。在变换炉生产过程中，煤气与水蒸气的量需保持一定的比值，但其比值系数要能随一段催化剂层的温度变化而变化，才能在较大负荷变化下保持良好的控制质量。从系统的变换炉催化剂层看，实际上是变换炉催化剂层温度与蒸汽/煤气的比值串级控制系统。

系统中控制器的选择：温度控制器按串级控制系统中主控制器要求选择，比值系统按单闭环比值控制系统来确定。

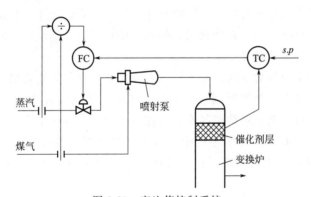

图 2-29　变比值控制系统

2.6.3　分程控制系统

分程控制就是由一只调节器的输出信号控制两台或两台以上的控制阀，每台控制阀在控制器输出信号的某段范围内工作。图 2-30 是由一只控制器控制两台控制阀的简单框图。

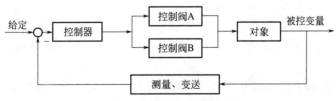

图 2-30　分程控制示意框图

从控制系统的结构来看，分程控制属于单回路的定值控制系统，其控制过程与简单控制系统一样。

分程控制系统常应用在下列几种场合。

(1) 生产中需用多种物料作调节介质的过程　图 2-31 是热交换器分程控制系统示意图。

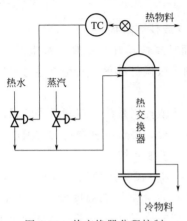

图 2-31　热交换器分程控制

在这个热交换器内，使用热水和蒸汽对物料进行加热。温度较低时，使用蒸汽加热，以加速升温过程，当温度较高时，使用热水加热，以节省蒸汽。为此在蒸汽与热水管道中，各装有一个控制阀。设温度控制器为反作用式，其输出信号为 0.02～0.1MPa。两个控制阀均为气开式，通过阀门定位器使其分别工作在 0.02～0.06MPa 与 0.06～0.1MPa 的范围内（即工作在控制器输出的 0～5％与 50％～100％范围内）。在生产正常的情况下，控制器的输出信号在 0.02～0.06MPa 间变化，此时，热水阀工作，蒸汽阀关闭。当在干扰作用下使出口温度降低时，控制器的输出增加，使热水阀逐渐开大，当增加到 0.06MPa 时，热水阀已全部打开，这时如温度继续下降，控制器的输出继续增加，则蒸汽阀逐渐开启，使出口温度回到给定值。热水阀与蒸汽阀在控制器输出不同范围内的工作情况见图 2-32。

在上例中，采用热水与蒸汽两种不同物料作为调节介质，这用一般控制系统是难于实现的，但在分程控制系统中，不仅充分利用了热水。而且节省了蒸汽，在使用多种控制介质的过程中，分程控制具有重要意义。

(2) 用来保证在不同负荷下的正常控制　有时生产过程负荷变化很大，要求有较大范围的流量冷物料变化。若用一个控制阀，由于控制阀的可调范围 R 是有限的，当最大流量和最小流量相差太悬殊时，就会降低控制系统的控制质量，严重时根本无法正常运行，这时可采用分程控制系统。例如在丙烯腈生产中，氨进入混合器前要经过大、小两个控制阀，如图 2-33 所示。大负荷时，大小阀都开；小负荷时，关闭大阀，只开小阀，以适应大幅度的负荷变化。

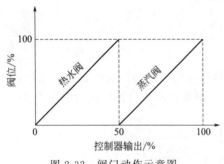

图 2-32　阀门动作示意图

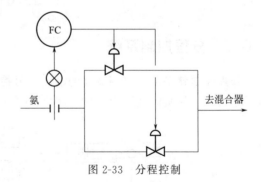

图 2-33　分程控制

(3) 用以补充控制手段维持安全生产　有些生产过程在接近事故状态或某个参数达到极限值时，应当改变正常的控制手段，采用补充手段或放空来维持安全生产，一般控制系统很难兼顾正常与事故两种不同状态。采用分程控制系统，用不同的阀门，分别使用在控制器输出信号的不同范围内，就可保证在正常或事故状态下，系统都能安全运行。

2.7 安全仪表系统

2.7.1 基本概念及缩略语

安全仪表系统（Safety instrumented system，简称 SIS），又称为安全联锁系统，主要为工厂控制系统中报警和联锁部分，对控制系统中检测的结果实施报警动作或调节、停机控制，是工厂企业自动控制中的重要组成部分。

常见缩略语见表 2-12。

表 2-12 安全仪表系统常见缩略语一览表

缩略语	解释	全称
ALARP	"尽可能合理降低"原则	As low as reasonably practicable
BPCS	基本过程控制系统	Basic process control system
HAZOP	危险与可操作性分析	Hazard and operability study
IE	初始事件	Initiating event
IPL	独立保护层	Independent protection layer
LOPA	保护层分析	Layer of protection analysis
P&ID	管道和仪表流程图	Piping and instrumentation diagram
PFD	要求时的失效概率	Probability of failure on demand
SIF	安全仪表功能	Safety instrumented function
SIL	安全完整性等级	Safety integrity level
SIS	安全仪表系统	Safety instrumented system
CSC	铅封关	Car sealed close
CSO	铅封开	Car sealed open
PSV	安全阀	Pressure safety valve

2.7.2 安全完整性等级

安全完整性等级（safety integrity level，SIL）是国际标准 IEC61508 中定义的一种离散性的等级，它用来衡量安全相关系统成功执行规定的安全功能的概率。概率越高，则安全完整性等级越高。安全完整性等级分为 4 个级别，即 SIL1、SIL2、SIL3 和 SIL4。其中 SIL4 最高，SIL1 最低。

SIL4 一般用于核工业，石油和化工生产装置的安全完整性等级一般都低于 SIL3，采用 SIL2 安全仪表系统基本上能满足多数生产装置的安全需求。GB/T 20438.1—2017 定义了不同安全完整性等级在低要求运行模式下安全功能的目标失效量和在高要求或连续运行模式下安全功能的目标失效量，如表 2-13 和表 2-14 所示。

表 2-13   安全完整性等级：在低要求运行模式下安全功能的目标失效量

安全完整性等级 （SIL）	安全功能在要求时的危险失效平均概率 （PFD_{arg}）
4	$\geqslant 10^{-5} \sim <10^{-4}$
3	$\geqslant 10^{-4} \sim <10^{-3}$
2	$\geqslant 10^{-3} \sim <10^{-2}$
1	$\geqslant 10^{-2} \sim <10^{-1}$

表 2-14   安全完整性等级：在高要求或连续运行模式下安全功能的目标失效量

安全完整性等级 （SIL）	安全功能的每小时危险失效平均频率 （PFH）
4	$\geqslant 10^{-9} \sim <10^{-8}$
3	$\geqslant 10^{-8} \sim <10^{-7}$
2	$\geqslant 10^{-7} \sim <10^{-6}$
1	$\geqslant 10^{-6} \sim <10^{-5}$

石油和化工生产装置的安全完整性等级一般都低于 SIL3，采用 SIL2 基本上就能满足多数生产装置的安全需求。

关于安全完整性等级，还要说明一点：安全完整性等级是一个系统性的概念，只有对某个安全系统才能评价其安全完整性等级。系统中的单个元件，比如传感器、电机等，并不具有安全完整性等级的属性，只可以说它们适用于某个安全系统。

2.7.3 安全仪表系统组成及特点

安全仪表系统包括传感器、逻辑运算器和最终执行元件，即检测单元、控制单元和执行单元。SIS 系统可以监测生产过程中出现的或者潜伏的危险，发出警告信息或直接执行预定程序，立即进入操作，防止事故的发生，降低事故带来的危害及其影响。

安全仪表系统特点：

① 以 IEC61508 作为基础标准，符合国际安全协会规定的仪表的安全标准规定；

② 覆盖面广、安全性高、有自诊断功能，能够检测并预防潜在的危险；

③ 容错性的多重冗余系统，SIS 一般采用多重冗余结构以提高系统的硬件故障裕度，单一故障不会导致 SIS 安全功能丧失；

④ 应用程序容易修改，可根据实际需要对软件进行修改；

⑤ 自诊断覆盖率大，工人维修时需要检查的点数比较少；

⑥ 响应速度快，从输入变化到输出变化的响应时间一般在 10～50ms，一些小型 SIS 的响应时间更短；

⑦ 可实现从传感器到执行元件所组成的整个回路的安全性设计，具有 I/O（输入/输出）短路、断线等监测功能。

2.7.4 安全仪表系统功能和要求

（1）基本功能和要求

① 保证生产的正常运转、事故安全联锁［控制系统 CPU 扫描时间一定要达到 ms（毫

秒）等级];

② 安全联锁报警（对于一般的工艺操作参数都会有设定的报警值和联锁值）；

③ 联锁动作和投运显示。

（2）附加功能

① 安全联锁的预报警功能；

② 安全联锁延时；

③ 第一事故原因区别；

④ 安全联锁系统的投入和切换；

⑤ 分级安全联锁；

⑥ 手动紧急停车；

⑦ 安全联锁复位。

2.7.5　安全仪表系统设计的基本原则

① 信号报警、联锁点的设置，动作设定值及调整范围必须符合生产工艺的要求；

② 在满足安全生产的前提下，应当尽量选择线路简单、元器件数量少的方案；

③ 信号报警、安全联锁设备应当安装在震动小、灰尘少、无腐蚀气体、无电磁干扰的场所；

④ 信号报警、安全联锁系统可采用有触点的继电器线路，也可采用无触点式晶体管电路、DCS、PLC（可编程控制器）来构造信号报警、安全联锁系统；

⑤ 信号报警、安全联锁系统中安装在现场的检出装置和执行器上，应当符合所在场所的防爆、防火要求；

⑥ 信号报警系统供电要求与一般仪表供电等级相同。

第3章

精馏基础

3.1 精馏的基本知识

3.1.1 蒸馏与精馏的关系

在工业生产中，为了加工和回收的需要，常常需对液体混合物进行分离，如从发酵醪液中提炼饮用酒，石油炼制中切割出汽油、煤油、柴油、润滑油等系列油品，合成材料工业中从反应后的混合物中分离出高纯度的单体（如苯乙烯、氯乙烯等），从有机废气的吸收液中回收溶剂等。工业上分离均相液体混合物最常用的过程是蒸馏。

对于混合物的分离，总是利用其中各组分某种性质的差异，用蒸馏来分离混合液的原理是利用各液体组分挥发性能的不同，虽然各液体组分都能挥发，但有难有易，于是在受热部分汽化时，气相中所含的易挥发组分将比液相中的多，使原来的混合液达到某种程度的分离；同理，当混合蒸气部分冷凝时，冷凝液中所含的难挥发组分将比气相中多，也能进行一定程度的分离。这种利用液体混合物中各组分挥发性能的差异，以热能为媒介使其部分汽化（或混合蒸气的部分冷凝），从而在气相富集易挥发组分、液相富集难挥发组分，使混合物得以分离的方法称为蒸馏。

蒸馏过程可以按不同的方法分类，根据操作方式，可分为简单蒸馏、平衡蒸馏和精馏。前两种只能实现初步分离，最简单的蒸馏过程是平衡蒸馏和简单蒸馏。而精馏能实现混合物的高纯度分离，精馏被广泛应用于化工、石化等行业中，并且在所有的分离方法中长期占据着主导地位，一般在化工厂的基建投资中通常占有 $50\% \sim 90\%$ 的比重。能耗在化工、石化领域所占比例很重，其中约 60% 源于精馏过程，精馏已成化工、石化工业生产中重要的影响因素，对整个流程的生产能力、产品质量、能源消耗和原料消耗、环境保护都有重大影响。

3.1.2 物质的三态与相变化

大家都知道，水在一般情况下是液态的，如江、河、湖、海和井中的水。在冬天的北方，水会变成冰；在冰箱或冷库中也可以将液态物质转化成固态物质，就像制冰棒、雪糕和冰激凌那样。如果将水置于容器中加热到它的沸点后仍继续加热，水就会不断地由液态变成气态，直至液态水完全消失。这些过程涉及水的三种物理状态，即液态、固态和气态。一般来说，大多数物质都可以呈现这三种不同的状态，有时也将它们分别称为气相、液相、固相。"态"就是状态，那么"相"是什么呢？物理化学中对"相"是这样描述的：具有相同的物理、化学组成的均匀部分称为一个相。因此，也可以说，水等物质可以由液相变成固相或气相，即由一种状态变成另一种状态。当然，这种变化是有条件的。一般规律是低温时为固（相）态，高温时为气（相）态，中等温度时为液（相）态。但是对于不同的物质，这三种状态所对应的温度的差别是很大的。

3.1.3　气-液相平衡

蒸馏本质上既是一个传热过程，又是一个传质过程。因此，掌握相平衡关系即是对蒸馏过程进行分析的基础，也是气液两相间传质推动力的基础。随着简单蒸馏过程的进行，因液体中轻组分含量逐渐下降和重组分含量逐渐上升，釜内温度必随之升高，釜温将随组成的变化而变化。反之，只要釜液组成尚未发生明显变化，增、减加热速率只能增、减汽化速率而不能明显改变液相温度。同样，随着简单蒸馏过程的进行，气相组成也随液相组成的变化而变化，气相中的轻组分浓度将逐渐下降，冷凝温度则逐渐上升。

例如，谷物发酵制酒得到的液态产物中大部分是水，只有10%左右的乙醇，其中乙醇（轻组分）很容易由液相进入气相，而水（重组分）进入气相的能力则差得多，这样在气相中乙醇量就多些，而水量则少些。在一定的外界压力和温度下，通过实验可以发现，在一定的范围内经过一定的时间后气相中的乙醇含量不再发生变化，同时液相中的乙醇含量也不再改变。但事实并不是液相中的乙醇不再向气相转移了，而是因为气相中有了乙醇后，气相中的乙醇也会向液相转移，经过一定时间后，当两个方向（液相到气相、气相到液相）的速度大小相等时，虽然双相交流仍在进行，但两相中的乙醇量都不再发生变化。此时乙醇即处于气-液平衡状态。对处于气-液平衡状态的水来说，情况也一样，即水在液相中的量和在气相中的量也保持恒定，不会发生变化。

3.2　连续精馏过程

3.2.1　精馏的基本原理

平衡蒸馏仅通过一次部分汽化和冷凝，只能部分地分离混合液中的组分，若进行多次的部分汽化和冷凝，便可使混合液中各组分几乎完全分离，这就是精馏操作的一个基础。精馏与蒸馏的区别就在于"回流"，包括塔顶的液相回流与塔釜的气相回流。回流是构成气、液两相接触传质的必要条件，没有气液两相的接触就无法进行传质。组分挥发度的差异造成了有利的相平衡条件（$y > x$）。这使上升蒸汽在与自身冷凝回流液之间的接触过程中，重组分向液相传递，轻组分向气相传递。相平衡条件（$y > x$）使必需的回流液的数量小于塔顶冷凝液量的总量，即只需部分回流而无需全部回流。唯其如此，才有可能从塔顶抽出部分凝液作为产品。因此，精馏过程的基础仍然是组分挥发度的差异。

3.2.2　精馏过程的主要工艺控制参数

精馏过程的主要工艺控制参数有进料量，馏出液量，残液量，回流量、回流比，上升蒸气量，蒸馏塔塔顶压力、温度，塔底压力、温度，回流中间罐液位，塔釜液位等。

3.2.3 物料挥发度

被蒸馏物料一般是互溶的两种或两种以上物质的混合物，例如，乙醇和水的混合物，苯和甲苯的混合物，有机合成反应的产物—甲胺、二甲胺、三甲胺的混合物。这些混合物中的各组分在单独存在时其沸点是不同的，如常压下水的沸点一般是100℃，乙醇的沸点是80℃左右，苯的沸点是80.1℃，甲苯的沸点110.6℃。用于分离两种物质组成的混合物的蒸馏一般称为二组分蒸馏或二元蒸馏；用于分离两种以上物质组成的混合物的蒸馏一般称为多组分蒸馏或多元蒸馏。在此只讨论二元蒸馏的问题。对于二元蒸馏来说，两个组分的沸点相差越大，就越容易用蒸馏的方法进行分离；两个组分的沸点相差越小，就越不容易用蒸馏的方法进行分离。如果混合物不互溶，它们的密度也不相等，则密度小的必然处于上层，而密度大的处于下层，这样可以很容易地将它们分开，而不必采用蒸馏的方法进行分离。一般来说，沸点低的物质挥发能力大，沸点高的物质挥发能力小。所谓挥发，指的是物质由液相进入气相的过程。挥发能力的大小用挥发度来表示，挥发度数值大的挥发能力大，数值小的挥发能力小，即沸点低的物质挥发度大，沸点高的物质挥发度小。两种物质的挥发度相差越大，越容易用蒸馏的方法进行分离。

3.3 精馏过程附属设备

3.3.1 原料罐

（1）原料罐的作用　在蒸馏过程中，原料罐的作用同产品储存罐一样，是用来盛放被蒸馏物质的。其形状一般是圆柱形的，可以立放，也可以平放。当然，其他形状的容器也可以用作原料罐。一般原料罐上设有进料口、出料口、稀有气体进出口、放空管线、液位计、人孔，有的原料罐还设有溢流口、加热装置等。

原料罐实质上就是一个压力容器，只不过根据生产任务的不同，可大可小。以下对压力容器的一般介绍有助于从根本上了解原料罐的相关知识。

（2）压力容器种类的划分　压力容器种类的划分可参见表3-1。

表3-1　压力容器种类的划分

类别	压力等级	压力范围/MPa	品种名称或划分说明
一类	低压	$0.1 \leqslant p \leqslant 1.6$	非易燃或无毒介质的储运容器； 易燃或有毒介质的分离容器； 易燃或有毒介质的换热容器； 非易燃或无毒介质的反应容器
二类	低压	$0.1 \leqslant p < 1.6$	内径小于1m的废热锅炉； 易燃或有毒介质的反应容器； 易燃或有毒介质的储运容器； $pV < 0.2 MPa \cdot m^3$ 的剧毒介质容器
	中压	$1.6 \leqslant p < 10$	储运容器、分离容器、换热容器、反应容器

类别	压力等级	压力范围/MPa	品种名称或划分说明
三类	低压	$0.1 \leqslant p < 1.6$	内径大于 1m 的废热锅炉； $pV \geqslant 0.2 \text{MPa} \cdot \text{m}^3$ 的剧毒介质容器
	中压	$1.6 \leqslant p < 10$	易燃或有毒介质且 $pV \geqslant 0.5 \text{MPa} \cdot \text{m}^3$ 的反应容器、剧毒介质容器； $pV \geqslant 0.5 \text{MPa} \cdot \text{cm}^3$ 易燃或有毒介质的储运容器、废热锅炉
	高压和超高压	$10 \leqslant p < 100$ 和 $p \geqslant 100$	储运容器、分离容器、换热容器、反应容器

注：表中 p 为最高工作压，V 为容积。

（3）压力容器的维护保养　压力容器停止运行时，一定要将其内部介质排净，对于易燃、易爆、有毒介质应用氮气或液体置换或中和合格，然后清洗干净。按照操作规定，按期进行外部检查、内部检查和全面检查。其中，内部检查的主要内容是：

① 查看容器内表面和焊缝腐蚀面积及深度、有无裂纹，测量实际壁厚是否超标；

② 检查衬里有无开裂和脱落，若有，则应修补；

③ 检查介质进出管口、压力表和安全阀等连接管路是否有结疤和杂物堵塞，以及有无冲刷伤痕；

④ 检查内件有无腐蚀、变形和错位现象；

⑤ 对容器的纵环焊缝进行 20％ 的无损探伤检查，发现超标缺陷应扩大抽查百分数，一般大于 10％。

另外，还应该保持容器的油漆、保温、包装外罩齐全整洁、无破损。螺栓的螺纹要涂防锈脂，较大的螺母应加防护罩。

（4）压力容器的常见故障及其处理方法　压力容器的常见故障及其处理方法见表 3-2。

表 3-2　压力容器的常见故障及其处理方法

故障名称	产生原因	处理方法
外壳局部超温	① 内衬里局部破裂或脱落； ② 内件局部堵塞或泄漏； ③ 操作条件变化,介质反应异常	① 通风降温； ② 拆开检修； ③ 调整工艺操作条件
法兰接口发生泄漏	① 垫片损坏； ② 螺栓未拧固均匀或紧固力不够	① 更换新垫片； ② 降温降压后拧紧螺栓和螺母
发生振动	① 介质流速过大或液体太多； ② 管线振动所引起； ③ 底座刚度小或地脚螺栓松动	① 控制流量和降低液面； ② 加固管线； ③ 加固或紧固

3.3.2　离心泵

精馏塔是一种高径比很大的圆柱状设备，精馏塔的进料口一般都在其中部。要想将被蒸馏的物料输送到精馏塔里，就必须使用流体输送机械。离心泵就是一种最常用的流体输送设备。用离心泵将原料罐中的物料输送到精馏塔的过程，在生产中被称为用离心泵向塔中打料，简称打料。"打"在这里的实际意义是输送。

（1）蒸馏岗位离心泵的操作

① 离心泵的启动。离心泵启动前，要在泵体内和吸入管管路内灌液排气，否则可能产生气缚现象而打不出料来。灌泵后关闭泵的出口阀，再启动电动机，使带动泵的电动机的启动功率最小。泵运转后，逐渐打开出口阀，进入正常操作。长期停用的泵或者间歇操作的泵在启动前一般还要盘车，检查泵轴和电动机轴是否转动灵活。

离心泵开停车操作

气缚

汽蚀

② 离心泵的运转。离心泵启动后，观察压力大小是否达到规定值，运转正常后，缓慢地开大出口阀，使压力平稳上升。离心泵在运转时常用泵的出口阀调节流量，以满足生产需要。正常运转过程中，应该定期检查泵的润滑情况，防止轴承和电动机过热而被烧坏。检查泵轴的密封情况，漏液时要及时修理。

③ 离心泵的停车。离心泵正常停车时，应该先关闭泵的出口阀（出口阀关闭后，泵的运转时间不能太长，否则泵会发热），再停电动机，防止流体倒流冲击叶轮。特别是在北方的寒冷季节，长期停泵要将泵体和管路中的液体排放干净，并冲洗干净，防止将泵体冻裂或冻结。

（2）离心泵的维护保养

① 经常检查泵有无杂音和振动现象，发现后及时检修。

② 经常观察压力表和电流表的指针摆动情况，超过规定指标应立即查明原因，并进行处理。

③ 按时检查动、静密封的泄漏情况，泄漏严重应停泵，检查动、静密封环磨损情况，如属于填料密封，应调整压盖的压力。

④ 保持泵体和电动机清洁且润滑良好。

（3）离心泵的常见故障与处理方法　离心泵的常见故障与处理方法见表3-3。

表3-3　离心泵的常见故障与处理方法

故障名称	产生原因	处理方法
流量不足	① 罐内液面较低或吸入高度增大。 ② 密封填料或吸入管漏气。 ③ 进出口阀门或管线堵塞。 ④ 叶轮腐蚀或磨损。 ⑤ 口环密封圈磨损严重。 ⑥ 泵的转速降低。 ⑦ 被输送的液体温度高	① 调整吸液面高度。 ② 压紧填料。 ③ 检查清理。 ④ 更换新叶轮。 ⑤ 更换新密封。 ⑥ 检查调整三角带松紧或电压值。 ⑦ 设法降温
轴承温度高	① 轴承缺油或磨损严重。 ② 轴的中心线偏移	① 补充油或换新轴承。 ② 调整轴承位置
机身振动和噪声大	① 轴弯曲变形或联轴器错口。 ② 叶轮磨损失去平衡。 ③ 叶轮与泵壳发生摩擦。 ④ 轴承间隙过大。 ⑤ 泵壳内有气体	① 调直或更换泵轴。 ② 更换新叶轮。 ③ 拆开调整。 ④ 调整轴瓦间隙。 ⑤ 查出漏气处并堵死
电流增大	① 液体密度或黏度增大。 ② 泵轴的轴向窜动量大，叶轮与泵壳和密封圈发生摩擦。 ③ 填料压盖过紧。 ④ 输出量增加	① 与有关岗位联系解决。 ② 调整轴的窜动。 ③ 略微松动螺母。 ④ 减少输出量

3.3.3　流量计

3.3.3.1　流量测量的意义

单位时间内流体通过管道或设备某横截面的数量叫流量。计量流量采用的单位有吨/小时（t/h）、千克/小时（kg/h）、立方米/小时（m^3/h）、升/小时（L/h）。为了有效进行生产控制和操作，必须在生产工艺流程中使用流量计。流量计的作用就是检测和显示在管路中流动的流体的量。

3.3.3.2　流量计的分类

由于各种介质的流体性质差别很大，因此目前生产的流量计种类繁多。按流量计结构原理的不同，可分为如下几类。

（1）容积式流量计　容积式流量计的原理同日常生活中用容器计量体积的方法相似，被测流体不断充满一定容积的测量室，并使活塞、转鼓或齿轮转动，再由计算机构累计流体充满测量室的次数，即可得出流体的总体积流量。如椭圆齿轮流量计，可以测量黏度较大的流体流量，具有精确、灵敏的优点，但结构复杂，成本高。

（2）速度式流量计　速度式流量计利用被测流体流过管道时的速度，使流量计的翼形叶轮或螺旋叶轮转动，其转速与流体的流量成正比，只要测得叶轮的转速，就能测得流量。如常用的水表、涡轮流量计就属于这种类型。水表结构简单可靠；涡轮流量计精度高，能远传，测量范围大。

（3）差压式流量计　差压式流量计是在流体流动的管道上加一特制的设备（节流装置），应用动压能和静压能相互转换原理测量流量。动压能和静压能的差压的大小与流量有一定关系，测出差压，即可测出流量。

差压式流量计又可分为定差压式流量计和变差压式（节流式）流量计。生产上常用的转子流量计属于定差压式流量计，它利用改变流通面积的方法测量流量，因而也称为面积式流量计。变差压式流量计则用固定节流面积、改变差压的方法测量流量。

（4）电磁流量计　电磁流量计应用电磁原理测量流量。目前应用最广泛的是根据法拉第电磁感应定律进行流量测量的电磁流量计。电磁流量计常用来测量酸、碱、盐溶液，以及含有固体颗粒或纤维等具有导电性能的液体介质。此外还有一些新型的流量计，如超声波流量计、电动靶式流量计、激光流量计、X 射线流量计等。

流量测量仪表的概况见表 3-4。

表 3-4　流量测量仪表的概况

种类	典型产品	工作原理	主要特点	应用场合
速度流量计	叶轮式流量计（水表）	叶轮或涡轮被流体冲转，其转速与流体的流量成正比	简单、可靠	自来水系统
	涡轮流量计		精度高、测量范围大、灵敏度高	测量精度要求较高的气体、液体流量
容积式流量计	椭圆齿轮流量计	椭圆齿轮被流体冲转，每转一周，有定量流量流过	精确、灵敏、结构复杂	测量精度要求较高的液体流量
恒压降式流量计	转子流量计	流体通过节流元件时，产生的差压与流量有一定关系	比较成熟、应用较广、仪表出厂时不用标定	气体、蒸气、液体的流量测量

续表

种类	典型产品	工作原理	主要特点	应用场合
差压式流量计	CW 系列双波纹管差压计	利用动压能与静压能相互转换的原理	使用很普遍,结构较简单	气体、蒸气、液体的流量测量
电气式流量计	电磁流量计	电磁学和力学原理	测量元件不与被测介质接触	用于不宜直接接触等电流体的流量测量
	电动靶式流量计		允许液体黏度较差压法大,但不易在管内积聚	可测量一般流体和某些特殊介质,用途较广

3.3.3.3 转子流量计

转子流量计是最普通也是最常用的一种流量计,分为玻璃转子流量计和金属转子流量计两种。在此仅介绍玻璃转子流量计,其原理如图 3-1 所示。

玻璃转子流量计结构简单、价格便宜、刻度均匀、测量范围宽,可以测量除氟化氢以外的腐蚀性流体的流量。

动画扫一扫

转子流量计

（1）玻璃转子流量计的测量原理 玻璃转子流量计是由一根垂直的锥形玻璃管〔管外刻有百分数刻度（或流量刻度）〕和相对密度大于被测流体并能随被测介质流量大小作上下浮动的转子两部分所组成的,如图 3-1 所示。流体自下而上流过时,穿过转子与锥形管之间的圆环形空隙。在这里,转子是一个节流元件,环形空隙相当于节流流通面积。由节流原理可知,流体流经环形空隙时,因为流通面积突然变小,结果使这里的流速增加,流体受到了节制作用（与流过孔板相似）,于是转子前后的流体静压力就有差异,产生了 $\Delta p = p_1 - p_2$ 的压力差。在 Δp 作用下,转子受到一个向上的推力 F_1 的作用,使之上浮;与此同时,转子还受到一个向下的力 F_2 （即转子浸在液体中的重量）的作用使之下沉。当 $F_1 = F_2$,即两个力达到平衡时,转子就稳

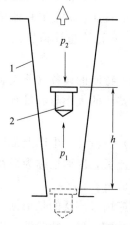

图 3-1 转子流量计的测量原理
1—锥形管；2—转子

定在某一位置高度上。根据这一高度,可在锥形管外读出流体的流量值。

如果被测流体的流量突然由小变大,作用在转子上的向上冲的力就加大,因为转子在流体中的重量是不变的（即作用在转子上的向下的力是不变的）,所以转子就上升。由于转子在锥形管中位置升高,造成转子与锥形管间的环隙增大（即流通面积增大）,流体流过此环隙时的流速将降低,因而流体向上冲的力也就降低。当冲力再次等于转子在流体中的重量时,转子稳定在一个新的高度上。这样,转子在锥形管中的平衡位置的高低与检测介质的流量大小相对应。如果在锥形管外沿高度刻上对应的流量值,那么根据转子平衡位置的高低就可以直接读出流量的大小。这就是转子流量计测量流量的基本原理。

由上述分析,当浮子稳定时,略去作用在浮子上的摩擦阻力,可以写出平衡式。

$$(p_1 - p_2)f_转 = V_转(\gamma_t - \gamma)$$

式中 $p_1 - p_2$——浮子前后的差压；

$f_转$——转子最大的横截面面积；

γ_t——转子材料的相对密度；

γ——被测流体的相对密度。

$(p_1-p_2)f_转$ 为流体对转子的"冲力"；$V_转(\gamma_t-\gamma)$ 为转子在流体中的重量。

由于在测量过程中，$V_转$、γ_t、γ、$f_转$ 均为常数，所以 (p_1-p_2) 也应为常数。这就是说，在玻璃转子流量计中，流体的差压是固定不变的。所以，玻璃转子流量计是用定压降、变节流面积法测量流量的；而用节流法测流量时，差压是变化的，但节流面积是不变的。

（2）玻璃转子流量计的结构　玻璃转子流量计的结构如图 3-2 所示，除转子与锥形管外，还装有支柱或护板等保护性零部件。为使转子不致卡死在锥形管内，常在下部设有转子座，上部设有限制器。为使转子能在锥形管中心自由、灵活地上下浮动，不致黏附在管壁上，影响测量精度，一般采取两种办法：一是在转子圆盘边缘上开有一条条斜的流道，这样流体自下而上流过转子时，使转子不断旋转，就可以保持转子处于锥形管中心位置；二是在锥形管中心装上一根导向杆，使它穿过转子中心，因此，转子就只能沿导向杆在转子中心上下浮动。

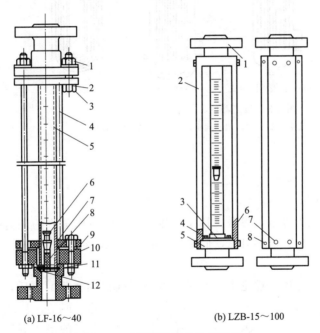

(a) LF-16～40　　　　(b) LZB-15～100

图 3-2　玻璃转子流量计的结构

1,12—螺母；2—垫圈；3—螺栓；4—支柱；5—锥形管；6—浮子；7—压垫盖；
8—止档；9,11—密封垫圈；10—基座

（3）转子流量计的使用特点　玻璃转子流量计特别适用于测量小流量。工业用玻璃转子流量计的测量范围很广，从每小时十几升到几百立方米（液体）、几千立方米（气体）。量程比大，压力损失较小，转子位移随被测介质的流量变化反应也较快。但是，转子流量计不适宜测量易使转子沾污的介质。

实践证明，增加转子的相对密度，会使测量范围增加，用这种方法改变流量的测量范围是较容易实现的。此外，改变锥形管的内径，也可以显著改变流量的测量范围。

3.3.4　预热器

预热器就是一台典型的换热器，用热流体或蒸汽都可以作热源。被蒸馏的物料在进入蒸馏塔前有时还要进行预热，以防止进塔物料对塔内温度产生太大的影响。进塔物料的温度太高或太低都会对塔内的温度分布产生影响，只有它的温度与进料处的温度比较接近，其影响才会较小。预热器的作用就是对被蒸馏的物料进行预先加热，使其温度尽可能地接近塔内进料处的温度，将进料对塔内温度分布的影响降到最小。

（1）预热器的结构　预热器的典型结构如图 3-3 所示。

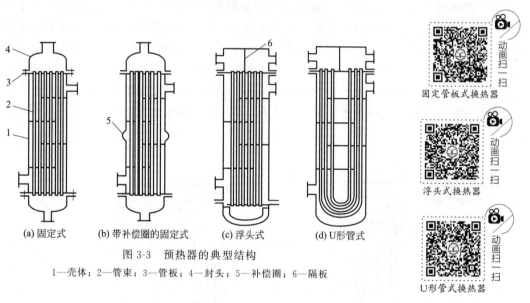

(a) 固定式　　(b) 带补偿圈的固定式　　(c) 浮头式　　(d) U形管式

图 3-3　预热器的典型结构

1—壳体；2—管束；3—管板；4—封头；5—补偿圈；6—隔板

动画扫一扫　固定管板式换热器

动画扫一扫　浮头式换热器

动画扫一扫　U形管式换热器

（2）预热器的热源

① 常见蒸汽的压力等级及参数。用于预热器加热的高压蒸汽的压力一般为 12MPa，中压蒸汽的压力一般为 1.5～4.0MPa，低压蒸汽的压力一般小于 0.5MPa。预热器加热一般使用低压蒸汽。

② 可利用的高温介质。理论上，凡是温度高于被预热物质的介质，都可以作为预热器的热源。但是，从经济角度考虑，应该保持一定的最小温度差，否则，就会事与愿违了。

（3）预热器的调节方案　载热体冷凝加热温度调节（用蒸汽加热换热器）的一种方案如图 3-4（a）所示，它用调节热流体（常用蒸汽）流量的方法调节出口温度。这种方法比较灵敏，但如果传热面积有余地，而且被加热物料温度又较低时，这个方案容易使蒸汽迅速冷却，造成负压，致使冷凝液不易排出。

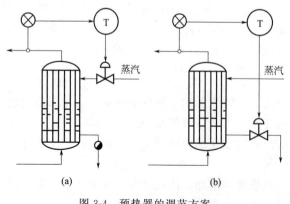

图 3-4　预热器的调节方案

图 3-4(b) 是调节换热器有效面积法。将调节阀装在冷凝管路上，调节冷凝液的液位高低以改变有效的传热面积。如果被加热物料的温度高于给定值，说明传热量过大，可将冷凝液调节阀关小，冷凝液就会积聚起来，减小了有效蒸汽的传热面积，使传热量减小，工艺介质的出口温度就会降低。反之，如果被加热物料的温度低于给定值，可开大冷凝液调节阀，增大传热面，使传热量相应增加。但这种方案滞后较大，调节比较迟钝，影响调节质量，而且在负荷大时，冷凝液可能完全排出，使换热面积变大这个过程过快，可能出现振荡。

3.3.5 精馏塔

精馏塔是进行蒸馏操作的主要设备，其结构如图 3-5 所示。

精馏塔是一个高径比很大的圆柱状设备。由钢板卷焊成圆筒，两头分别用椭圆形封头焊接成为一个密闭的整体，塔内安装有许多层塔板，立式安装。以进料口为界，进料口以上叫作精馏段，进料口以下（包括进料口）叫作提馏段。在塔的底部一般不安装塔板，留出一些空间，称为塔釜。如果在塔釜处安装一些加热装置，就可以作为再沸器使用。可以进行直接加热，也可以进行间接加热，或两种加热方式同时存在，具体根据需要而定。精馏塔的塔板有许多形式，最常用的有筛板式、浮阀式和泡罩式。精馏塔除了进料口外还有许多接管口，分别作为与外部管线的连接口使用。例如，位于塔顶的气相出料口（也称为挥发线）、位于塔底的重组分出料口、回流液入口及与外置再沸器连接的进出口。有的精馏塔还有提馏段或精馏段侧线出口，如图 3-6 所示。

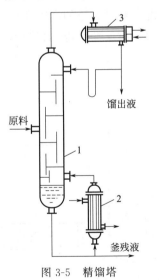

图 3-5 精馏塔

1—塔壳体；2—再沸器；3—冷凝器

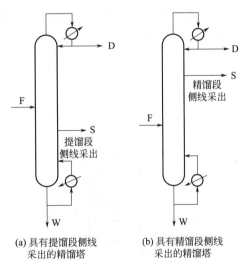

(a) 具有提馏段侧线采出的精馏塔　(b) 具有精馏段侧线采出的精馏塔

图 3-6 具有侧线出口的精馏塔

3.3.6 精馏塔的附属设备

进行蒸馏操作仅有精馏塔是不够的，还要有一些附属设备才能完成物相的分离。这些附属设备主要有塔顶冷凝器、冷凝液（回流液）储槽（也称为回流中间罐）、回流泵、塔釜再沸器。塔釜再沸器可以安装在塔釜内，形式多样，也可以外置（安装在塔釜外）。外置时就是用一台列管换热器类型的设备，作为再沸器使用。

3.3.6.1　回流冷凝器

回流冷凝器是为精馏塔提供冷量，冷流体在此处把上升蒸气从再沸器获得并逐板传到塔顶的热量带走，上升蒸气全部（或部分）被冷凝为液体，除了应采出的产品外，其余返回精馏塔塔顶作为回流。回流冷凝器的形式因冷流体不同而不同，用水作冷凝剂时，由于水侧无相变，一般采用固定管板式或浮头式换热器。

3.3.6.2　再沸器

再沸器是供给精馏塔热能的设备。一般再沸器采用管壳式换热器，大多为立式布置（也可以卧式布置），管内走塔釜液，便于流体循环，也便于垢物的清除，管间走热介质。由于再沸器内外温差较大，一般都有膨胀节。

（1）立式热虹吸再沸器　立式热虹吸再沸器如图 3-7 所示。它利用塔底单相釜液与换热器传热管内气、液混合物的密度差形成循环推动力，构成工艺物料在精馏塔底与再沸器间的流动循环。立式热虹吸再沸器具有传热系数高、结构紧凑、安装方便、釜液在加热段的停留时间短、不易结垢、调节方便、占地面积小、设备及运行费用低等特点。但由于结构上的原因，壳程不能采用机械清洗，因此不适用于高黏度或较脏的加热介质，同时由于是立式安装，增加了塔的裙座高度。

动画扫一扫

热虹吸式换热器

（2）卧式热虹吸再沸器　卧式热虹吸再沸器如图 3-8 所示。它利用塔底单相釜液与再沸器中气、液混合物的密度差来维持循环。卧式热虹吸再沸器的传热系数和釜液在加热段的停留时间均为中等，维护和清洗方便，适于传热面积大的情况，对塔釜液的高度和流体在各部位的压降要求不高，适用于真空操作，出塔釜液缓冲容积大，故流动稳定。其缺点是占地面积大。

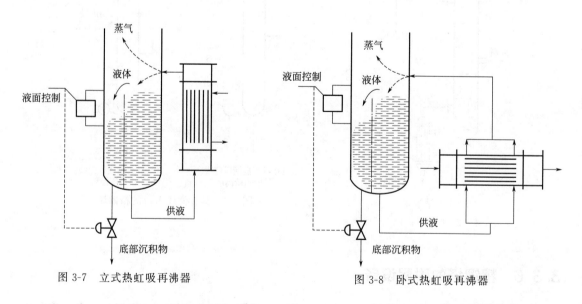

图 3-7　立式热虹吸再沸器　　　　　图 3-8　卧式热虹吸再沸器

立式及卧式热虹吸再沸器本身没有气、液分离空间和缓冲区，这些均由塔釜提供，其特性见表 3-5。

表 3-5　热虹吸再沸器的特性

选择时应考虑的因素	立式再循环	卧式再循环	选择时应考虑的因素	立式再循环	卧式再循环
工艺物流侧	管程	壳程	占地面积	小	大
传热系数	高	中偏高	管路费用	低	高
工艺物流停留时间	适中	中等	单台传热面积	$<800m^2$	$>800m^2$
投资费用	低	中等	台数	最多 3 台	根据需要

（3）釜式再沸器　釜式再沸器如图 3-9 所示。它由一个带有气、液分离空间的容器与一个可抽出的管束组成，管束末端有溢流堰，以保证管束能有效地浸没在液体中，溢流堰外侧空间作为出料液体的缓冲区。再沸器内液体的填装系数，对于不易起泡的物系为 80%，对于易起泡的物系则不超过 65%。釜式再沸器的特点是对流体力学参数不敏感，可靠性高，可在高真空下操作，维护和清理方便。缺点是传热系数小，壳体容积大，占地面积大，造价高，釜液在加热段的停留时间长，易结垢。

动画扫一扫

釜式换热器

（4）内置式再沸器　内置式再沸器是将换热管束直接插入塔底的釜液空间而成。它利用了塔结构的空间，只是另加了换热管束，结构比较简单，造价较低。但是塔底的空间毕竟有限，其传热面积也受到塔结构本身的限制。内置式再沸器如图 3-10 所示。

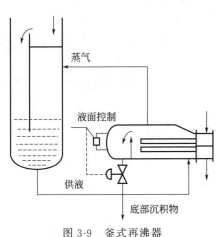

图 3-9　釜式再沸器

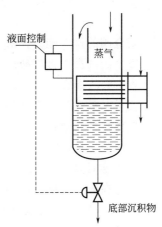

图 3-10　内置式再沸器

（5）外循环式再沸器　外循环式再沸器是用泵强制抽出塔釜液体，然后送到外置换热器中进行加热，产生的气、液混合物在压力作用下再进入塔内。外循环式再沸器如图 3-11 所示。它依靠泵输入机械功进行流体的循环，适用于高黏度液体及热敏性料固体悬浮液，以及长显热段和低蒸发比的高阻力系统。

3.3.6.3　回流中间罐

回流中间罐的作用是保证回流液的

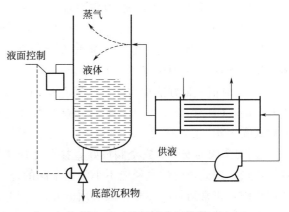

图 3-11　外循环式再沸器

足量供应。因为回流是精馏的必需条件之一，所以回流中间罐的容积是根据工艺要求的停留时间、装料系数等来决定的。另外还要考虑所处理的物料性质，操作的温度、压力等条件来确定回流中间罐的结构形式。

3.3.6.4　安全附件

安全附件是压力容器的重要组成部分。精馏塔在加压操作时肯定是一台压力容器，即使是常压塔通常也有一定的表压。在使用管理中，安全附件不可轻视与忽略。安全附件包括安全阀、爆破片、压力表、液面计及切断阀等。

（1）安全阀

① 安全阀的选用。安全阀形式的选择原则是：压力较低、温度较高的压力容器采用杠杆式安全阀；高压容器大多采用弹簧式安全阀；为了减少压力容器的开孔面积，以避免器壁强度过于削弱，对气量大、压力高的容器，应采用全开式安全阀。安全阀上应附有铭牌，注明型号、阀座直径、阀芯提升高度、工作压力和排气能力等。选用安全阀时，应注意其工作压力范围。不应把工作压力较低的安全阀强行加装在压力较高的容器上；反之，也不应把工作压力较高的安全阀装在压力很低的容器上。选用安全阀时，最重要的是要求它必须具有足够的排气能力。选用的安全阀的排气能力应大于压力容器的安全泄放量。

安全阀的排气能力按下列公式计算：

$$G = ApC_0X\sqrt{\dfrac{M}{ZT}}$$

式中　G——安全阀的排气能力，kg/h；

　　　A——安全阀的最小排气截面积，cm^2；

　　　p——安全阀的排放压力（绝对压力），取 [1.1×（容器设计压力）+0.1]，MPa；

　　　C_0——流量系数，与安全阀的结构有关；

　　　X——气体特性系数；

　　　M——气体分子量；

　　　T——气体绝对温度，K；

　　　Z——气体在操作温度、压力下的压缩系数。

关于上式中 A、X、C_0 的取值说明如下：

A 的取值：对全启式安全阀，即 $h \geqslant \dfrac{1}{4}d_1$ 时，$A = \dfrac{1}{4}\pi d_1^2$；对微启式安全阀，即 $h < \dfrac{1}{4}d_1$ 时，平面密封面 $A = \pi Dh$，锥面密封面 $A = \pi d_1 h\sin\Phi$。其中，h 为安全阀开启高度，cm；d_1 为安全阀阀座喉径，cm；D 为安全阀阀座直径，cm；Φ 为锥形密封面的半锥角度。

X 的取值：对空气、氮气、氧气及蒸汽等常用气体，$X = 266$；对三原子或四原子气体，$X = 256$；对多原子气体，$X = 244$。

C_0 的取值：最好能按实际试验数据取值。在没有试验数据时，按此类规定选用：全启式安全阀，$C_0 = 0.60\sim0.70$；带调节圈的微启式安全阀，$C_0 = 0.40\sim0.50$；不带调节圈的微启式安全阀，$C_0 = 0.25\sim0.35$。

② 安全阀的安装。安全阀最好直接装在压力容器本体上。如果用短管将安全阀与压力容器连接，则此短管的直径应不小于安全阀的进口直径，短管上不得装有阀门。特殊情况可装截止阀，正常运行时，截止阀必须全开，并加铅封。

由于某种原因，安全阀确实难以装在压力容器本体上时，则可装在输气管路上。在这种情况下，安全阀装置处与压力容器之间的输气管路应避免突然拐弯、截面局部收缩等增大阻力的结构，并且不允许装置阀门。若安装引出管时，这一段输气管的截面积必须大于安全阀的进口截面积。装有排气管的安全阀，应尽可能采用短而垂直的排出管，并使其阻力减至最小。如果几个安全阀共同使用一根排气总管，则总管的通道面积应大于所有安全阀进口截面积的总和。

③ 安全阀的维护与检修。安全阀安装前，其阀体应经过水压强度试验，试验压力为安全阀工作压力的 1.5 倍，保压时间不得少于 5min，检修后的安全阀要经过气密性试验，试验压力为安全阀工作压力的 1.05～1.1 倍。气密性试验合格的安全阀，经校正调整至指定开启压力后，应加铅封。安全阀必须定期核验，每年至少一次。

安全阀在使用中要保持清洁，防止安全阀的排气管和阀体弹簧等被油垢等脏物堵塞；要经常检查安全阀的铅封是否完好，检查杠杆或重锤是否松动或被移动；安全阀渗漏，应及时进行更换或检修，禁止用增加载荷的办法（如过分拧紧安全阀弹簧或调整螺丝，或在安全阀的杠杆上加重物等）来消除泄漏。为了防止安全阀的阀芯和阀座被气体中的油垢等脏物粘住，致使安全阀不能按规定的开启压力排气，安全阀应定期人工手提排气。

弹簧式安全阀

（2）爆破片

① 爆破片应用的场合。容器内的介质易于结晶或聚合，或带有较多的黏性物质，容易堵塞安全阀，使安全阀的阀芯和阀座粘住；容器内的压力由于化学反应或其他原因迅猛上升，安全阀难以及时排除过高的压力；容器内的介质为剧毒或极为昂贵的气体，使用安全阀难以达到防爆要求；超高压容器及泄放可能极小的场合。

② 爆破片厚度的计算。爆破片的厚度应由试验确定。一般先按理论公式进行初步计算，然后做实际爆破压力试验。计算公式可参阅有关专著。

3.4　精馏塔的操作

3.4.1　开车前的准备工作

精馏装置在建成后或检修后，应该按照开车方案进行管路清洗、吹扫、试压、置换等环节的工作。这些工作完成以后，装置具备开车条件了，再进行具体的开车操作。精馏操作工在开车前一定要先熟悉精馏岗位的全部工艺流程，明白每台设备的作用、控制方法、现场操作点的位置，准备好常用的工具，如管钳、扳手、加力器等。

3.4.1.1　进行贯通试压

贯通试压的目的主要有两点：一是检查流程是否畅通；二是试漏及扫除管线内杂物。贯通试压应按操作规程进行，对重点设备或检修过的设备、管线，试压时要详细检查，尤其是接头、焊缝、法兰、阀门等易出问题的部位。对于低温相变、高温重油易腐蚀部位，要重点检查，确定没有泄漏时，试压才算合格。

进行贯通试压应注意以下几个方面。

① 对于检修中更换的新设备，工艺管线贯通试压前必须进行水冲洗。水冲洗时机泵入口需加过滤网，控制阀要拆法兰，防止杂物进入机泵、控制阀。

② 贯通试压时控制阀应改走副线。

③ 对于塔、容器等有试压指标要求的设备，试压时操作人员不能离开压力表，应密切注意压力上升情况，防止超压损坏设备。

④ 试压时要放尽蒸汽中的冷凝水，防止产生水击，因为水击严重时能损坏设备、管线。

3.4.1.2　设备的检查

（1）静设备检查　塔设备在首次运行时，必须检查每层塔板的安装情况是否符合设计要求，例如水平度、溢流堰的高度，浮阀塔的浮阀应该活动自如，紧固件要松紧合适，能起到良好的紧固作用，塔内各处要清洁无杂物，气液流动通道应该畅通无阻。冷换设备应该达到管束表面清洁，内部畅通，进出阀件安装连接正确无误。储物罐要液面计显示清楚，阀门开关位置要合适。

（2）动设备检查、电器确认　动设备进行盘车，转动灵活，电机试车完成，电缆绝缘、电机转向、轴承润滑、过流保护、与主机匹配均符合要求，备足润滑油，机泵经检查性能良好，润滑油加至规定位置，冷却水畅通，一切完好待用。

（3）管线检查　管线与设备全部贯通，检修的盲板已经全部抽出，对应的法兰全部更换垫片并把紧，所有阀门经过调试，全程动作灵活，动作方向正确。

（4）仪表确认　仪表要调试、校验合格，反应灵敏，热电偶经过校验后测量偏差要在规定范围内，流量、压力和液位测量单元检测正常，处于备用状态。

3.4.1.3　精馏物料的准备

操作工应该清楚了解原料罐的储料情况、液位高度、所需各种化工原料的备料情况，如阻聚剂、萃取剂、恒沸剂等的准备情况。产品的储罐处于待用状态。物料罐的液位原则上应该保证精馏操作的需要，对于连续操作的精馏过程一般都有多个原料罐备用，一旦在线的物料罐的液位过低（接近下限时），应该立即切换备用的物料罐。切不可使泵无料可抽，影响塔的进出平衡，破坏塔的正常操作。装置达到开车条件才能投料。

3.4.1.4　设备、管线的预热方法

设备、管线的预热一般是分步进行，规定好预热的阶段和升温速率，使之逐步、缓慢地达到预定的操作温度。其间还需要进行热紧。什么是热紧呢？由于各种设备和管道在检修和安装中都是在常温条件下进行的，它们的法兰、螺栓在常温下是紧好的，当温度升高以后，由于各种材料的热膨胀系数的差异，高温部位的密封面可能发生泄漏，因此必须对高温部位在一定温度下进行恒温热紧，有的还要多次进行恒温热紧才行。

3.4.1.5　精馏过程的主要操作控制参数

（1）操作压力的控制　如前所述，任何一个精馏塔都是根据在一恒定操作压力下的气-液相平衡数据进行设计、计算和操作的，操作压力主要根据被处理物料的性质来选择。对于一些沸点高，高温时性质不稳定，易分解、聚合、结焦的物料或在常压下相对挥发度较小、有剧毒的物料，常常采用减压精馏。由于减压操作降低了物料的沸腾温度，可避免物料在高温时热分解、聚合、结焦等，减少了有毒物料的泄漏、污染等情况。如苯酚的精馏、苯乙烯的精馏均采用减压精馏。如果被分离的混合物在常温常压下是气体或沸点较低，则可以采用加压精馏的方法，如氯乙烯的精馏、石油裂解气的深冷分离，均采用加压精馏。

此外，操作压力的选择还应考虑传热设备的价格、塔的耐压性能、操作费用等综合经济指标来决定。原料液在常压下是液体时，一般尽可能地采用常压操作，这样对设备的要求简单，附属设备也少。操作压力确定后应尽量保持在允许范围内，虽然压力在小范围内变化对气-液相平衡无明显的影响，但大幅度的变化，会破坏精馏正常进行和气-液平衡，导致整个操作恶化。塔顶压力的调节，可以通过调节塔顶冷凝器中的冷却剂用量和回流比的大小来进行，增大冷却剂用量和回流比可以降低塔顶压力。

（2）温度的调节　在一定的操作压力下，气-液相平衡与温度有密切的关系。不同的温度都对应着不同的气-液平衡组成。塔顶、塔釜的气-液平衡组成反映产品的质量情况，它们所对应的平衡温度，被确定为塔顶、塔釜的温度指标。因此，在生产中塔顶、塔釜温度就反映了产品的质量。当操作压力恒定时，温度也要保持相对的稳定。若温度改变，则产品的质量和产量都将相应地发生变化。当塔顶温度升高时，塔顶产品中难挥发组分的含量增加，因此虽然塔顶产品产量可以增加，但质量却下降了。又如塔釜温度升高，也同样会使塔顶产品中难挥发组分增加，质量下降。

需要注意：温度是随着压力变化而变化的。在操作压力基本稳定的情况下，温度的变化常常是由于精馏釜中的加热蒸气量、冷凝器中的冷却剂量、回流量、釜液面高度、进料等条件的变化而造成的。通过调节这些条件可以使温度趋于恒定。因此精馏过程的操作是一个多因素的"综合平衡"过程，而温度的调节在精馏操作中起着最终的质量调节的作用。

（3）操作回流比的调节　从精馏原理的讨论中知道，从精馏塔引出的蒸气经全凝后，一部分作为塔顶产品排出，另一部分通过回流装置返回到塔顶，这部分液体称为回流液。液体的回流在精馏操作过程中是必要的，它不仅是蒸气部分冷凝的冷却剂，同时又起着不断补充塔板上的液体，起到精馏操作连续稳定的作用。

在精馏操作中，把回流液量与塔顶产品量之比称为回流比。回流比的大小不仅对精馏塔塔板数和进料位置的设计起着重要的作用，而且对一个结构已定的精馏塔，在实际操作中人们也往往用调节回流比来控制塔顶产品的质量。

当塔顶馏分中难挥发组分的含量增高时，采取加大回流比的方法，增加塔内下降的液体流量，使上升蒸气中难挥发组分冷凝的可能性加大，从而提高塔顶产品的质量。但回流比的增大，将影响塔顶产品的产量，降低塔的生产能力。所以回流比不宜无限地增加，而且回流比过大会造成液量过多而导致液泛。

对于内回流塔的回流比，可以通过塔顶冷凝器中冷却剂的用量来调节；对于外回流塔，则可以通过控制塔顶产品采出量和塔顶冷凝量等方法来调节。

3.4.2　开车操作

一个自动调节系统安装完毕后，正确投运也是一项重要的工作，是工艺操作人员必须掌握的。尤其对一些重要的调节系统更是如此，否则将引起不应该出现的故障。对于绝大多数的调节系统，都需要按正常程序将其投入运行。

精馏塔开停车操作

（1）投入前的准备工作　首先应熟悉工艺过程，了解工艺流程、对控制指标的要求以及各种工艺参数间的关系，对测量元件、调节阀位置、管件走向等都要做到心中有数。

① 仪表的检查。检查仪表由仪表工进行，工艺操作人员可对调节器控制点进行复校。如一个比例积分调节器，当测量值等于给定值时，调节器输出可以为任意数值。例如，当气

动调节器中给定值是 $0.6kgf/cm^2$，相应地其测量值也等于 $0.6kgf/cm^2$ 时，调节器输出就应稳定在某一数值不变。如果输出稳定不下来，说明调节器的控制点有偏差，或显示仪表不准。当然，如果调节器是纯比例的，测量值与给定值存在偏差属于正常现象。

②检查调节器的正、反作用和调节阀的气开、气闭形式。下面以一个换热器的温度调节系统（如图 3-12 所示）为例加以说明。

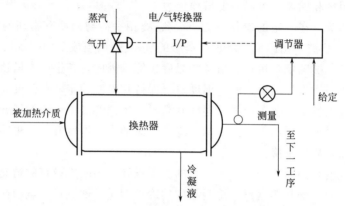

图 3-12　换热器的温度调节系统

调节阀的气开与气闭应从工艺安全角度选定。在本例中，调节阀应选气开阀才安全，保证在膜头断开气源时阀门关闭，停止加热。阀的气开与气闭形式确定后，就应该从整个调节系统能否正常工作的角度，确定调节阀的正、反作用，即所谓作用方向问题。

对于调节器来说，当被调参数（即变送器送来的信号）增加后，调节器的输出也增加，称为正作用；如果输出是减少的，则称反作用。调节器的正、反作用，可以由调节器上的正、反作用开关自行选择。

注意：调节器的正、反作用应该与调节阀的正、反作用区分开。判断一个系统是否正常工作，可以把它与手动操作情况加以比较。对上面所讲的换热器来说，要正确调节温度，应该是当温度上升时关小阀门，减少加热量，使温度下降，所以应选择反作用调节器（即调节作用与干扰作用相反）。这样，经过调节作用，可把温度调回到给定值。

（2）准备工作完毕后　先观察测量仪表，如对测流量的差压变送器，应注意节流装置的出口阀、流量计上的平衡阀和高低压阀的开启步骤。启动时，注意不要使差压计弹性元件受到突然的冲力，也不要处于单向受力状态。用手动遥控使被调参数在给定值附近稳定下来。

（3）调节阀的投运　开车时，先手操旁路阀，再过渡到手动遥控。当由旁路阀手动操作转为调节阀手动遥控时，步骤如下：

①用手动定值器调整调节阀的气压，使它等于某一中间数值或已有的经验数值；

②先开上游阀，再逐渐开下游阀，同时逐渐关闭旁路阀；

③观察仪表的指示值，改变手动输出，使被调参数接近给定值。

一般来说，当达到操作稳定时，阀门膜头压力应为 $0.3\sim0.85MPa$ 范围内的某一数值，否则表示阀的尺寸不合适。

（4）调节器的手动和自动切换　调节器投入自动的主要要求是能平稳地从手动转入自动。即要求切换时，被调参数无扰动，并且能迅速、平稳地切换（即保证阀位不变）。

3.4.3　调节控制参数

3.4.3.1　精馏塔的调节

精馏塔是一个比较复杂的关键设备,它的稳定运行取决于许多内外因素和条件。根据工艺的要求,需要塔的操作处于合适的工作状况。在满足质量指标的前提下,加热剂和冷却剂的消耗量应尽可能减少,以提高塔的效率。

(1)一般精馏塔对自动调节方案的要求

① 预先克服干扰。把进塔之前的主要可控干扰尽可能预先克服,同时尽可能缓和一些不可控的主要干扰(如进料量、料液温度等)。

② 保证质量指标。一般自动调节方案应保证塔顶或塔底的纯度达到质量指标,或保证产品的组分在规定的范围之内。

③ 保证平稳操作。自动控制塔顶馏出液和釜底采出量之和基本上等于进料量,从而保持物料平衡,而且两个采出量要缓慢变化,以保证塔的平稳操作。

(2)精馏塔的调节方案　精馏塔的调节方案较多,但从对产品质量控制来说,温度控制是最主要的。常见的方案有以下两种。

① 提馏段温度控制。测温元件和调节手段在塔的下部。当塔底产品的纯度要求比塔顶要求严格时,由于采用了提馏段温度作为间接质量指标,因此能较直接地反映提馏段的产品情况,较好地保证塔底产品质量达到规定值。当干扰首先进入提馏段时,例如液相进料时,进料量的变化首先要影响塔底的成分,用提馏段温控就比较及时。以提馏段温度作为衡量质量指标的参数,而以改变加热量作为调节手段的方案,称为提馏段温控。采用提馏段温控时,回流量用定值调节,使冷凝了的塔顶馏出物平稳地从塔顶重新进入。在塔内,气相和液相的变化往往都不大,塔的操作平稳,塔内允许具有最大的蒸汽速度。这样不仅提高了效率,而且也保证了塔顶的产品质量,使塔内温度和压力调节都比较容易进行。提馏段温控的基本形式及其他调节系统的设置如图 3-13(a) 所示。

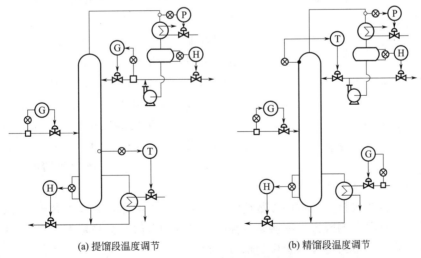

(a) 提馏段温度调节　　　　　　(b) 精馏段温度调节

图 3-13　精馏塔温度的调节方案

② 精馏段温度控制测温元件和调节手段在塔的上部。当干扰首先进入精馏塔时,例如

全部气相进料时，由于进料量的变化首先影响塔顶的成分，则应该按精馏段温度指标控制。图 3-13(b) 是以精馏段塔板温度为被调参数、回流量为调节参数的方案。由于它的特殊地位，它的变化应该是缓慢的，否则会破坏塔的稳定操作；而塔的稳定状况恢复非常缓慢，往往需几十分钟甚至几十小时。所以，从对塔的平稳操作角度看，精馏段温度调节方案不如提馏段温度调节方案效果好。应该指出，调节不当也会起"干扰"的作用——破坏平稳。为了使调节作用克服干扰，恢复平稳，除正确选择合理的调节方案外，还应该做好参数整定的工作。

3.4.3.2　被调参数与调节参数的选择

（1）被调参数的选择　被调参数是调节系统的核心，它对稳定生产操作、提高产品质量以及改善劳动条件，都具有决定性意义。被调参数的选择和生产工艺有密切关系。根据工艺操作特点，选择被调参数有两个途径：一是以工艺控制指标（温度、压力等）作为直接控制指标；二是当工艺按质量指标（如物料纯度、水分含量等）进行操作时，照理应以质量指标为直接指标进行控制，但目前尚缺乏合适的获取质量指标的工具，只好采用间接指标控制。一般取与直接指标有关的、反应迅速的参数，如温度、压力、流量等间接指标作为被调参数。

在选择被调参数时，应考虑以下原则。

① 被调参数应代表一定的工艺操作指标，或能反映一定的操作状态，一般都是工艺过程中主要的参数。

② 被调参数在工艺操作过程中常常受到一定的干扰而变化，且有足够大的灵敏度，而且是能够测量的信号。

③ 尽量采用直接指标为被调参数，当无法获得直接指标信号，或其测量和变送信号滞后很大时，可选择与直接指标有单值关系的间接指标为被调参数。

④ 被调参数应该是独立的和可调的。在一个工艺过程中或一个工艺设备上可能有较多的被调参数，在选择简单调节系统的被调参数时，要特别注意其独立性，应选择一个具有代表性的参数加以控制。若选择相互约束的参数为被调参数，它们之间就会相互干扰而无法工作。

图 3-14 中精馏塔各塔盘的物料温度是不相等的，但这些温度相互间是有一定规律的。塔底温度升高时，塔顶的温度也相应升高，说明这些温度不是独立的。如果在塔上分别控制两点温度，则必然造成相互干扰，形成所谓的共振现象，两套调节系统都很难正常工作。

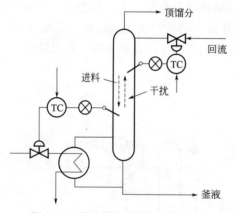

图 3-14　精馏塔的两套互不独立的温度调节示意图

（2）调节参数的选择　当被调参数确定后，接着就要考虑影响被调参数波动的干扰因素有哪些，并确定这些影响因素中哪些是可控的、可以调节的，哪些是不可控的。原则上应把对被调参数影响较灵敏的可控因素作为调节参数。

下面举一实例进行分析。图 3-15(a) 是化工厂中常见的精馏设备。根据工艺要求，选择提馏段某板（一般是温度变化最灵敏的板）的温度作为被调参数，希望通过自控，将其维持恒定。从工艺分析中可知，影响提馏段某板温度的因素有：进料量、物料成分、物料温度、回流量、回流的温度、加热蒸汽流量、冷凝器冷却温度及塔压等。这些影响因素又可以分为两大类，即可控的和不可控的。从工艺角度来说，在本例中只有回流量和蒸汽流量对提馏段影响灵敏；同时从经济角度讲，调节蒸汽流量比调节回流量消耗能量要少，所以这里应选择蒸汽流量作为调节参数，用它去克服其他不可控的干扰因素的影响，如图 3-15(b) 所示。

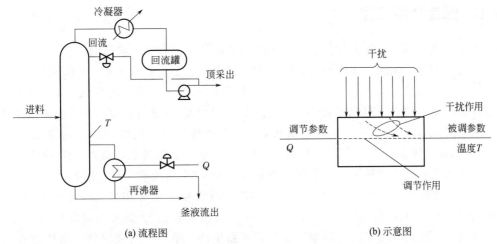

(a) 流程图　　　　　　　　　　　　　　(b) 示意图

图 3-15　选择蒸汽流量作为调节参数的流程图和示意图

概括来说，选择调节参数的原则如下：

① 调节参数应该是可控的，即工艺允许调节；

② 调节参数比其他干扰对被调参数的影响更加灵敏；

③ 要考虑生产的经济性和合理性。

3.4.3.3　产品质量的调节

设备运行平稳后，为达到生产要求，需要对产品质量进行调节。

对塔顶产品质量的调节可采用下列三种方法之一，或兼而有之：

① 改变塔顶回流量。

② 改变塔顶冷凝后温度。

③ 改变塔釜采出量。

注意：采用上述方法进行产品质量调节时，调节过程要缓慢进行（即一次量的改变要小一些），否则调节器将出现发散振荡。

3.4.3.4　装置负荷的提升

精馏岗位精馏塔等开车进行完毕且设备运行平稳后再提升负荷。提升负荷也要求缓慢进行。

3.4.3.5　工况监视

装置运行过程中要密切监视各工艺参数和取样分析结果的变化，遇有突变情况要尽快判断事故原因，并及时做出处理。

3.4.4　停车的操作过程

置停车标志，接受停车指令并执行。

① 停止进料。

② 停塔釜加热。

③ 排尽塔内物料。

④ 系统泄压。

⑤ 系统进行氮气吹扫。

3.4.5　配套公用工程

引入水、电、汽、气等公用工程介质到使用它们的设备入口阀前待用。

仪表用电源有不间断交流电源（UPS）和工厂用市电交流电源两种。通常情况下，不影响安全生产的记录仪、指示仪、在线分析仪表等允许采用工厂用市电交流电源；而控制仪表、多点数字显示仪表、闪光报警器、自动保护系统以及 DCS 等控制及安全保护系统都只采用不间断交流电源（UPS）。工厂用市电交流电源的规格有：三相 380V、单相 380V、单相 220V、三相 4 线 380V/220V，50Hz 正弦波。不间断交流电源规格有：单相 220V，50Hz 正弦波。采用电动仪表的重要工艺装置（单元），如停电会造成重大经济损失。

仪表所使用的气源压力一般为 0.5～0.7MPa。气源中的油雾和水是气动仪表的主要威胁，所以气源不得有油滴、油蒸气，含油量不得大于 $15\mu g/g$。为防止气动仪表恒节流孔或射流元件堵塞，防止气源中的冷凝水使设备和管路生锈、结冰，造成供气管路堵塞或冻裂，要求除去气源中 $20\mu m$ 以上的尘粒，且气源露点应低于仪表使用地区的极端最低温度。

3.4.6　生产原始记录

生产原始记录是生产过程的真实反映，是生产经验的积累。通过生产原始记录，可以分析和发现成功的经验以及失败的原因，对于改进生产有着十分重要的借鉴意义。因此要求当班的操作工一定要以严肃认真的态度填写生产原始记录。生产原始记录一般记载交接班时的生产情况、生产过程的操作控制参数数据，如温度、压力、流量、液位、蒸气压等。要求一定要及时按照规定时间记录，做到客观、真实、可靠。切不可在事后补记或胡编乱造，应付了事，因为这样的生产原始记录不仅毫无价值可言，而且后患无穷，会产生误导作用。

3.4.7　巡回检查

（1）巡回检查的目的　巡回检查的目的是在装置现场检查各种在用设备的运行情况，以便发现问题，及时解决，确保生产的正常平稳进行。一般规定 1～2h 巡回检查一遍，在操作规程中有的单位还规定了巡回检查的路线和重点设备位置。有条件的单位当然也可以用摄像头及时监控重点部位。

（2）巡回检查的要求

① 检查控制计量仪表与调节器的工作情况；检查工作介质的压力、温度、流量、液面和成分是否在工艺控制指标范围以内；检查冷却系统的情况。

② 查看各法兰接口有无渗漏；检查各密封点有无泄漏等；检查设备、容器外壳有无局部变形、鼓包和裂纹。

③ 测量设备、容器壁温是否超温（一般容器壁温规定最高温度为 200℃）。

④ 测听设备、容器和管道内介质流速情况，判断是否畅通。

⑤ 检查设备、容器和管道有无振动；检查有关部位的压力、振动和杂音；检查轴承及有关部位的温度与润滑情况；检查传动皮带、钢丝绳和链条的紧固情况及平稳度。

⑥ 检查螺丝、安全保护罩及栏杆是否良好。

⑦ 检查安全阀、制动器及事故报警装置是否良好。在运行中，当发生以下严重威胁安全生产的情况时，操作人员应立即采取保安措施，并通知有关领导紧急停止运行：

a. 设备或容器发生超温、超压、过冷或严重泄漏情况之一，经采取各种措施仍无效果并有恶化的趋势时。

b. 设备或容器的主要受压元件产生裂纹、鼓包、变形，危及安全运行时。

c. 设备或容器近处发生火灾或相邻设备管道发生故障，直接威胁到设备和容器的安全运行时。

d. 安全附件失效，接管断裂，紧固件损坏，难以保证安全运行时。

⑧ 紧急停止运行的操作步骤，一般是先切断进料和蒸气阀门，再打开排空阀，使压力和温度下降。

第4章

精馏初级、中级考试基础知识

4.1 化工装置的吹扫和清洗

4.1.1 吹扫和清洗的目的

为保证管道系统内部的清洁，除安装前必须清除内部杂物外，安装完毕强度试验合格后或严密性试验前，还应分段进行吹扫和清洗（简称吹洗），以便清除遗留在管道内的铁锈、焊渣、尘土、水分及其他污物，以免这些杂物随流体沿着管道流动时堵塞管道、损坏阀门和仪表、碰撞管壁产生火花而引起事故。

管道吹扫和清洗的要求应根据该管道所输送的介质不同而异，有的管道需用化学药品清洗，有的管道只需用一定流速的水进行清洗，而有的管道则需用一定流速的气体或蒸汽进行吹扫。

4.1.2 吹扫和清洗的一般规定

（1）编制专门的技术施工方案 为保证将管道吹扫和清洗干净，对支管、弯曲较多或长距离的管道应分段进行吹洗，其顺序一般应按主管、支管、疏排管依次进行，当前段管道吹洗完毕后，即可连接下一管段继续进行吹洗；对直管或较短的管道可一次吹洗。吹洗应在管道全部或某段安装好并进行强度试验后，在严密性试验前进行；不允许吹洗的管道附件，如孔板、调节阀、节流阀、止回阀、过滤器、喷嘴、仪表等，应暂时拆下妥善保管，临时用短管代替或采取其他措施，待吹洗合格后再重新安装。

（2）做好一切准备工作 吹出口一般应设在阀门、法兰或设备入口处，并用临时管道接至室外安全处，防止污物进入阀门或设备，以保证安全。排出管的截面宜和被吹洗管道截面相同，或稍小于被吹洗管道截面，但不允许小于被吹洗管道截面的 75%。排出管端应设有临时固定支架，以承受流体的反作用力。为保持吹洗压力以达到排除杂物的目的，吹出口应设阀门，吹洗时此阀应时开时关，以控制吹洗压力。不允许吹洗的设备或管道应用盲板与吹洗系统隔离，其内部可采用其他方法进行清理。

（3）选择管道的吹洗介质 应根据设计规定或按管线的用途及施工条件选择管道的吹洗介质。吹洗介质常用水、压缩空气或蒸汽。由于蒸汽具有类似蒸煮作用，所以蒸汽比压缩空气吹洗效果更好，但对于投产前管内要求高度干燥的物料管道（如输送硫酸的管路），应当采用压缩空气进行吹洗。

（4）合理设置吹扫压力 应按设计规定，若设计无规定时，吹扫压力一般不得超过工作压力，且不得低于工作压力的 25%。对大型管道不应低于 0.6MPa。吹洗时应使吹洗介质高速通过管内，要求流速不低于工作流速。一般管道冲洗时，应保证水的流速不小于 1.5m/s，直至从管内排出清洁水为止。当用压缩空气吹扫时，应保证系统的流速不小于 20m/s，用贴有白纸或白布的板置于排出口检查，直到吹出的气流无铁锈、脏物为止。当用蒸汽吹扫时，吹扫前管道应进行预热。预热时需检查固定支架是否牢固，管道伸缩是否自如。吹扫时，流速一般为 20~30m/s，直至吹出口排出的蒸气完全清洁为止。吹洗管道的同时，除有色金属管道、非金属管道外，均应用锤敲击管壁（不锈钢宜用木锤），特别对焊缝、死角和管底部位应多敲击，以使管内杂物在高速吹洗流体的作用下易于排出管外，但敲击时不得损伤管壁。

（5）吹洗工作　一般采用装置中的气体压缩机、水泵或蒸汽锅炉加压进行。吹洗过程中，如发现吹洗管道内的压力突然升高至大于吹洗压力，则应马上停止吹洗，检查原因（如管路中有局部堵塞等），排除故障后再继续进行。同时还应检查整个管道系统的托架、吊卡等是否牢固，如有松动应及时处理。

（6）处理内壁有特殊清洁要求的管道　对内壁有特殊清洁要求的管道进行酸洗与钝化时，应采用槽式浸泡法或系统循环法。管道酸洗液、中和液及钝化液的配方，当设计无规定时，可按表 4-1 和表 4-2 的规定进行。

表 4-1　碳素钢及低合金钢管道酸洗液、中和液、钝化液的配方

溶液	系统循环法配方										槽式浸泡法配方				
	1					2									
	名称	浓度/%	温度/℃	时间/min	pH 值	名称	浓度/%	温度/℃	时间/min	pH 值	名称	浓度/%	温度/℃	时间/min	pH 值
酸洗液	盐酸	9~10	常温	45	—	盐酸	12~16		120	—	盐酸	12	常温	120	—
	乌洛托品	1				乌洛托品	0.5~0.7				乌洛托品	1			
中和液	氨水	0.1~1	60	15	>9	氨水	0.3		—	—	氨水		常温	5	—
钝化液	亚硝酸钠	12~14	常温	25	10~11	亚硝酸钠	5~6		动态 30,再静态 120		亚硝酸钠		常温	15	10~11
	氨水														

注：本表摘自《工业金属管道工程施工质量验收规范》（GB 50184—2011）和《工业金属管道工程施工规范》（GB 50235—2010）。由于管道的材质、焊接方式、清洁要求、输送介质以及使用对象不同，不可能规定统一的配方。本表推荐的配方可根据具体情况采用。

表 4-2　不锈钢管道酸洗液的配方

名称	分子式	体积分数/%	温度/℃	浸泡时间/min
硝酸	HNO_3	15		
氢氟酸	HF	1	49~60	15
水	H_2O	84		

4.1.3　管道系统的清洗

供水、热水、回水、凝结水及其他工作介质为液体的管道系统，一般可用洁净的水进行冲洗。冲洗时，如管道分支较多，末端截面积较小，可将干管上的阀门或法兰等连接处暂时

拆除1～2处（视管道长短而定），支管和干管连接处的阀门也暂时拆除，用盲板封闭，然后分段进行冲洗；如管道分支不多，排水管可以从管道末端接出。排水管截面积不应小于被冲洗管道截面积的75%，排水管应接至排水井或排水沟，以保证排泄和安全。冲洗时应以系统内可能达到的最大压力和流量进行，流速不应小于1.5m/s。当设计无特殊规定时，则以出口处的水色和透明度与入口处目测一致为合格。

4.1.4　蒸汽管道的吹扫

蒸汽管道应用蒸汽吹扫。非蒸汽管道如用空气吹扫不能满足清洁要求时，也可用蒸汽吹扫，但应考虑其结构是否能承受高温和热膨胀因素的影响。蒸汽管道吹扫时应从总汽阀开始，沿蒸汽流向将主管、干管上的阀门或法兰暂时拆除1～2处（视管道长短而定），支管和集水管从法兰处暂时拆除并临时封闭，分段进行吹除，先将主管、干管逐级吹净，然后再吹支管及冷凝水排液管。一般每次只用一个排气口，用排气管引至室外，管口应朝上倾斜，并加以明显标志，保证安全排放。排气管应具有牢固的支撑，以承受排放时的反作用力，避免排气管弹跳造成事故。排气管管径不宜小于被吹扫管的管径，长度应尽量短些。

蒸汽吹扫时，应先向管道内缓慢地输入少量蒸汽，对管道进行预热，同时应注意检查管道受热延伸的情况，恒温1h后，当吹扫管段首端和末端的温度接近相等时，再逐渐增大蒸汽流量进行吹扫，然后降温至环境温度，再升温、恒温进行第二次吹扫，如此反复一般不少于3次。吹扫总管用总汽阀控制流量，吹扫支管用管道支管中各分支处的阀门控制流量。在开启汽阀前，应先将管道中的冷凝水经疏水管排放干净。吹扫压力应尽量维持在管道设计工作压力的75%左右，最低不应低于工作压力的25%，吹扫流量为管道设计流量的40%～60%。吹扫时间每次为20～30min，当排气口排出的蒸汽完全清洁时才能停止吹扫。

蒸汽吹扫的合格标准和检查方法为：中压蒸汽管道、高压蒸汽管道、透平机入口管道的吹扫效果，可用铝板放在排气口检查，铝板表面应光洁，宽度为排气管内径的5%～8%，长度等于管子内径。连续两次更换靶板检查，停放时间1～3mm，如靶板上肉眼可见的冲击斑痕不多于10点，每点不大于1mm即为合格。

一般蒸汽管道或其他无特殊要求的管道，可用刨光的木板置于排气口处检查，板上无铁锈、脏物即为合格。吹扫时，蒸汽阀的开启和关闭应缓慢，不能过急，以免形成水锤现象而引起阀件破裂；排气口附近及正前方不得有人，以防被烫伤或杂物击伤，必要时可采取有效的安全措施。绝热管道吹扫一般宜在绝热施工前进行。

4.2　化工装置的气密性检查

气密性检查属于压力检查的范畴，用气体作介质。根据管道输送介质的要求，选用空气或稀有气体作介质进行的压力试验称为气压试验。用于试验氧气管道的气体，应是无油质的。加压设备是气体压缩机或所需气体的高压储瓶。气压试验灵敏、迅速，但不如水压试验安全，因气体突然减压膨胀可能引起爆炸，尤其是利用高压蒸汽试压更为危险，因此一般应尽量采用液压试验。但对于一些由于结构原因不适合做液压试验或液压试验确有困难的管道，可用气压试验代替液压试验，但必须采取有效的安全措施，并应报主管部门批准。其强度试验压力一般规定为：DN（公称直径）＜300mm，PN（试验压力）≤1.6MPa；DN＞

300mm，$p_s \leqslant 0.6$MPa。但高压管道则不受此限制。

试验时，压力应逐级升高，达到试验压力时立即停止升压。在焊缝、法兰、阀门等连接处涂刷肥皂水，检查泄漏情况，如发现有气泡的地方，做上记号，待放压后进行修理；缺陷消除后再升至试验压力，继续进行试验。在交工验收中，对气压试验常以接口不渗漏及平均泄漏率不超过表 4-3 的规定数值为合格。

表 4-3　管道允许泄漏率标准

管道所处的环境	每小时平均泄漏率/%	
	剧毒介质	甲乙类火灾危险性介质
室内及地沟管道	0.15	0.25
室外及无围护结构车间管道	0.3	0.5

注：上述标准适用于 DN 为 300mm 的管道，其余直径管道的泄漏率（压力降）标准需乘以按下式求出的校正系数 K。

$$K = \frac{300}{DN}$$

式中，DN 为试验管道的公称直径，mm。

液压试验是用液体介质进行压力试验的方法。一般液压试验都采用水作为试验介质（当设计对水质有要求时应按设计规定），所以常称为水压试验。一般管道系统的强度试验与严密性试验常采用液压试验进行。液压试验时的加压泵，有专用的电动试压泵和手动试压泵两种，如图 4-1 所示。

水压试验应用洁净的水作介质，氧气管道试压的用水不应有油脂存在；在气温低于 5℃ 时，可在采取特殊防冻措施后，用 50℃ 左右的热水进行试验。图 4-2 为管道水压试验示意图。图中 ABC 管段为待试压管道，该管段两端有法兰 1 与设备连接，试压前应用盲板堵死；支管 4 可暂时拆

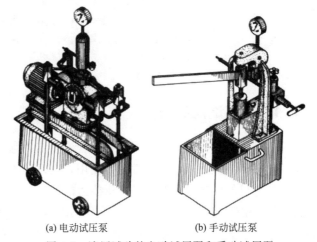

(a) 电动试压泵　　　　(b) 手动试压泵
图 4-1　液压试验的电动试压泵和手动试压泵

下，接上压力表 9 和放气阀 10；排液阀 3 处可接上与试压泵 5 连接的引压导管 6，并将阀门 2 开启。试压开始后通过橡胶软管 12 将洁净的水经阀门 7 充入系统。同时打开最高点的放气阀 10，当管内的空气排净充满水后，关闭阀门 7 和 10，再用试压泵 5 通过阀门 8 和引压导管 6 向系统内加压。加压时应分阶段进行，第一次可加压至试验压力的一半，对管道进行一次检查，然后再继续提高压力。试验压力越高，分段次数应随之增加。试压泵加压时，应将压力表前的阀门 11 关闭，防止压力表指针剧烈跳动而损坏或产生误差。所以加压的幅度要小，随时开启阀门 11 检查压力表数值。当即将达到规定的压力时，可打开压力表阀门，防止超过试验的规定压力数值而发生事故。

如在强度试验后，接着用水做严密性试验，可将放水阀 7 打开，水从阀门流出，压力下降到所需数值，立即关闭，就可按规定时间观察渗漏情况。试验完毕后，应立即将管内存水

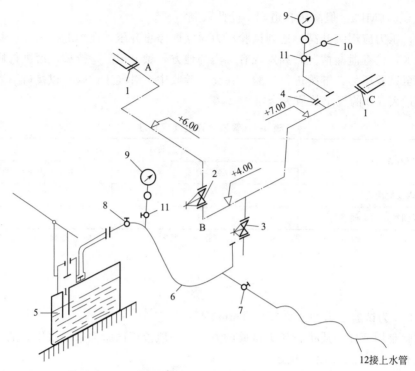

图 4-2　管道水压试验示意图

1—法兰；2,7,8,10,11—阀门；3—排液阀；4—支管；5—试压泵；6—引压导管；9—压力表；12—橡胶软管

放尽，并拆除盲板及全部试压装置。

4.2.1　管道试压的目的

管道试压的目的是检查已安装好的管道系统的强度是否能达到设计要求，同时对承载管架及基础进行考验，以保证正常运行使用，它是检查管道安装质量的一项重要措施。试压工作按试验的目的可分为检查管道承压能力的强度试验和检查管道连接情况的严密性试验；按试验时所采用的介质可分为用液体作介质的液压试验、用气体作介质的气压试验以及真空试验和渗透试验。使用哪种试验方法可依据管道输送介质的性质、压力和温度等的不同来决定。

4.2.2　管道试压的一般规定

① 管道试压前应全面检查、核对已安装的管子、管件、阀门、紧固件以及支架等的质量，必须符合设计要求及有关技术规范的规定。同时还应检查管道零件是否齐全、螺栓等紧固件是否已经紧固，以及焊缝质量、支架安装情况等。对于高压管道及其他重要的管道，还应审查资料及材料检验报告单、加工证明书、设计修改及材料代用文件、焊接工作及焊接质量检查记录等。

② 管道在试压前，应将不宜与管道一起试压的阀门、配件等从管道上拆除，临时装上短管；管道上所有开口应进行封闭；不宜连同管道一起试压的设备或高压系统与中低压系统之间应加盲板隔离，盲板处应有标记，并做记录，以便试压后拆除；系统内的阀门应予开启；系统的最高点位置应设置放气阀，最低点应设置排液阀。

③ 管道在试压前，不应进行防腐和保温；埋地敷设的管道，试压前不得埋土，以便试

压时进行检查。水压试验前应检查管道支架的情况，若管架设计是按空管计算管架强度及跨距，则应增加临时支柱，避免管道和支架因受额外荷重而变形损坏。

④ 试验时应装两只经校验合格的压力表，并应具有铅封。压力表的满刻度应为被测压力最大值的 1.5~2 倍，压力表的精度等级不应低于 1.5 级。压力表应直立安装在便于观测的位置，一般应在加压装置附近安装一只，另一只则安装在压力波动较小的本系统其他位置。位差较大的系统，压力表的位置应考虑试压介质静压的影响。

⑤ 进行液压试验时，若气温低于 5℃，则应采取防冻措施，否则，应改用气压试验。液压试验合格后，应将系统内的液体排尽。

⑥ 要进行试压的管道，应根据操作压力分系统进行。通向大气的无压管线，如放空管、排液管等，一般可不进行试压。

⑦ 试验时应将压力缓慢升至试验压力，并注意观察管道各部分的情况，如发现问题，应马上进行修理。但不得带压修理，修理工作一定要在降压后，将介质排除再进行。试压时，与该项工作无关的人员不许靠近或围观，各连接处、盲板等位置不许站人。

⑧ 管道试验检查合格后，应填写"管道试验检查记录"，作为交工文件。

4.2.3　强度试验

管道系统的强度试验一般采用液压试验，试验压力应按设计规定，如无规定，可按表 4-4 选择。液压强度试验时，应缓慢升压，待达到试验压力后，稳压 10min，再将试验压力降至设计压力，稳压 30min，以压力表压力不降、管道所有部位无泄漏为合格。

气压强度试验时，应逐步缓慢升高压力，当压力升至试验压力的 50% 时，如未发现异常或泄漏，应继续按试验压力的 10% 逐级升压，每级稳压 3min，直至达到试验压力。应在试验压力下保持 10min，再将压力降至设计压力，应以发泡剂检验无泄漏为合格。

表 4-4　管道系统液压试验压力　　　　　单位：MPa

管道等级			设计压力	强度试验压力	严密性试验压力
真空			p	0.2	0.2
中低压	地上管道		p	$1.25p$	p
	埋地管道	钢	p	$1.25p$ 且不小于 0.4	不大于系统内阀门的单体试验压力	p
		铸铁	≤ 0.5	$2p$	
			> 0.5	$p+0.5$	
高压			p	$1.5p$	p

注：本表摘自《工业金属管道工程施工质量验收规范》GB 50184—2011。

4.2.4　严密性试验

（1）液压严密性试验　管道的严密性试验，当采用液压进行时，其试验压力可按表 4-4 中的规定；当采用气压进行试验时，试验压力可按设计压力，但真空管道应不小于 $1kgf/cm^2$。液压严密性试验一般在强度试验合格后进行。但对埋地压力管道（钢管、铸铁管），在回填土后，还应进行系统最终压力试验，试验前管内需充水浸泡 24h，试验压力为设计压力，其渗水量应符合表 4-5 中的要求，渗水量严重的接口必须修理。当埋地铸铁管道的公称直径

DN 不大于 400mm 时，其管内空气应能排尽。在做最终压力试验时，10min 内压力降不大于 0.5kgf/cm² 即为合格，可不做渗水量试验。渗水量可按式(4-1)计算：

$$q = \frac{Q}{bT} \tag{4-1}$$

式中　q——试验压力下管道的渗水量，L/min；

　　　Q——恢复管道初压所需的补水量，L；

　　　T——由渗水量试验开始到压力表指针返回原位的时间，min；

　　　b——系数，压力降不大于试验压力 20% 时取 1，大于 20% 时取 0.9。

气压严密性试验在强度试验合格后，使压力降至工作压力，用涂刷肥皂水（铝管应用中性肥皂水）的方法检查，如无泄漏，稳压 30min，压力不降，则严密性试验为合格。但对介质为剧毒、易爆及有其他特殊要求的管道系统，应在系统吹洗合格后，试验压力等于工作压力条件下，保压 24h 左右（根据介质要求而定），做泄漏量试验，保证系统平均泄漏率不超过规定数值为合格。系统允许泄漏率标准见表 4-5。

表 4-5　压力管道允许渗水量

公称直径 /mm	允许渗水量/[L/(km·min)]		公称直径 /mm	允许渗水量/[L/(km·min)]	
	钢管	铸铁管		钢管	铸铁管
100	0.28	0.7	500	1.1	2.20
125	0.35	0.9	600	1.2	2.40
150	0.42	1.05	700	1.3	2.55
200	0.56	1.40	800	1.35	2.70
250	0.7	1.55	900	1.45	2.90
300	0.85	1.70	1000	1.50	3.00
350	0.9	1.80	1100	1.55	3.10
400	1.0	1.95	1200	1.65	3.30
450	1.05	2.10			

注：表中未列出的各种管径，可用下式计算允许渗水量。

　　钢管　　　　　　　　　　　$q = 0.05\sqrt{DN}$

　　铸铁管　　　　　　　　　　$q = 0.1\sqrt{DN}$

式中　DN——管道公称直径，mm；

　　　q——管道允许渗水量，L/(km·min)。

上面已经对管道压力试验的一般方法、规定及试验压力的一般计算作了简单介绍，当在施工图中无明确规定时，可查阅表 4-6，表 4-6 中列出了常见的各种管道的压力试验要求。

表 4-6　常用管道的压力试验要求

管道类别	工作压力 p/MPa	强度试验		严密性试验		备注
		试验用介质	试验压力 p/MPa	试验用介质	试验压力 p/MPa	
压缩空气	<5	水	1.5p 但≥2	空气	1.05p	泄漏率计算 保压 24h,≤1%
	≥5		1.25p 但 <p+3			

续表

管道类别		工作压力 p/MPa	强度试验		严密性试验		备注
			试验用介质	试验压力 p/MPa	试验用介质	试验压力 p/MPa	
煤气	地上	低压	空气	$2p$ 但≥0.2	空气	室外:排送机额定压力 + 0.05 但≥0.2 室内:排送机额定压力+01 但≥0.3	泄漏率计算保压 2h,室外≤4%,室内≤2%
		中压		$1.5p$ 但≥0.3			
	地下			3(恒压 1h,降至 1 检查)		1(当 p<0.02 时,p=0.2)	强度试验、严密性试验在覆土前进行,最终水压试验在回填土后进行,保压 24h。计算泄漏量
氧气		>30	水	$1.25p$	空气	p	泄漏率计算:保压 24h,<1%
		30~0.7	空气	$1.1p$			
			水	$1.25p$			
		<0.7	空气	1			
氮气及氢气		>30	水	$1.25p$	空气	p	泄漏率计算:保压 24h,<1%
		30~0.7	空气	$1.1p$			
			水	$1.25p$			
		<0.7	空气	1			
乙炔		高压	水	$2p$	空气	$1.5p$ 但≥0.1	泄漏率计算:保压 24h,<0.5%
		1.5~0.7		32			
		<0.7		22			
制冷	氨系统	高压侧	水	$1.25p$	氨、二氧化碳	18	试验介质为氨、二氧化碳,如供应有困难,可用干燥的压缩空气。泄漏率计算:保压 24~48h,压力值没有下降,即为合格。但试验终了的压力应符合下式: $p_{终}=p_{始}\times\dfrac{273+T_{终}}{273+T_{始}}$ 制冷系统还应做真空试验和充液试验
		低压侧				12	
	氟利昂系统	高压侧				16	
		低压侧				10	
蒸汽及热水		任何压力	水	$1.25p$ 但≥2	水	p	
供水		任何压力	水	$1.25p$ 但≥2	水	p	排水管道只要灌水试漏
陶瓷管		≤0.7	水	1	水	p	加压要和缓,不允许有大的脉冲或升压太急,水温为常温。严密性试验要在强度试验后,降至工作压力,然后进行检查
		>0.7		1.5			
		真空度大于 500mmHg	真空试验是的真空度等于试验的真空度				

续表

管道类别	工作压力 p/MPa	强度试验		严密性试验		备注
		试验用介质	试验压力 p/MPa	试验用介质	试验压力 p/MPa	
玻璃管	<0.5	水	1	空气	p	加压要和缓,不允许有大的脉冲或升压太急,水温为常温。严密性试验要在强度试验后,降至工作压力,然后进行检查
	0.5~1		1.5p 但≥1			
	>1		1.5p			
石墨管	任何压力	水	1.5p			

（2）真空试验　真空试验属于严密性试验的一种,即将管道用真空泵抽成真空状态,用真空表进行一定时间的观察,计算出压力变化状况,其回升的数值也以规定的允许值为标准。真空系统在压力试验合格后、联动试运转前,也应以设计压力进行真空度试验,时间为24h,增压率不大于 5% 为合格。

（3）渗透试验　渗透试验也是一种严密性试验,常用的渗透剂是煤油。渗透试验常用于对一般阀门或焊缝的检查,其方法是将阀门关闭,检查阀座和阀芯的严密性,或检查焊缝的严密性,将阀门的一侧或焊缝容易检查的一面清理干净,涂刷上白垩粉水溶液,待干燥后,即可在阀门的另一侧或焊缝的另一面涂以煤油,使表面得到足够的浸润,利用煤油渗透力强的特性,对另一侧进行观察,以不渗油为合格。如果发现有渗油现象,说明该阀门或接口不严密,需要采取适当措施进行处理。

4.3　设备和管道的酸洗、钝化与脱脂

4.3.1　酸洗和钝化的目的

对设备与管道进行酸洗和钝化的目的是消除其化学活性。由于它们在投用前的一些环节中可能沾染一些活性物质,在投用时可能会发生危险,因此必须进行钝化处理。进行钝化的方法有槽式浸泡法或系统循环法。酸洗和钝化操作过程应注意以下几点。

① 管道内壁的酸洗工作,必须保证不损坏金属的表面,能消除氧化物。

② 当管道内壁有明显油斑时,不论采用哪种酸洗方法,酸洗前均应将管道进行必要的脱脂处理。

③ 采用系统循环法进行酸洗时,管道系统应先进行泄漏试验。酸洗循环系统应符合脱脂、酸洗的工序要求。

④ 酸洗时,应保持酸液的浓度及温度。

⑤ 酸洗后的管道以目测检查,内壁呈金属光泽为合格。检查合格后的管道,仍应采取有效的保护措施;酸洗后的废水、废液排放前应经处理,以防污染环境。

4.3.2　酸洗和钝化的操作方法

酸洗和钝化工作的一般程序是:试漏→脱脂→冲洗→酸洗→中和→钝化→冲洗→干燥→

复位。在整个工作过程中，应该保持溶液的浓度和温度。钝化液的配方和处理时间应该按照设计规定执行。如果设计无规定时，可以参照表 4-1 进行操作。

4.3.3　脱脂的操作方法

某些介质在生产、输运或储存、使用过程中，接触到少量的油脂就会立即剧烈燃烧而引起爆炸，造成严重事故。另一些介质接触到油脂会影响产品的质量和数量。因此，对输送这些介质的管道所用的管子、管件、阀门、仪表、密封材料以及安装所用的工具、量具等，都必须在安装使用前进行严格的脱脂处理。脱脂处理的操作过程实际上也是一种化学清洗过程。

（1）脱脂的一般规定

① 脱脂前可根据工作介质、管材、管径、脏污情况等编制脱脂方案。凡需进行脱脂处理的管道，均应在管道安装前或投入运行前完成脱脂工作。

② 设备、管道和管件等遇到下列情况时必须进行脱脂：输送或储存的物料遇油脂等有机物，可能改变物料的使用特性，引起燃烧或爆炸；为确保催化剂的活性或产品纯度；设计规定必须进行脱脂或需控制油脂等有机物含量的设备、管道和管件，如直接法生产浓硝酸的装置，空气分离装置，化工及炼油工程中忌油的设备、管道、管件等。

③ 有明显油迹或严重锈蚀的设备、管道和管件等，应先用蒸汽吹扫、喷砂或其他方法清除干净，再进行脱脂。

④ 常用的脱脂剂有下列几种：

a. 工业二氯乙烷，适用于金属件的脱脂；

b. 工业四氯化碳，适用于黑色金属、铜及非金属件的脱脂；

c. 工业三氯乙烯，适用于金属件的脱脂；

d. 工业酒精，适用于脱脂要求不高的设备、零部件以及人工擦洗表面；

e. 浓硝酸，适用于浓硝酸装置的耐酸管件及瓷环等的脱脂。

此外还可以用丙酮、苯、碱液作脱脂剂。最常用的脱脂剂为四氯化碳，其脱脂效率高，毒性及对金属的腐蚀性较小，适用范围广。

⑤ 脱脂剂应能很快地溶解油脂，使用的脱脂剂含油量应符合质量标准，必要时可通过化验测定，脱脂剂的使用规定见表 4-7。脱脂剂溶解油脂是有限度的，用后便已被污染，所以一般只能使用一次，需重复使用时应经过蒸馏处理。但对脱脂要求不高及脱脂后还需用蒸汽吹扫或酸洗的管道，可允许重复使用。重复使用的脱脂剂中油和有机物含量最大不得超过0.03%。极易挥发的脱脂剂，应储存在密封的玻璃瓶或铁桶内，放在阴凉、干燥、通风、无阳光直射并远离火源之处。

表 4-7　脱脂剂的使用规定

含油量/(mL/L)	使用规定
>500	不得使用
500~100	粗脱脂
<100	净脱脂

⑥ 四氯化碳、三氯乙烯和二氯乙烷均有毒，能侵害人体内脏与神经系统，所以脱脂工

作应在露天或有通风装置的小棚内进行，操作人员应站在上风侧。空气中毒物最高允许浓度不得超过 $50mg/m^3$。工作者应穿无油脂工作服、高筒防护鞋，戴无油脂围裙、橡胶手套及防毒面具。

⑦ 二氯乙烷和酒精是易燃且有爆炸危险的化学品，故在操作中不许吸烟、点火及气割、电焊等。四氯化碳虽不燃烧，但它在接触火焰或灼热物体时便分解而生成光气，对人体有毒，故在操作中同样不许吸烟，严禁任何火种。四氯化碳与灼热轻金属及其他化学物品（如钾、铝、镁、电石、乙烯、二硫化碳等）接触，能引起强烈分解，甚至发生爆炸，因此在储存和使用四氯化碳时，注意不要与上述物质接触。

⑧ 四氯化碳或二氯乙烷与水混合时，不但会使黑色金属腐蚀，还会使有色金属腐蚀，因此用它们进行脱脂时，管子、管件和阀件等在脱脂后均应当进行干燥处理。二氯乙烷和酒精本身能发生燃烧，如果脱脂物体上的溶剂未全部蒸发干燥时，遇压缩氧气时会引起燃烧爆炸，脱脂后也必须充分干燥。因此不得用氧气或空气强力通风吹除，必须吹除时可用氮气。投产时应分析系统内的二氯乙烷和酒精，其含量不能超过 0.2%（体积分数）。

⑨ 现场要建立脱脂专职区域，施工场地应保持清洁，安装冲洗水管和设置防火装置，保证通风良好。脱脂溶剂不要洒在地上，废溶剂应妥善收集和处理。加强管理与保卫，以免发生意外事故。

⑩ 经过脱脂后的管子、管件、阀件等一般还要用蒸汽吹洗，直至检验合格为止。在不宜用蒸汽吹洗或脱脂要求不高时，溶剂脱脂后可直接放在通风处进行自然通风，直到无溶剂气味为止。为加速消除残余溶剂，可用无油的氮气或空气加热到 $60\sim70℃$ 进行吹除。

⑪ 管子、管件、阀件等脱脂后需经检查鉴定，检验标准应根据被输送的介质在压力、温度不同的情况下接触油脂时的危险度而定。但一般情况下可按下列规定进行检查。

a.为输送或储存富氧空气或防止催化剂活性降低而进行脱脂的设备、管子和管件等，如按脱脂的方法和要求经过严格处理者，可不进行分析检验。这时可用清洁干燥的白色滤纸擦拭管道及其附件，纸上无油脂痕迹为合格。也可用紫外线灯照射，脱脂表面无紫蓝荧光为合格。

b.输送或储存氧气的设备、管子和管件等，可采用下述方法进行检验：用蒸汽吹洗脱脂件时，用一较小器皿取其蒸汽冷凝液，放入数颗粒度小于 1mm 的纯樟脑，以樟脑能不停地旋转为合格；另外，可将脱脂后的溶剂取少许分析，溶剂中油脂的含量少于 0.03% 为合格。

c.用有机溶剂及浓硝酸脱脂后的设备和管道，应取脱脂后的溶液进行分析，其油脂和有机物含量以不超过 0.03% 为合格。

d.设计规定有检验标准者，应按设计规定的标准检验。

⑫ 经过脱脂和检验合格的管道及附件应封闭，并加铅封。零件应用干净的布包好，严禁将已脱脂和未脱脂的零部件相混。脱脂后的设备、管道应保证在以后的施工工序中不再被污染，并填写管道系统脱脂记录。

⑬ 脱脂及安装所用的工具、量具、仪表等，必须按脱脂件的要求，预先进行脱脂。工作服、鞋、手套等劳保用品应干净无油。

（2）管子的脱脂方法　管子外表面如有泥垢，可先用干净水冲洗干净，并自然吹干，然后用干布浸溶剂揩擦除油，再放在露天中干燥。

管子内表面如有锈蚀及泥垢等，可先用圆形钢丝刷及布条绑扎在粗铁丝或细钢丝绳上，穿入管内来回拉刷（大口径管子也可用卷扬机来回拖刷），然后用蒸汽或水通入冲洗，再用压缩空气或排风机将管内吹干，即可进行脱脂。脱脂时，可将一端先用塞子堵死，向管内灌入该管容积 15%～20% 的脱脂溶剂（带弯的管子应适当增加脱脂溶剂）后把另一端也堵死，平放在平整干净的地方或置于有枕木的工作台上浸泡 1～1.5h，并每隔 15min 转动一次管子，逐次转到应浸泡的部位上（也可将管子浸入盛有脱脂溶剂的封闭长槽内脱脂），再将管内溶剂倒出，用排风机将管内吹干，或用不含油的压缩空气、氮气吹干，也可自然通风24h，总之必须充分干燥。脱脂处理后，应检查每根管子脱脂是否合格。检查方法可用脱脂的洁净纱布做成塞团拴在铁丝上，穿入管内拉擦，看是否还有油脂，必要时进行化验。经过脱脂处理的管子需用脱脂的旧布或塑料薄膜将两端封包，以防止内表面再污染。

已安装的管道需进行脱脂时，应拆卸成没有死端的管段，再进行脱脂。安装以后不能拆卸的管道必须在安装前进行脱脂，但必须保证安装过程中及安装以后不被污染。

浓硝酸装置的浓硝酸管道和设备，可在全部安装后，直接以 98% 的浓硝酸用泵打循环，进行酸洗（循环不到或不耐浓硝酸腐蚀的管子必须单独脱脂；阀门、垫片等管件在酸洗前也应单独脱脂）。酸洗前应编制酸洗方案；酸洗时，应按工艺流程分系统，先用水洗，再用酸循环 2～4h；分析合格后，再将酸导至另一系统。当酸内含油脂等有机物超过 0.03% 或酸的浓度低于 90% 时，应更换新酸，并将废酸排至地下槽。酸洗合格后，应及时投料生产，以免浓硝酸稀释后对铝制设备和管道造成腐蚀。

（3）管件、阀门及其他零部件的脱脂方法　阀门脱脂前，应研磨试压合格，然后拆成零件，置于封闭容器的溶剂内浸泡 1～1.5h（安全阀脱脂应重新调整定压），取出悬挂在通风处吹干。金属管件、金属垫片、螺栓、螺母等可用同样的方法进行脱脂。非金属垫片和填料可在溶剂中浸泡 15～20min，然后悬挂在通风处吹干，直至无溶剂气味为止。接触氧、浓硝酸等强氧化性介质的纯石棉填料，可在 300℃ 以下的温度中灼烧 2～3min，然后涂以设计要求的涂料（如石墨粉等）。

紫铜垫片等经过退火处理后，如未被油脂沾污，可不再进行脱脂。浓硝酸装置中所用的阀门、瓷环等，可用 98% 的浓硝酸洗涤或浸泡，然后用清水冲洗，再以蒸汽吹洗，直至蒸汽冷凝液不含酸为止。

脱脂后的管件、阀件及其他零部件等用白色滤纸擦拭表面，如纸上不出现油渍即为合格，必要时应进行化验。所有脱脂后的管件、阀件及其他零部件都应妥善保管，防止再被油脂污染。

4.4　精馏的开车、停车操作

4.4.1　开车条件

精馏装置具备以下条件时才能进行开车：

① 装置检修完毕，所属设备、管线、仪表等经检查符合质量要求；

② 法兰、垫片、螺帽、丝堵、人孔、温度计套管、热电偶套管等按要求全部上好把紧；

③ 做好装置开工方案、工艺卡片的会签审批工作；

④ 对装置全体人员进行装置改造和检修项目的详细交底，并组织全体人员学习讨论开工方案；

⑤ 装置安全设施灵活好用，卫生状况符合开工要求。

4.4.2　开车准备

无论是新建的精馏装置还是检修后重新开车的精馏装置，都要在进行以下准备工作后，才能进行投用生产。

（1）设备、仪表、电气、公用工程的检查　逐个检查所有的在线设备，依照技术规范、设备的标准要求核对设备及其零部件的安装情况，发现问题及时处理。安装质量的好坏对于生产过程的正常进行有很大的影响，尤其是初次运行的精馏塔，它的垂直度、塔板安装是否符合设计要求至关重要。浮阀塔的浮阀应该活动自如，不存在卡阻现象；溢流堰的高度、宽度要符合要求；舌形塔板的舌口的开度和倾斜度应该符合要求，清洁无损坏。紧固件安装的松紧应该适中，既不能过松也不能过紧，能起到期望的紧固作用。公用工程介质全部引入装置，仪表、电气检查调整完好，安全、消防设施配置齐全到位。

（2）压力试验　尽管设备在出厂时已经进行了耐压的强度试验，但是在安装定位后，在开车使用前还要进行压力试验，以检查它的气密性和机械强度。试压的介质既可以是气体也可以是液体，一般用水作为试验介质，称为水压试验。具体的试验压力数值前面已经述及，在此不再重复。具体的操作是关闭所有的放空口和排液阀，用盲板或阀门断开试压系统与其他系统的联系，打开高位放空口，向试压系统注水，当水从高位放空口流出时，关闭高位放空口，用压力试验泵将系统压力升到规定值。关闭试验泵及其出口阀，观察系统的压力变化是否达到规定要求。试压结束后，打开排液阀放水，同时打开放空阀通大气，以防止系统形成真空，损坏设备。

（3）吹扫　吹扫是为了设备和管路系统的清洁需要。通过吹扫可以使系统内的铁锈、焊渣等杂物被清除出来，以避免它们对系统造成堵塞，影响管路和仪表的正常使用。

（4）抽盲板　为了前述工作的需要，在系统中加装了一些盲板，在试运转开车时必须将它们逐一拆除，使全系统贯通。实际运作时，每块盲板都应该编号并登记在案，拆除时也应该照记录册逐一进行，以避免遗漏。

（5）水联运　水联运的目的是全面考核全系统的设备、机泵、自控仪表、联锁、管道、阀门和供电系统等的性能与质量，全面检查检修及施工安装是否符合设计与标准规范的要求，发现和暴露设备及工艺的缺陷和问题，打通流程。水联运完成后要注意排净积水，清理和拆除过滤网。

（6）干燥　精馏对水敏感的物质或低温操作的精馏塔系统还要进行干燥处理，以脱除水分，避免冻结，造成堵塞或腐蚀等问题。可以采用全回流脱水的方法，或是采用干燥气体、热气体吹扫的方法，也可以用吸水性溶剂在系统中循环吸水的方法进行干燥脱水。

（7）置换　采用精馏分离的物质多为有机物，它们与空气的混合物在一定范围内是爆炸性混合物，因此在开车进料前一定要排除精馏系统中的空气。一般采用稀有气体置换的方法来实现这一目的。出于经济考虑，多是用氮气去置换出系统中的空气，使系统的含氧量低于一定值即可。可以采用在线分析的方法确定氧含量，合格后就可以进料开车。

4.4.3　停车要点

（1）停车前的准备工作

① 编制好大修计划，制订好停车方案，准备好检修所需设备、材料和必要的工具、阀

门、扳手等。

② 联系有关单位落实停工时间，并了解各种产品退、进罐情况，扫线流程及安排。

③ 准备足够的至停工前所需的各种化工原材料。

④ 联系锅炉、仪表、计量、电气、产品等单位做好停工各项准备工作。

⑤ 清理好地沟，准备沙子和黄土（封地漏用）。

⑥ 全员练兵，进行考试，合格者方可进入岗位。

（2）装置正常停车步骤及注意事项　装置正常停车分为以下四大步骤。

① 处理量降量：要逐步降低原料的进料量、加热剂用量、冷却剂用量，同时采取有效措施以保证产品质量，直至完全停止进料。

② 降温，停侧线（如果有侧线出料的话）。

③ 排除塔内积存料液，注意观察塔底的液面位置，无液面时及时停泵，以防机泵抽空损坏。

④ 蒸塔、洗塔、充氮气保护（根据需要进行）。

4.5　常见精馏设备的操作与维护

4.5.1　塔设备的操作与维护

4.5.1.1　筛板塔的操作与维护

筛板塔结构简单，其内部结构主要是为数较多的筛板，筛板上钻有许多小孔，精馏操作时筛板上有一定高度的液层，气体由下而上通过筛孔进入液层鼓泡后逸出，达到洗涤、吸收、汽化、冷却的目的。此种塔器的操作、使用和维护工作，应该注意以下方面：

① 开塔时先用水冲洗干净，排放出塔内杂质、锈疤；

② 操作时要求气速平稳、压力波动小，否则液面波动，泡沫较多，影响气-液传质效果；

动画扫一扫
板式塔

③ 要控制液体的流速、流量，防止液流剧烈冲击筛板，使其过早损坏；

④ 定期检查和清理筛板，使筛板孔通畅，溢流液均匀；

⑤ 经常察看塔内各段气压大小或压力降情况，以判断气流是否走短路，导致塔的效率降低；

⑥ 定期检查筛板是否水平及其腐蚀情况、溢流挡板是否完整；

⑦ 保持塔体整洁，油漆、保温层完好。

4.5.1.2　泡罩塔的操作与维护

泡罩塔的结构较为复杂，塔内装有若干层塔板，塔板上有一个或数个泡罩，气体由塔板的升气筒上升后，沿泡罩边缘进入液层，随后鼓泡逸出，液体由上层溢流管流到塔板上面形成液层，其高度由溢流堰决定，泡罩浸入液面的深度一般为 50～70mm，气体由下而上、液体由上而下形成很好的接触。此种塔器的使用与维护的主要内容是：

① 开塔时，要对塔的上下进行全面检查，查看所有孔盖是否上好，阀门的开关位置是否正常，仪表是否齐全完好；

② 经常注意进塔气体和液体的压力变化，做到及时调节；

③ 开、停温差较大的塔时，应先打开排气阀，通入少量热气或热液进行温塔，不可骤然升温，以防产生裂纹；

④ 定期清理塔内结疤，清除干净，不留死角，以防早期堵塔；

⑤ 经常检查塔体孔盖、法兰接口有无渗漏现象，发现后及时处理；

⑥ 定期测量壁厚和基础下沉情况；

⑦ 经常检查塔体有无较大振动，发现后应该立即查明原因并设法解决；

⑧ 保持塔体清洁，油漆、保温层完好，无破损。

4.5.1.3   填料塔的操作与维护

填料塔是由塔体、喷淋装置、填料、算板、再分布器以及气、液进出口等组成的。如果要使这些零部件发挥较大效能和延长使用寿命，应做到以下几点：

① 定期检查、清理，更换莲蓬头或溢流管，保持不堵塞、不破损、不偏斜，使喷淋装置能把液体均匀分布到填料上；

② 进塔原料气体的压力和流速不能过大，否则会将填料吹紊乱或带走，严重降低气、液两相接触效率；

③ 控制进气温度，防止塑料填料软化或变质，增加气流阻力；

④ 进塔液体不能含有杂物，太脏应过滤，避免杂物堵塞填料缝隙；

⑤ 定期检查、防腐、清理塔壁，防止腐蚀、冲刷、挂疤等缺陷；

⑥ 定期检查栅板腐蚀程度，如果腐蚀后变薄则应更新，防止塌落；

⑦ 定期测量塔壁厚度，并观察塔体有无渗漏，发现后及时修补；

⑧ 经常检查液面，不要淹没气体进口，防止引起振动和异常响声；

⑨ 经常观察基础下沉情况，注意塔体有无倾斜；

⑩ 保持塔体油漆完整，外观无挂疤，清洁卫生；

⑪ 定期打开排污阀门，排放塔底积存脏物和碎填料；

⑫ 冬季停用时，应将液体放尽，防止冻结。

4.5.1.4   浮阀塔的操作与维护

浮阀塔综合了泡罩塔和筛板塔的优点，用浮阀代替了升气管和泡罩；为避免堵塞，塔板上所开孔径较大（标准孔径为 39mm），并在每个开孔处装有一个可以上下浮动的阀片，称为浮阀。如图 4-3 所示。

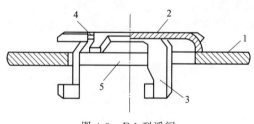

图 4-3   F-1 型浮阀
1—塔板；2—阀片；3—钩脚；4—凸部；5—阀孔

浮阀可以根据气体的流量自行调节开度。当气体量较小时，浮阀开度小，气速仍足够大，避免了过多的漏液；当气体负荷增大时，浮阀开度增大，通过环隙的气速也不会太高，使阻力不致增加太多。这种塔保持了泡罩塔操作弹性大的优点，而压降、效率大致和筛板塔相当，又具有生产能力大的优点。所以，自浮阀塔问世以来得到了广泛的采用。浮阀塔的缺点是在长期使用后，由于浮阀的频繁活动而易脱落或被卡住，使操作失常。为了保证浮阀上下浮动灵活，阀片和塔板多用不锈钢材料制成，其制造费用较高，且不宜进行易结焦物系的分离。

4.5.2　换热器的操作使用与维护

换热器是化工压力容器，因此要求操作人员掌握其结构原理、用途和性能，并具备安全操作知识，才能使装置安全运行，发挥较大的效能。换热器有多种结构形式，在此介绍列管式换热器和板式换热器的使用与维护。

4.5.2.1　列管式换热器的操作使用与维护

（1）正确使用

① 投用前应检查压力表、温度计、安全阀、液位计以及有关阀门是否齐全好用。

② 输进蒸汽之前先打开冷凝水排放阀门，排除积水和污垢；打开放空阀，排除空气和不凝性气体。

③ 换热器投用时，先打开冷态工作液体阀门和放空阀，向其注液，当液面达到规定位置时，缓慢或分数次开启蒸汽或热态其他液体阀门，做到先预热后加热，防止骤冷、骤热而有损换热器的使用寿命。

④ 经常检查冷热两种工作介质的进出口温度、压力变化，如发现温度、压力有变化，要立即查明原因，消除故障。

⑤ 定时分析介质成分变化，以确定有无漏管，以便及时堵管或换管。

⑥ 定时检查换热器有无渗漏，外壳有无变形以及换热器有无振动现象，若有应及时排除。

⑦ 定时排放不凝性气体和冷凝液，根据换热效率下降情况应及时刷洗掉结疤，以提高传热效率。

（2）维护保养

① 保持主体设备外部整洁，保温层和油漆完好。

② 保持压力表、温度计、安全阀和液位计等附件齐全、灵敏、准确。

③ 发现法兰口和阀门有渗漏时，应抓紧消除。

④ 开、停换热器时，不应将蒸汽阀门和被加热介质阀门开得太猛，否则容易造成外壳与列管伸缩不一，产生热应力，使局部焊缝开裂或管子胀口松弛。

⑤ 尽可能减少换热器开停次数，停止使用时应将内部水和液体放尽，防止冻裂和腐蚀。

⑥ 两年一次，定期测量换热器的壁厚。

（3）故障处理　列管式换热器的常见故障及其处理方法见表 4-8。

表 4-8　列管式换热器的常见故障及处理方法

故障名称	产生原因	处理方法
传热效率下降	① 列管结疤和堵塞； ② 壳体与不凝气或冷凝液增多； ③ 管路或阀门有堵塞	① 清洗管子； ② 排放不凝气或冷凝液； ③ 检查清理
发生振动	① 壳程介质流速太快； ② 管路振动所引起； ③ 管束与折流板结构不合理； ④ 机座刚度较小	① 调节进汽量； ② 加固管路； ③ 改进设计； ④ 适当加固

续表

故障名称	产生原因	处理方法
管板与壳体连接处产生裂纹	① 焊接质量差； ② 外壳歪斜，连接管线拉力或推力较大； ③ 腐蚀严重，外壳壁厚减薄	① 清除补焊； ② 重新调整找正； ③ 鉴定后修补
管束和胀扣渗漏	① 管子被折流板磨损； ② 壳体和管束温差过大； ③ 管口腐蚀或胀接质量差	① 用管堵堵死或换管； ② 补胀或焊接； ③ 换新管或补胀

4.5.2.2 板式换热器的操作使用与维护

板式换热器是新型的换热设备，由于其结构紧凑、传热效率高，所以在化工、食品和石油等行业中得到广泛使用，但其材质为钛材和不锈钢，致使价格昂贵，因此要正确使用和精心维护，否则既不经济，又不能发挥其优越性。

（1）正确使用

① 进入该换热器的冷、热流体如果含有大颗粒泥沙（1～2mm）和纤维质，一定要提前过滤，防止堵塞狭小的间隙。

② 用海水作冷却介质时，要向海水中通入少量的氯气，加入量为 $(0.15～0.7)×10^{-6}$，以防微生物滋长，堵塞间隙。

③ 当传热效率下降 20%～30% 时，要清理结疤和堵塞物。清理方法是用竹板铲刮或用高压水冲洗，冲洗时波纹板片应垫平，以防变形，严禁使用钢刷刷洗。

④ 拆卸和组装波纹板片时，不要将胶垫弄伤或掉出，发现有脱落部分，应用胶质粘好。

⑤ 使用换热器，防止骤冷骤热，使用压力不可超过铭牌规定。

⑥ 使用中发现垫口渗漏时，应及时冲洗结疤，拧紧螺栓，如无效果，应解体组装。

⑦ 经常查看压力表和温度计数值，掌握运行状况。

（2）维护保养

① 保持设备整洁，油漆完整。紧固螺栓的螺纹部分应涂防锈油并加外罩，防止生锈和沾染灰尘。

② 保持压力表和温度计清晰，阀门和法兰无泄漏。

③ 定期清理和切换过滤器，预防换热器堵塞。

④ 注意基础有无不均匀下沉现象和地脚螺栓有无腐蚀。

⑤ 拆装板式换热器，螺栓的拆卸和拧紧应对面进行，松紧适宜。

（3）故障处理 板式换热器的常见故障及其处理方法见表 4-9。

表 4-9 板式换热器的常见故障及其处理方法

故障名称	产生原因	处理方法
密封垫处滑	① 胶垫未放正或扭曲歪斜； ② 螺栓紧固力不均匀或紧固力小； ③ 胶垫老化或有损伤	① 重新组装； ② 紧固螺栓； ③ 更换新垫
内部介质渗出	① 波纹板有裂纹； ② 进出口胶垫不严密； ③ 侧面压板腐蚀	① 检查更新； ② 检查修理； ③ 补焊、加工
传热效率下降	① 波纹板结疤严重； ② 过滤器或管路堵塞	① 解体清理； ② 清理

4.5.2.3　加热器的操作与维护

加热器操作时应该先通入冷流体，再进热流体，以防由于温差过大而形成的应力损坏设备。在冷热介质走管程还是走壳程的问题方面有以下意见可以参考：

① 高温、高压、有毒性和腐蚀性的介质，易结垢的介质宜走管程；

② 黏度高、流量小的流体宜走壳程；

③ 传热膜系数小的介质宜走壳程，以便采用管外强化传热设施，如螺纹管或翅片管。

4.5.2.4　冷却器的操作与维护

冷却器操作时应该先进冷却水，再进热流体。否则热流体先进入设备会造成设备部件的热胀，后进的冷却水会使设备部件急剧收缩，这种差应力可以促使静密封点产生泄漏。但是在停车时，则与此相反，应该先停热流体，再停冷却水。对于冷却器的冷却水量，既可以用进口阀控制，也可以用出口阀控制。两种方法各有利弊。冷却器的冷却水量，用进口阀控制可以节省冷却水，但是进口水量的限制会引起冷却器内水流短路或流速过慢，造成上热下凉。用出口阀控制冷却水量，可以保证流速和换热效果。一般都倾向于使用出口阀控制冷却水量。

4.6　气-液相平衡关系

在精馏设备中，气液两相共存，掌握气液两相平衡组成之间的关系是分析精馏原理、解决精馏计算的基础。如前所述，在乙醇和水形成气-液平衡时，两相中的量和组成到底是多少？要解决这个问题，首先要知道表示混合物组成的方法，常见的有质量分数、体积分数、摩尔分数、压力分数等。

4.6.1　相组成的表示方法

4.6.1.1　摩尔分数

习惯上，当用摩尔分数表示气相组成时，用符号 y 表示；当用摩尔分数表示液相组成时，用符号 x 表示。此处以液相混合物的组成来说明。

混合物中某组分的物质的量与混合物总的物质的量的比值，称为该组分的摩尔分数。用符号 x_i 表示。

若混合物中只有 A 和 B 两个组分，它们的物质的量分别为 n_A 和 n_B，混合物总的物质的量为 n，则 A、B 两组分的摩尔分数分别为

$$x_A = \frac{n_A}{n}$$

$$x_B = \frac{n_B}{n}$$

混合物总的物质的量为 A、B 两组分物质的量之和，即 $n = n_A + n_B$，则有

$$x_A + x_B = 1$$

若混合物中含有 A、B、…、N 组分，它们的摩尔分数分别为 x_A、x_B、…、x_N，则有

$$x_A + x_B + \cdots + x_N = 1 \tag{4-2}$$

式(4-2)说明混合物中任一组分的摩尔分数均小于 1，各组分摩尔分数之和等于 1。

4.6.1.2　质量分数

混合物中某组分的质量与混合物总的质量之比称为该组分的质量分数，用符号 w 表示。若混合物中只有两个组分 A 和 B，它们的质量分别为 m_A 和 m_B，混合物总的质量为 m，则各组分的质量分数为

$$w_A = \frac{m_A}{m}$$

$$w_B = \frac{m_B}{m}$$

而混合物的质量 $m = m_A + m_B$，则有

$$w_A + w_B = 1$$

若混合物中含有 A、B、…、N 组分，则各组分质量分数之间的关系为

$$w_A + w_B + \cdots + w_N = 1 \tag{4-3}$$

式(4-3)说明混合物中任一组分的质量分数均小于 1，且各组分质量分数之和等于 1。质量分数乘以 100% 为质量百分数。

4.6.1.3　质量分数和摩尔分数之间的相互关系

在工程计算中常会遇到质量分数与摩尔分数之间的换算问题。

（1）质量分数——摩尔分数　混合物中各组分的质量分数已知，求组分 A 的摩尔分数，依据下式：

$$x_A = \frac{w_A/M_A}{w_A/M_A + w_B/M_B} \tag{4-4}$$

式中，M_A、M_B 分别为组分 A、B 的摩尔质量。

（2）摩尔分数→质量分数　混合物中各组分的摩尔分数已知，求组分 A 的质量分数，依据下式：

$$w_A = \frac{x_A M_A}{x_A M_A + x_B M_B} \tag{4-5}$$

对只含有两个组分的混合物，由摩尔分数换算为质量分数的关系式为式(4-5)，它的分母称为混合物的平均摩尔质量，即

$$M_m = x_A M_A + x_B M_B$$

若混合物中含有 A、B、…、N 组分，则混合物的平均摩尔质量 M_m 为

$$M_m = x_A M_A + x_B M_B + \cdots + x_N M_N \tag{4-6}$$

4.6.1.4　气体混合物的组成

气体混合物的组成可用质量分数和摩尔分数表示，还可用压力分数和体积分数表示。

（1）压力分数

$$y_{p_A} = \frac{p_A}{p} = \frac{n_A}{n} = y_A$$

$$y_{p_B} = \frac{p_B}{p} = \frac{n_B}{n} = y_B$$

（2）体积分数

$$y_{V_A} = \frac{V_A}{V} = \frac{n_A}{n} = y_A$$

$$y_{V_B} = \frac{V_B}{V} = \frac{n_B}{n} = y_B$$

对理想气体来说，摩尔分数＝体积分数＝压力分数。

4.6.2　理想溶液的气-液相平衡关系

4.6.2.1　双组分理想溶液的气-液相平衡关系

当气、液两相互相接触，互相扩散，达到平衡时，气、液两相间的浓度关系称为气-液相平衡关系。气-液相平衡关系表示的是传质过程的极限，是分析蒸馏原理和解决蒸馏计算问题的基础。本节主要讨论理想物系（即液相是理想溶液，气相是理想气体）的气-液相平衡关系。

在一定温度下纯液体具有一定的饱和蒸气压，不同的液体在相同温度下蒸气压的数值不同，都随温度的升高而升高。习惯上，将混合液中挥发性高的组分称为易挥发组分或轻组分，以 A 表示；把混合液中挥发性低的组分称为难挥发组分或重组分，以 B 表示。液体混合物也具有蒸气压。若液体混合物由 A、B 两种互溶液体组成，A 的存在影响了 B 的蒸气压，使之下降；同时 B 的存在也降低了 A 的蒸气压。液面上方的总蒸气压等于 A、B 蒸气分压之和。

若构成溶液的各组分中，不同组分的分子之间的相互作用力和相同组分的分子之间的相互作用力是完全相等的，即 $F_{AA} = F_{BB} = F_{AB}$，这样的溶液称为理想溶液。真正的理想溶液是不存在的，但实践证明，由性质非常相似的物质所组成的溶液，如苯和甲苯、甲醇和乙醇，以及烃类同系物所组成的溶液，可视为理想溶液。当真实溶液的浓度无限稀时，也接近于理想溶液。

理想溶液应符合下列条件：

① 各组分可以按任意比例互溶；

② 形成溶液时无热效应；

③ 溶液体积是各组分单独存在时体积的总和；

④ 在任何组成范围内，各组分的蒸气压与其在液相中的组成的关系都符合拉乌尔定律。

根据拉乌尔定律，在一定温度下，溶液上方的蒸气中任一组分的分压等于此纯组分在该温度下的饱和蒸气压乘以该组分在液相中的摩尔分数。

$$p_A = p_A^0 x_A \tag{4-7}$$

$$p_B = p_B^0 x_B = p_B^0 (1 - x_A) \tag{4-8}$$

式中　p_A，p_B——溶液上方 A、B 组分的平衡分压，Pa；

p_A^0，p_B^0——同温度下纯组分 A、B 的饱和蒸气压，Pa；

x_A，x_B——溶液中组分 A、B 的摩尔分数。

根据道尔顿分压定律，溶液上方蒸气压 p 为

$$p = p_A + p_B = p_A^0 x_A + p_B^0 (1 - x_A) \tag{4-9}$$

$$或 \qquad p=(p_A^0-p_B^0)x_A+p_B^0$$

$$x=\frac{p-p_B^0}{p_A^0-p_B^0} \tag{4-10}$$

式(4-10) 称为泡点方程表示平衡物系的温度和液相组成的关系。在一定压力下，液体混合物开始沸腾产生第一个气泡的温度，称为泡点温度（简称泡点）。

溶液上方蒸气的组成为

$$y_A=\frac{p_A}{p}=\frac{p_A^0 x_A}{p}=\frac{p_A^0 x_A}{p_A^0 x_A+p_B^0(1-x_A)} \tag{4-11}$$

$$y_B=\frac{p_B}{p}=\frac{p_B^0 x_B}{p}=\frac{p_B^0 x_B}{p_A^0 x_A+p_B^0(1-x_A)} \tag{4-12}$$

式中　p——气相总压，Pa；

y_A，y_B——分别为组分 A、B 在气相中的摩尔分数。

式(4-11) 称为露点方程表示平衡物系的温度和气相组成的关系。在一定压力下，混合蒸气冷凝，开始出现第一个液滴的温度，称为露点温度（简称露点）。

式(4-10)、式(4-11) 是用饱和蒸气压表示双组分理想溶液的气-液相平衡关系。如果已知纯组分的饱和蒸气压，即可依这两式求出各温度下相应的 x、y 值。

【例 4-1】　在 107kPa 的压力下，苯和甲苯的混合液在 96℃下沸腾，求在该温度下的气、液相平衡组成。（已知在 96℃时，$p_A^0=161$kPa，$p_B^0=65.5$kPa）

解：

平衡时苯的液相组成：

$$x_苯=\frac{p-p_{甲苯}^0}{p_苯^0-p_{甲苯}^0}=\frac{107-65.5}{161-65.5}=0.435$$

平衡时苯的气相组成：

$$y_苯=\frac{p_苯}{p}=\frac{p_苯^0\ x_苯}{p}=\frac{161\times0.435}{107}=0.655$$

平衡时甲苯在液相和气相中的组成分别为：

$$x_{甲苯}=1-x_苯=1-0.435=0.565$$
$$y_{甲苯}=1-y_苯=1-0.655=0.345$$

4.6.2.2　双组分溶液气-液相平衡图

用相图表示的气-液相平衡关系清晰直观。在双组分蒸馏中应用相图计算非常方便，影响蒸馏过程的因素可在相图上直接反映出来。常用的相图为恒压下的沸点-组成图和气-液组成图。

（1）沸点-组成图（t-x-y 图）　蒸馏操作通常在一定压力下进行，所以混合液在恒压下的沸点和组成的关系更有实用价值，它们的关系用图表示，由实验测定。在一定压力下，混合液是理想溶液时，由拉乌尔定律可得 t-x-y 图。已知各温度下纯组分的饱和蒸气压，可以根据式(4-10)、式(4-11) 逐点求出相应的 x 和 y 值，即得 t-x-y 图。

【例 4-2】　苯和甲苯纯组分的饱和蒸气压见表 4-10，试作出苯-甲苯混合液在常压下的 t-x-y 图。苯和甲苯混合溶液可视为理想溶液。

表 4-10　苯-甲苯气-液相平衡数据

温度		饱和蒸气压/kPa		苯在 101.3kPa 下的摩尔分数	
/K	/℃	苯 p_A^0	甲苯 p_B^0	x_A	y_A
353.2	80.2	101.3	40.0	1.000	1.000
357.0	84.0	113.6	44.4	0.83	0.930
361.0	88.2	127.7	50.6	0.639	0.820
365.0	92.0	143.7	57.6	0.508	0.720
369.0	96.0	160.7	65.7	0.376	0.596
373.0	100	179.4	74.6	0.255	0.452
377.0	104	199.4	83.3	0.155	0.304
381.0	108	221.2	93.9	0.058	0.128
383.4	110.4	233.0	101.3	0.000	0.000

解：以温度 92.0℃时为例，计算如下：

$$x_A = \frac{p - p_B^0}{p_A^0 - p_B^0} = \frac{101.3 - 57.6}{143.7 - 57.6} = 0.508$$

$$y_A = \frac{p_A}{p} = \frac{p_A^0 x_A}{p} = \frac{143.7 \times 0.508}{101.3} = 0.721$$

在苯和甲苯沸点范围内所求得的数值，列于表 4-10 中。将对应的 $t-x_A$、$t-y_B$ 值一一标绘在以 x_A、y_A 为横坐标，t 为纵坐标的直角坐标图上，即得 $t-x-y$ 相图，如图 4-4 所示。图中有两条曲线，下方曲线表示混合液的沸点 t（泡点）和组成 x_A 之间的关系，称为液相线、沸点线或泡点线；上方曲线表示饱和蒸气的冷凝温度 t（露点）和组成 y_A 之间的关系，称为气相线、冷凝线或露点线。液相线以下的部分是液相区（过冷液相区），在此区域内的任意一点都表示由苯和甲苯组成的溶液，温度变化时，组成不变；液相线代表饱和液体；气相线以上的部分是气相区（过热蒸气区），在此区域内的任意一点都表示由苯和甲苯组成的气体混合物，温度变化时，组成不变；气相线代表饱和蒸气；液相线和气相线之间的区域为气、液混合区，在此区域内的任意一点都表示气、液相互成平衡，平衡组成由等温线与气相线和液相线的交点来决定。

若将组成为 x_1、温度为 t_1 的混合液（图 4-4 中点 A）加热升温至泡点温度 t_2（点 B），开始出现气相，成为两相物系，继续升温至 t_3（点 C），即两相区，两相温度相同，气、液两相组成分别为点 F 和点 E 所示，气相组成（苯的摩尔分数，下同）比平衡的液相组成及原料组成都高，两相的量可根据杠杆规则确定，即

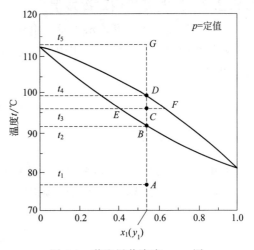

图 4-4　苯和甲苯溶液 $t-x-y$ 图

$$\frac{液相量}{气相量} = \frac{CF \ 线段长度}{EC \ 线段长度}$$

继续升温至露点 t_4（点 D），全部液相完全汽化，气相组成与原料液组成相同；再加热至点 G，气相成为过热蒸气。若将过热蒸气降温，则经历与升温时相反的过程。在上述过程中，只有在两相区的部分汽化和部分冷凝对精馏操作才有实际意义。

应当指出，当上述溶液加热到 t_2（点 B）开始沸腾产生蒸气时，由于较多的低沸点组分转移到气相中，液相中低沸点组分的浓度开始降低，而高沸点组分的浓度增高，溶液的沸点也随着升高。当溶液的沸点升高到 t_4（点 D）时，即全部变成蒸气。因此溶液有一个初沸点（泡点或初馏点）和一个终沸点（露点或终馏点）。混合液的沸点由一个温度范围（初馏点到终馏点）来表示，这个温度范围称为混合液的馏程。显然，泡点和露点的高低与压力和混合液的组成有关。t-x-y 图是在总压一定的条件下作出的。因此，总压（操作压力）改变时，气-液相平衡关系也随之改变。

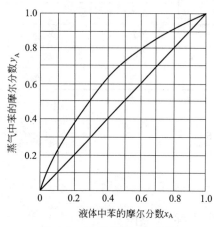

图 4-5 苯-甲苯的 y-x 相图

（2）气-液相平衡图（y-x 相图） 将上述 x 和 y 的关系标绘在直角坐标图上，并连接成光滑的曲线，即 y-x 相图。这是蒸馏计算中常用的图。y-x 相图表示在一定的总压下，蒸气的组成 y_A 和与之平衡的液相 x_A 之间的关系。图 4-5 是苯和甲苯混合液的 y-x 相图。图中的曲线称为相平衡曲线或 y-x 曲线，与对角线（参考线）$y=x$ 相交于点（0，0）和点（1，1）。

从 y-x 相图可以看出，平衡线距离对角线越远，则表明气、液相平衡浓度相差越大。一定浓度的混合液在汽化时得到的蒸气浓度越高，对蒸馏越有利。在一般情况下，总压的改变对 y-x 曲线的影响很小。

4.6.2.3 挥发度和相对挥发度

（1）挥发度 挥发度表示物质（组分）挥发的难易程度。组分互溶的混合液中，某组分在平衡气相中的分压与其在液相中的摩尔分数之比，称为该组分的挥发度，用符号 v 来表示，单位为 Pa。

$$v_A = \frac{p_A}{x_A}$$

$$v_B = \frac{p_B}{x_B} \tag{4-13}$$

式中，v_A、v_B 分别为组分 A、B 的挥发度，Pa。

若组分 A 和 B 形成理想溶液，则有

$$v_A = \frac{p_A}{x_A} = \frac{p_A^* x_A}{x_A} = p_A^*$$

$$v_B = \frac{p_B}{x_B} = \frac{p_B^* x_B}{x_B} = p_B^* \tag{4-14}$$

对纯液体，挥发度是

$$v_A = p_A = p_A^*$$

$$v_B = p_B = p_B^* \tag{4-15}$$

（2）相对挥发度　由挥发度的定义可知，混合液中各组分的挥发度是随温度而变的，因此在蒸馏计算中使用不方便，故引出相对挥发度。

混合液中两组分的挥发度之比，称为相对挥发度，用 α 表示。对于双组分溶液，组分 A 对组分 B 的相对挥发度为

$$\alpha_{AB} = \frac{v_A}{v_B} = \frac{\dfrac{p_A}{x_A}}{\dfrac{p_B}{x_B}} = \frac{p_A}{p_B} \times \frac{x_B}{x_A} \tag{4-16}$$

若操作压力不高，气相遵循分压定律，则

$$\alpha_{AB} = \frac{v_A}{v_B} = \frac{y_A}{y_B} \times \frac{x_B}{x_A} \tag{4-17}$$

相对挥发度的数值由实验测定。对于理想溶液，则有

$$\alpha_{AB} = \frac{v_A}{v_B} = \frac{p_A^*}{p_B^*} \tag{4-18}$$

即理想溶液的相对挥发度等于两纯组分的饱和蒸气压之比。

用相对挥发度表示的相平衡关系将式（4-17）改写为

$$\frac{y_A}{y_B} = \alpha_{AB} \times \frac{x_A}{x_B}$$

$$\frac{y_A}{1-y_A} = \alpha_{AB} \times \frac{x_A}{1-x_A}$$

$$y_A = \frac{\alpha_{AB} x_A}{1+(\alpha_{AB}-1)x_A} \tag{4-19}$$

当已知挥发度 α_{AB} 时，利用该式可以求得气-液平衡数据 y_A 和 x_A，将各对（$y_A - x_A$）值标绘在直角坐标上就得到 $y\text{-}x$ 相图。

显然，由 α 值的大小，可判断溶液经蒸馏分离的难易程度，以及是否可能分离。α 值越大，分离越容易；若 $\alpha = 1$，则 $y_A = x_A$，不能用一般的方法分离，恒沸溶液就属于这种情况。

α 值随温度变化。对于理想溶液，α 值随温度变化很小，可取为定值或用塔顶温度和塔底温度的相对挥发度的几何平均值。这种情况下，利用式（4-19）计算 x、y，绘制 $y\text{-}x$ 相图是很方便的。

$$\alpha_{AB} = \sqrt{\alpha_{顶} \, \alpha_{底}} \tag{4-20}$$

式中　$\alpha_{顶}$——塔顶温度的相对挥发度；

　　　$\alpha_{底}$——塔底温度的相对挥发度。

4.7　蒸馏和精馏

4.7.1　简单蒸馏的原理

简单蒸馏装置如图 4-6 所示。将液体均相混合液加入蒸馏釜中，加热到沸点，使混合液

部分汽化，将生成的蒸气不断地送入冷凝器冷凝成为液体并移去，使混合液得到部分分离的方法称为简单蒸馏或微分蒸馏。操作时，用蒸气将蒸馏釜中的原料液进行间接加热，使溶液达到沸腾，将所产生的蒸气引入冷凝器冷凝，冷凝后的馏出液按沸点范围的不同分别送入不同的产品储槽内。在蒸馏过程中蒸气中的轻组分不断地被移出，蒸馏釜中的液相易挥发组分的含量越来越低，溶液沸点逐渐升高，使馏出液中易挥发组分的浓度不断地降低，需要分罐储存不同沸点范围的馏出液。当蒸馏釜中液体浓度降低到一定浓度时，蒸馏操作结束，将蒸馏釜中残液排出，重新加入混合液，开始下一次操作。由此可见，简单蒸馏是间歇操作过程，在过程中蒸馏釜内的液相组成 x 和移出的气相组成 y 在不断地降低。它的变化情况可用 t-x-y 图说明。由图 4-7 可见：组成为 x_1 的原料液被加热到泡点开始汽化，产生了与之平衡的蒸气组成 y_1，由 t-x-y 图可得 y_1 高于 x_1，但是数量甚微，没有实际分离价值。将其温度升高到两相区内，随着温度的升高蒸馏在不断进行，气相组成沿气相线由 y_2 降至 y_w，釜内液相组成沿液相线由 x_2 降至规定的 x_w 为止。移出的蒸气和釜液的组成都随时间而变化。

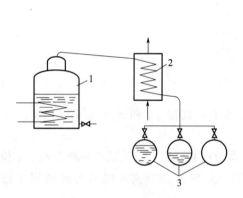

图 4-6　简单蒸馏装置

1—蒸馏釜；2—冷凝器；3—馏出液储槽

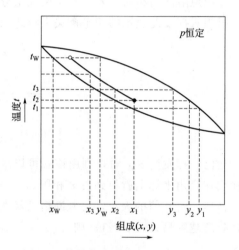

图 4-7　简单蒸馏过程在 t-x-y 上图示

简单蒸馏主要用于以下几个方面：

① 分离相对挥发度相差很大的溶液；

② 分离要求不高的小批量生产；

③ 大宗混合物溶液的粗分离；

④ 精馏前的预处理。

在蒸馏釜顶部加装一个分凝器可使简单蒸馏达到更好的分离效果，如图 4-8 所示。进行简单蒸馏操作时，蒸馏釜中的混合液经过部分汽化所产生的蒸气再送到分凝器中进行部分冷凝，相当于增加了一次部分冷凝，使从分凝器中出来的蒸气中易挥发组分的含量得到进一步提高，所获得的馏出液中易挥发组分的含量较没有经过分凝器时高了许多。

可见，简单蒸馏是间歇操作，它主要用于分离混合液中各组分沸点相差较大、分离要求不高的均相液体混合液的粗略分离。

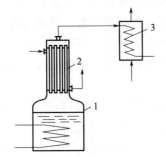

简单蒸馏装置

图 4-8　具有分凝器的简单蒸馏装置
1—蒸馏釜；2—分凝器；3—冷凝器

4.7.2　精馏的理论基础

一次简单蒸馏不能得到较纯组分，一个混合溶液经过多次部分汽化和多次部分冷凝后，只要不是恒沸组成，就可分离成较纯的组分。假设经过多次简单蒸馏可将均相混合液分离，但是这种操作存在以下问题：

① 热能的利用率不高，消耗大量的蒸气和冷却水；

② 操作不稳定；

③ 不能得到较纯的难挥发组分；

④ 原料的利用率不高。

为了克服以上问题，同时得到较纯的轻组分和较纯的重组分，就必须采用精馏的方法。

4.7.2.1　精馏的原理

精馏塔如图 4-9 所示：塔板上有一层液体，气流经塔板被分散于其中成为气泡，气液两相在塔板上接触，液相吸收了气相带入的热量，使液相中的易挥发组分汽化，由液相转移到气相；同时，气相放出了热量，使气相中的难挥发组分冷凝，由气相转移到液相。部分汽化和部分冷凝的同时进行，使汽化、冷凝潜热相互补偿。精馏就是多次而且同时进行部分汽化和部分冷凝，使混合液得到分离的过程。

4.7.2.2　精馏装置中各部分的作用

工业上用于精馏操作的装置称为精馏塔。塔内装有多层塔板或填料，塔顶设有冷凝器，塔底装有再沸器，塔中部适当位置设有加料口。

塔板是从塔顶逐板下降的回流液体与从塔底逐板上升的蒸气接触的场所，在每一塔板上同时进行着传质和传热，同时进行部分汽化和部分冷凝。在精馏塔内自下而上的蒸气，每经过一块塔板就与板上的液层接触一次，就部分冷凝一次。蒸气每经过一次部分冷凝，其中易挥发组分的含量就增大一次，由塔底至塔顶，每块塔板上升的蒸气中

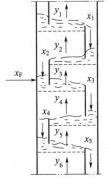

图 4-9　精馏塔示意图
（部分塔体）

易挥发组分的含量逐板增大。从塔顶经每块塔板下降的回流液与上升的蒸气接触，每经过一块塔板就部分汽化一次。混合液每经过一次部分汽化，其中易挥发组分的含量就减小一次，由塔顶往下至塔釜，每块塔板回流的液体中易挥发组分的含量逐板减小。所以，全塔各板中

易挥发组分在气相中的浓度自下而上逐渐增加，而其在液相中的浓度自上而下逐渐减小；温度自下而上逐板降低，塔顶温度最低，塔釜温度最高。在塔板数足够的情况下，气相中的易挥发组分经过自下而上足够多次数的增浓，从塔顶得到的蒸气经冷凝后得到接近纯的易挥发组分；液相中的难挥发组分经过自上而下足够多次数的增浓，从塔底得到的液相得到接近纯的难挥发组分。

在精馏塔中，通常把加料板以上的部分称为精馏段，而加料板以下的部分（包括加料板）称为提馏段。精馏段的作用是自下而上逐板浓缩气相中的易挥发组分，即浓缩轻组分，使塔顶产品中易挥发组分的浓度达到最高。浓缩轻组分的同时从气相中提取重组分，使馏出液带走的重组分数量减少，又提高了重组分的收率。提馏段的作用是自上而下浓缩液相中的难挥发组分，即浓缩重组分，使塔釜产品中重组分的浓度得以提高。浓缩重组分的同时从液相中提取轻组分，使随釜液带走的轻组分数量减少，提高轻组分的收率。总之，精馏段提高的是易挥发组分的浓度和难挥发组分的收率；提馏段提高的是难挥发组分的浓度和易挥发组分的收率。

在连续精馏稳定操作中，为了保证产品产量和质量的稳定，必须在精馏塔各板上建立起稳定的从下到上逐板增浓的液相和气相。从精馏塔塔顶引出的蒸气冷凝后，一部分馏出液作塔顶产品，其余部分流回到塔顶第一块板上，称为回流。回流的作用是补充塔板上的轻组分，使塔板上的液相组成保持稳定，同时回流液又是蒸气部分冷凝的冷凝剂。在精馏塔底设置一个蒸馏釜或在塔外设置再沸器，用间接加热装置加热釜中的液体和从最后一块塔板回流下来的液体，使之沸腾汽化，向最下面一块塔板不间断地提供蒸气，逐板上升的蒸气作为各块塔板上液相部分汽化的加热蒸气。因此，回流是精馏操作连续稳定进行的必要条件。

4.7.2.3　精馏过程

工业生产中常用的精馏过程可以分为两类：间歇精馏过程和连续精馏过程。间歇精馏过程适合于批量小、浓度经常变动或需分批进行精馏的场合。连续精馏过程在工业上应用比较普遍，适用于大规模连续化的生产过程。

连续精馏流程

（1）连续精馏过程　连续精馏过程如图 4-10 所示。原料液预热后，经加料板将原料液稳定地送入精馏塔内进行精馏。塔底残液流入残液储槽。自塔顶出来的蒸气，送入塔顶冷凝器中冷凝，从冷凝器中流出的冷凝液一部分作回流液，流入塔顶第一块塔板上，其余的冷凝液送入冷却器中冷却降至常温后送入馏出液储槽。在连续精馏过程达到稳定状态时，原料液连续稳定地加入塔内进行精馏，每层塔板上的液体与蒸气组成都保持不变，塔顶和塔底也连续采出产品。

（2）间歇精馏过程　间歇精馏过程如图 4-11 所示。原料液分批加入蒸馏釜中，用间接蒸气将原料加热到沸腾。由蒸馏釜产生的蒸气进入精馏塔底后向上上升，自塔顶出来的蒸气，送入冷凝器中冷凝，冷凝液一部分作回流液，流入塔顶第一块塔板上，其余部分的冷凝液送入冷却器中冷却至常温后送入馏出液储槽。蒸馏釜具有原料液的预热器和残液储槽的双重作用。从间歇精馏的操作流程可以看出，间歇精馏塔只有精馏段，没有提馏段。

间歇精馏与连续精馏相比，原料是一次加入釜内的。随着精馏过程的进行，釜内液体中的易挥发组分含量逐渐减小，馏出液的浓度也随之下降。为了保证馏出液的质量，采用逐渐增大回流液量，增强塔内部分冷凝的方法，使馏出液的浓度相对稳定。当蒸馏釜中液体浓度降低到工艺要求时，停止加热，排除釜中的残液，准备下一次的精馏操作。

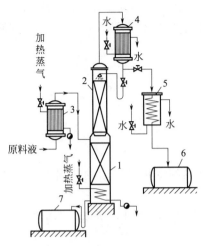

图 4-10　连续精馏过程

1—提馏段；2—精馏段；3—原料预热器；
4—冷凝器；5—冷却器；6—馏出液储槽；
7—残液储槽

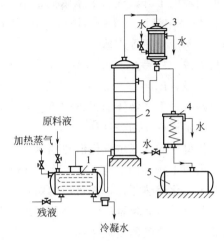

图 4-11　间歇精馏过程

1—蒸馏釜；2—精馏塔；3—冷凝器；
4—冷却器；5—残液储槽

4.8　连续精馏塔的计算

双组分连续精馏过程的计算主要包括全塔物料衡算、精馏段物料衡算、提馏段物料衡算（可以求出精馏段和提馏段的操作线方程式）、进料状况的影响、理论塔板数和实际塔板数的计算、回流比的影响和选择以及热量衡算等内容。

精馏过程比较复杂，影响因素也很多，为简化连续精馏计算，特作如下假设。

（1）理论板　所谓理论板是指离开该板的气液两相互成平衡，塔板上各处的液相组成均匀一致的理想化塔板。其前提条件是气液两相皆充分混合、各自组成均匀，塔板上不存在传热、传质过程的阻力。实际上，由于塔板上气液间的接触面积和接触时间是有限的，在任何形式的塔板上，气液两相都难以达到平衡状态，除非接触时间无限长，因而理论板是不存在的。理论板作为一种假定，可用作衡量实际板分离效率的依据和标准。通常，在工程设计中，先求得理论板层数，用塔板效率予以校正，即可求得实际塔板层数。总之，引入理论板的概念，可用泡点方程和相平衡方程描述塔板上的传递过程，对精馏过程的分析和计算是十分有用的。

（2）恒摩尔流假定　精馏操作时，在精馏段和提馏段内，每层塔板上升的气相摩尔流量和下降的液相摩尔流量一般并不相等，为了简化精馏计算，通常引入恒摩尔流动的假定。

① 恒摩尔气流。在精馏塔内，在没有中间加料或出料的条件下，从每一塔板上升的蒸气的千摩尔流量相等，即

精馏段：$V_1 = V_2 = V_3 = \cdots = V = $ 常数

提馏段：$V_1' = V_2' = V_3' = \cdots = V' = $ 常数

但两段的上升蒸气的千摩尔流量不一定相等。

② 恒摩尔液流。在精馏塔内，在没有中间加料或出料的条件下，从每一塔板下降的液体的千摩尔流量相等，即

精馏段：$L_1 = L_2 = L_3 = \cdots = L = 常数$

提馏段：$L_1' = L_2' = L_3' = \cdots = L' = 常数$

但两段的下降液体的千摩尔流量不一定相等。

恒摩尔流成立的条件如下：

a.各组分的千摩尔汽化潜热相等；

b.塔板上物料的混合热、相邻两塔板之间物料显热的变化及全塔的热损失，与各组分的千摩尔汽化潜热相比，都可以忽略不计；

c.塔顶采用全凝器，即自塔顶引出的蒸气在冷凝器中全部冷凝，所以，馏出液和回流液的组成与塔顶蒸气的组成相同；

d.塔釜或再沸器采用间接蒸气加热。

4.8.1　全塔物料衡算

应用全塔物料衡算可以找出精馏塔塔顶、塔底的产品与进料量及各组成之间的关系。

对如图 4-12 所示的连续稳定操作的精馏装置进行全塔物料衡算，以单位时间为衡算基准。

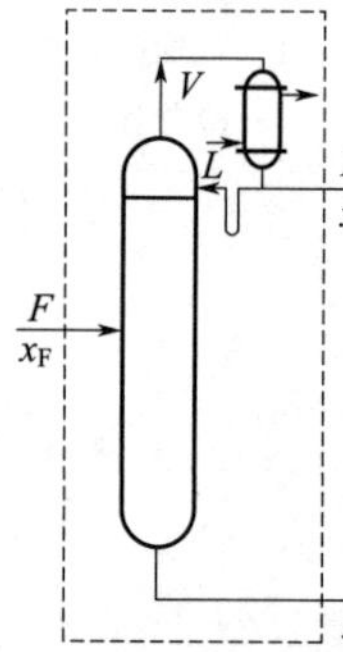

总物料衡算

$$F = D + W \tag{4-21}$$

对轻组分

$$F x_F = D x_D + W x_W \tag{4-22}$$

图 4-12　全塔物料衡算示意图

式中　F——进塔的原料流量，kmol/h 或 kg/h；

D——塔顶馏出液流量，kmol/h 或 kg/h；

W——塔底残液流量，kmol/h 或 kg/h；

x_F——进料中轻组分的摩尔分数或质量分数；

x_D——馏出液中轻组分的摩尔分数或质量分数；

x_W——残液中轻组分的摩尔分数或质量分数。

在式(4-21) 和式(4-22) 中的六个参数中，通常 F 和 x_F 为已知，若给定两个参数，就可求出另外两个参数。

【例 4-3】　连续精馏塔中分离 CS_2 和 CCl_4 组成的混合液。已知原料液流量为 34kmol/h，CS_2 的组成为 0.465 （摩尔分数，下同），要求馏出液组成为 0.952，残液中含量不大于 0.0964。试求馏出液和残液的量。

解：按题意，已知 $F = 34$kmol/h，$x_F = 0.465$，$x_D = 0.952$，$x_W = 0.0964$，代入

$$F = D + W$$
$$F x_F = D x_D + W x_W$$

得

$$D = 14.65\text{kmol/h}$$
$$W = 34 - 14.65 = 19.35(\text{kmol/h})$$

【**例 4-4**】　一连续操作的精馏塔，将 15000kg/h 含苯 40％和甲苯 60％的混合液分离为含苯 97％的馏出液和含苯 2％的残液（以上均为质量分数）。操作压力为 101.3kPa。用摩尔分数表示含量，并以 kg/h 和 kmol/h 为单位求馏出液和残液的流量。

解：（1）当流量用 kg/h 表示、组成用质量分数表示时，由

$$F = D + W$$

$$F x_F = D x_D + W x_W$$

得 $15000 = D + W$

$$15000 \times 0.4 = D \times 0.97 + W \times 0.02$$

解得 $D = 6000 kg/h$，$W = 9000 kg/h$

（2）当流量用 kmol/h 表示、组成用摩尔分数表示时，将质量分数换算成摩尔分数。苯的分子量为 78，甲苯的分子量为 92。

则进料组成为 $x_F = \dfrac{\frac{40}{78}}{\frac{40}{78} + \frac{60}{92}} = 0.44$

残液组成为 $x_W = \dfrac{\frac{2}{78}}{\frac{2}{78} + \frac{98}{92}} = 0.0235$

馏出液组成为 $x_D = \dfrac{\frac{97}{78}}{\frac{97}{78} + \frac{3}{92}} = 0.974$

原料液的平均摩尔质量为

$$M_{均} = \sum M_i x_i = 78 \times 0.44 + 92 \times 0.56 = 85.84 (kg/kmol)$$

原料液的流量为

$$F = \frac{15000}{85.84} = 175.0 (kmol/h)$$

所以 $\begin{cases} 175.0 = D + W \\ 175.0 \times 0.44 = D \times 0.974 + W \times 0.0235 \end{cases}$

两式联立求解，得

$$D = 76.7 kmol/h$$

$$W = 98.3 kmol/h$$

4.8.2　精馏段物料衡算

在如图 4-13 所示的虚线范围内，对由塔顶往下数到第 $(n+1)$ 板以上包括冷凝器在内的一段塔板进行物料衡算。

总物料衡算

$$V = L + D \tag{4-23}$$

对易挥发组分

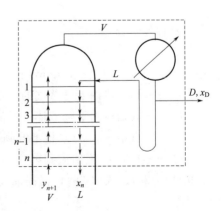

图 4-13　精馏段物料衡算示意图

$$Vy_{n+1}=Lx_n+Dx_D \tag{4-24}$$

式中　V——精馏段内上升蒸气的流量，kmol/h；

　　　L——精馏段内下降液体（回流液）的流量，kmol/h；

　　　D——塔顶馏出液的流量，kmol/h；

　　y_{n+1}——自第（$n+1$）板上升到第 n 板的蒸气中易挥发组分的摩尔分数；

　　x_n——自第 n 块板回流到第（$n+1$）板的液体中易挥发组分的摩尔分数。

由式(4-23)、式(4-24) 得

$$y_{n+1}=\frac{L}{L+D}x_n+\frac{D}{L+D}x_D \tag{4-25}$$

将式(4-25) 右边各项分子和分母同除以 D，且令 $R=\dfrac{L}{D}$，可得

$$y_{n+1}=\frac{R}{R+1}x_n+\frac{x_D}{R+1} \tag{4-26}$$

式中，R 为回流比，即回流液量与塔顶产品量之比。回流比的影响和计算将在后面内容介绍。

式(4-26)为精馏段操作线方程式。它表示精馏段内自任一塔板（第 n 板）下流的液体组成 x_n 与自相邻的下一塔板［第（$n+1$）板］上升的蒸气组成 y_{n+1} 之间的关系。为了方便可将下标省略，但其意义不变。公式表达为

$$y=\frac{R}{R+1}x+\frac{x_D}{R+1} \tag{4-27}$$

在稳定操作条件下，R 和 x_D 都是定值，将其标绘在 y-x 图上是一条过点（x_D，x_D）的直线，称为精馏段操作线，其斜率为 $\dfrac{R}{R+1}$，在 y 轴上的截距为 $\dfrac{x_D}{R+1}$，即图 4-15 所示的直线 ac。

4.8.3　提馏段物料衡算

在如图 4-14 所示的虚线范围内，对第 m 板以下包括蒸馏釜在内的一段塔板作物料衡算。

总物料衡算

$$L'=V'+W \tag{4-28}$$

对易挥发组分

$$L'x_m=V'y_{m+1}+Wx_W \tag{4-29}$$

式中　W——残液的流量，kmol/h；

　　　V'——提馏段内上升蒸气的流量，kmol/h；

　　　L'——提馏段内下降液体（回流液）的流量，kmol/h；

　　y_{m+1}——自第（$m+1$）板上升到第 m 板的蒸气中易挥发组分的摩尔分数；

　　x_m——自第 m 板回流到第（$m+1$）板的液体中易挥发组分的摩尔分数。

由式(4-28)、式(4-29)，得提馏段操作线方程式：

$$y_{m+1}=\frac{L'}{L'-W}x_m-\frac{W}{L'-W}x_W \tag{4-30}$$

式(4-30)为提馏段操作线方程式。它表示提馏段内自任一塔板（第 m 板）下降的液体组成 x_m 与自相邻的下一塔板［第（$m+1$）板］上升的蒸气组成 y_{m+1} 之间的关系。

在稳定操作条件下，L'、W 和 x_W 都是定值，将式(4-30)标注在 y-x 图上是一条过点（x_W，x_W）的直线，这条线称为提馏段的操作线，其斜率是 $\dfrac{L'}{L'-W}$，在 y 轴上的截距是 $-\dfrac{Wx_W}{L'-W}$，即图 4-15 所示的直线 bd。为了方便可将下标省略，但其意义不变。公式表达为

$$y=\frac{L'}{L'-W}x-\frac{W}{L'-W}x_W \tag{4-31}$$

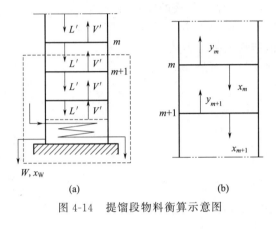

(a)　　　　　　　(b)

图 4-14　提馏段物料衡算示意图

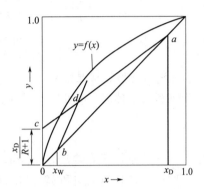

图 4-15　操作线方程图示

4.9　进料状况对操作线的影响

在精馏塔实际操作过程中，进料状况共有以下五种情况：

① 低于泡点的冷液进料；

② 泡点进料（或饱和液体进料）；

③ 气、液混合进料；

④ 露点进料（或饱和蒸气进料）；

⑤ 过热蒸气进料。

进料状态的不同将直接影响进料板上、下两段上升蒸气和下降液体的流量。所以，引入进料状态下的液化分率 q：

$$q=\frac{原料中液相的千摩尔数}{原料的千摩尔数} \tag{4-32}$$

液化分率的物理意义是：若总进料量为 F，则引入加料板的液体量为 qF，所以提馏段的回流量比精馏段增加了 qF，同时进入精馏段的上升蒸气量比提馏段增加了 $(1-q)F$。如图 4-16 所示。因此在进料板上、下两段汽、液流量的关系式为

$$L'=L+qF \tag{4-33}$$

$$V=V'+(1-q)F \tag{4-34}$$

如果式中 q 是已知的，将式(4-33)代入式(4-31)中，则提馏段操作线方程可写为

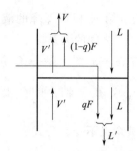

图 4-16　加料板流量关系

$$y = \frac{L+qF}{L+qF-W}\, x - \frac{Wx_{\mathrm{W}}}{L+qF-W} \tag{4-35}$$

式（4-35）是提馏段操作线方程的另一种形式，标在 $y\text{-}x$ 图上是一条过点 $(x_{\mathrm{W}}, x_{\mathrm{W}})$ 的直线，其斜率是 $\dfrac{L+qF}{L+qF-W}$，在 y 轴上的截距是 $-\dfrac{W}{L+qF-W}\, x_{\mathrm{W}}$。

液化分率 q 可以根据精馏计算的基本假设，对加料板作物料衡算和热量衡算求出：

$$q = \frac{I_{\mathrm{V}}-I_{\mathrm{F}}}{I_{\mathrm{V}}-I_{\mathrm{L}}} = \frac{饱和蒸气的摩尔焓-料液的摩尔焓}{饱和蒸气的摩尔焓-饱和液体的摩尔焓}$$

$$q = \frac{1\text{千摩尔进料变成饱和蒸气所需热量}}{\text{进料的平均千摩尔汽化潜热}} = \frac{I_{\mathrm{V}}-I_{\mathrm{F}}}{r_{\mathrm{C}}}$$

q 也称为进料热状况参数。

当进料为液体时，q 可用下式计算：

$$q = 1 + \frac{C_p(t_{\mathrm{S}}-t_{\mathrm{F}})}{r_{\mathrm{C}}} \tag{4-36}$$

式中　I_{F}——原料液的焓，kJ/kmol；

　　　I_{V}——进料板上饱和蒸气的摩尔焓，kJ/kmol；

　　　I_{L}——进料板上饱和液体的摩尔焓，kJ/kmol；

　　　r_{C}——按进料组成计算的平均千摩尔汽化潜热，kJ/kmol；

　　　C_p——进料比热容，kJ/(kmol·℃)；

　　　t_{S}——进料组成 x_{F} 下的泡点温度，℃；

　　　t_{F}——进料温度，℃。

4.9.1　饱和液体进料

在饱和液体进料时，$q=1$，由式（4-33）可得

$$L' = L + F$$

由式（4-34）可得

$$V = V'$$

4.9.2　饱和蒸气进料

在饱和蒸气进料时，$q=0$，由式（4-33）可得

$$L' = L$$

由式（4-34）可得

$$V = V' + F$$

以上是 $q=1$、$q=0$ 两种特殊情况时的精馏段上升蒸气量 V 和提馏段上升蒸气量 V'、精馏段下降液体量 L 和提馏段下降液体量 L' 之间的关系，比较简单、明确。q 取其他值时的关系还得用式（4-33）和式（4-34）进行计算才行。V、V'、L、L' 值的变化对于操作线的具体影响在后面讨论。

4.10 回流比

精馏塔不加料也不出料，即 $F=0$，$D=0$，$W=0$，塔顶上升的蒸气进入全凝器冷凝后，冷凝液全部回流至塔内的回流方式称为全回流。全回流时，回流比 $R=\dfrac{L}{D}=\infty$，精馏段操作线（也就是全塔操作线）的斜率 $\dfrac{R}{R+1}=1$，在 y 轴上的截距 $\dfrac{x_D}{R+1}=0$。精馏段操作线和提馏段操作线与 y-x 相图的对角线重合，全塔没有精馏段和提馏段之分。此时的操作线方程为

$$y=x$$

在操作线（对角线）与平衡线之间作直角梯阶或用气-液相平衡关系式与对角线方程式逐板计算，可求得全回流时的理论塔板数。由于全回流时平衡线和操作线之间的距离最大，气液相间的传质推动力最大，所作的梯阶跨度也最大，所以，达到一定的分离要求时所需的理论塔板数最少。

4.10.1 最小回流比

当回流比从全回流逐渐减小时，操作线的位置将逐渐向平衡线靠拢，气液两相间的传质推动力减小，所需的理论塔板数逐渐增多。当回流比减小到使两操作线的交点落在相平衡线上或使操作线之一与平衡线相切时，如图 4-17 所示，分离混合液需要无穷多塔板。此时的回流比称为最小回流比，以 R_{min} 表示。它是回流比的最小值，在达到分离要求时，所需要的塔板数为无穷多，实际生产中也是不能采用的。但在精馏塔的设计中，常以最小回流比为计算基准，放大一定倍数作为实际回流比。

最小回流比 R_{min} 的计算，可以根据进料状况，x_F、x_D 及相平衡关系等来确定。常用方法可参见图 4-17。根据图中的几何关系可以看出，精馏段操作线的斜率为

$$\frac{R_{min}}{R_{min}+1}=\frac{x_D-y_q}{x_D-x_q}$$

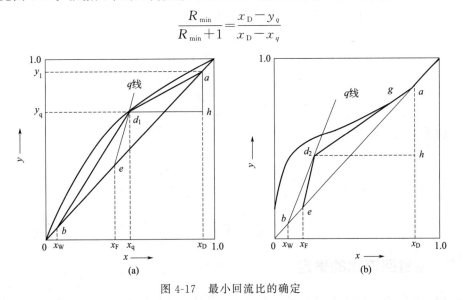

图 4-17 最小回流比的确定

解出最小回流比为

$$R_{\min} = \frac{x_D - y_q}{y_q - x_q} \tag{4-37}$$

式中，x_q，y_q 为 q 线与平衡线交点（d_1 点）的横、纵坐标值。

如图 4-17 所示，当平衡曲线有下凹部分时，应从 a 点作平衡线的切线来决定相应的最小回流比。作图定出精馏段操作线 ad_2 的斜率 $\overline{ah}/\overline{d_2h}$，即

$$\frac{R_{\min}}{R_{\min}+1} = \frac{\overline{ah}}{\overline{d_2h}} \tag{4-38}$$

当进料为饱和液体时，q 线为垂直线，此时 $x_q = x_F$，y_q 可以从气-液平衡线上读得；当体系的气-液相平衡关系可用相对挥发度表示时，也可以用式(4-39) 计算：

$$y_q = \frac{\alpha x_F}{1 + (\alpha-1)x_F} \tag{4-39}$$

由式(4-39) 和式(4-37) 可导出

$$R_{\min} = \frac{1}{\alpha-1}\left[\frac{x_D}{x_F} - \frac{\alpha(1-x_D)}{1-x_F}\right] \tag{4-40}$$

当进料为饱和蒸气时，q 线为水平线，此时 $y_q = x_F$，用气-液平衡关系式(4-39) 和式(4-37) 可以导出

$$R_{\min} = \frac{1}{\alpha-1}\left[\frac{ax_D}{x_F} - \frac{1-x_D}{1-x_F}\right] - 1 \tag{4-41}$$

【例 4-5】 在常压连续精馏塔中分离苯-甲苯混合液。原料液组成为 0.4（苯的摩尔分数，下同），馏出液组成为 0.95，釜残液组成为 0.05。操作条件下物系的平均相对挥发度为 2.47。求饱和液体进料和饱和蒸气进料的最小回流比。

解：（1）饱和液体进料

最小回流比可由下式计算：

$$R_{\min} = \frac{x_D - y_q}{y_q - x_q}$$

因饱和液体进料，上式中的 x_q 和 y_q 分别为

$$x_q = x_F = 0.4$$

$$y_q = y_F = \frac{\alpha x_F}{1 + (\alpha-1)x_F} = \frac{2.47 \times 0.4}{1 + (2.47-1) \times 0.4} = 0.622$$

$$R_{\min} = \frac{0.95 - 0.622}{0.622 - 0.4} = 1.48$$

（2）饱和蒸气进料

$$y_q = x_F = 0.4$$

$$x_q = \frac{y_q}{\alpha - (\alpha-1)y_q} = \frac{0.4}{2.47 - 1.47 \times 0.4} = 0.213$$

$$R_{\min} = \frac{0.95 - 0.4}{0.4 - 0.213} = 2.94$$

4.10.2　适宜回流比的确定

实际回流比应在全回流和最小回流比之间。最适宜的回流比应通过经济核算确定。操作

费用和设备费用的总和为最小时的回流比称为适宜回流比。

精馏过程的操作费用主要包括塔釜（或再沸器）的加热剂的消耗量和塔顶冷凝剂的消耗量。这两项都决定于塔内的上升蒸气量。由物料衡算可知

$$V = L + D = (R+1)D \tag{4-42}$$

$$V' = V + (q-1)F \tag{4-43}$$

当 D、F、q 一定时，V 和 V' 随 R 而变。R 增大，加热和冷却介质用量随之增加，精馏操作费用增加，如图 4-18 中曲线 1。

精馏过程设备主要是冷凝器、再沸器、精馏塔等，当设备类型和材料确定后，设备费决定于设备尺寸。当 $R = R_{\min}$ 时，塔板数 $N = \infty$，设备费用是无限大，但是 R 稍一增加，塔板数 N 就减少到有限的数目，设备费用随着急剧降低。R 继续增加，设备费用继续减少，但已较缓慢。由于 R 增加，上升蒸气量随之增加，使塔径、塔釜和冷凝器的尺寸增加，设备费用又回升，如图 4-18 中曲线 2。操作费用和设备费用的总和（如图 4-18 中曲线 3）最小时所对应的回流比为最适宜的回流比。

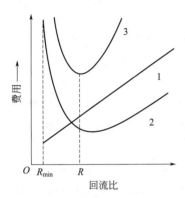

图 4-18　最适宜回流比的确定
1—操作费用线；2—设备费用线；
3—总费用线

在生产实际中，最适宜的回流比是用经验确定的，即

$$R = (1.2 \sim 2.0)R_{\min} \tag{4-44}$$

4.11　精馏系统常见故障的判断与处理

4.11.1　精馏的操作分析

（1）塔压的影响　精馏塔的设计和操作都是基于一定的压力下进行的，应保证在恒压下操作。塔压的变化对塔的操作将产生如下影响。

① 影响相平衡关系。改变操作压力，将使气-液相平衡关系发生变化。压力增加，组分间的相对挥发度降低，平衡线向对角线靠近，分离效率将下降；反之亦然。

② 影响产品的质量和数量。压力升高，液体汽化更困难，气相中难挥发组分减少，同时改变气液的密度比，使气相量降低。其结果是馏出液中易挥发组分浓度增大，但产量却相对减少；残液中易挥发组分含量增加，残液量增多。

③ 影响操作温度。温度与气液相的组成有严格的对应关系，生产中常以温度作为衡量产品质量的标准。当塔压改变时，混合物的泡点和露点发生变化，引起全塔温度的改变和产品质量的改变。

④ 改变生产能力。塔压增加，气相的密度增大，气相量减少，可以处理更多的原料液而不会造成液泛。

对真空操作，真空度的少量波动也会带来显著的影响，更应精心操作，控制好压力。

（2）进料状况的影响

① 进料量对操作的影响。当进料量发生波动时，加热剂和冷凝剂均需作相应的调整，

对塔顶温度和塔釜温度不会有显著的影响，只影响塔内上升蒸气速度。进料量增大，上升气速接近液泛时，传质效果最好；超过液泛速度会破坏塔的正常操作。进料量降低，气速降低，对传质不利，严重时易漏液，分离效率降低。若进料量的变化范围超过了塔釜和冷凝器的负荷范围，温度的改变引起气-液平衡组成的变化，将造成塔顶与塔底产品质量不合格，且使物料的损失增大。因此，应缓慢地调节进料量，使进料量尽量保持平稳。

② 进料组成对操作的影响。原料中易挥发组分含量增大，提馏段所需塔板增多。对固定塔板数的精馏塔而言，提馏段的负荷加重，釜液中易挥发组分含量增多，使损失加大，同时引起全塔物料衡算的变化，导致塔温下降，塔压升高。原料中难挥发组分含量增大，则情况相反。进料组成的变化，可以采取三种措施：一是改变进料口位置，组成变轻，进料口往上改；二是改变回流比，组成变轻，减小回流比；三是调整加热剂和冷凝剂的量，维持产品质量不变。

③ 进料热状态对操作的影响前已述及，进料有五种热状态，生产中若 R 一定，仅进料热状态发生变化，引起 q 值改变，使两操作线的交点位移，从而改变加料板位置和提馏段操作线位置，引起两段塔板数的变化。对固定进料板位置的塔，进料热状态的改变，将影响产品的质量及损失情况。

（3）回流比　回流比是精馏操作中直接影响产品质量和塔分离效果的重要因素，改变回流量是精馏塔操作中重要和有效的手段。回流比增大，所需理论板数减少；回流比减少，所需理论板数增多。对一定塔板数的精馏塔，在进料状态等参数不变的情况下，回流比变化，必将引起产品质量的改变。一般情况下，回流比增大，将提高产品纯度。但也会使塔内气液循环量加大，塔压差增大，冷却剂和加热蒸气量增加。当回流比太大时，则可能产生淹塔，破坏塔的正常生产；回流比太小，塔内汽液两相接触不充分，分离效果差。

当回流量增加时，塔压差明显增大，塔顶产品纯度会提高；当回流量减少时，塔压差变小，塔顶产品纯度变差。在实际操作中，常用调节回流比的方法，以使产品质量合格。同时，适当地调节塔顶冷却剂量和塔釜加热剂量，使调节效果更好。

（4）采出量

① 塔顶产品采出量。在冷凝器的冷凝负荷不变的情况下，减小塔顶产品采出量，势必会使得回流量增加，塔压差增加，可以提高塔顶产品的纯度，但产品量减少。对一定的进料量，塔底产品量增多，由于操作压力的升高，塔底产品中易挥发组分含量升高，因此易挥发组分的收率降低。若塔顶采出量增加，会造成回流量减少，塔压差因此降低，结果是难挥发组分被带到塔顶，塔顶产品质量不合格。因此，采出量只有随进料量变化时，才能保持回流比不变，维持正常操作。

② 塔底产品采出量。在正常操作时，当进料量、塔顶采出量一定时，塔底采出量应该符合全塔的总物料平衡。若塔底采出量太小，会造成塔釜液位逐渐上升，以致充满整个塔釜空间，使釜内液体由于没有蒸发空间而难于汽化，并使釜内汽化温度升高，甚至使液体充满底层塔板之间，引起产品质量下降。若采出量过大，使釜内液面较低，加热面积不能充分利用，则上升蒸气量减少，漏液严重，使塔板上传质条件变差，板效率下降，如处理不及时，则有可能产生"蒸空"现象。因此为保证维持塔釜有一定的恒定液面高度，应该控制塔底采出量。此外，维持一定的塔釜液面高度还有确保安全生产的液封作用。

4.11.2　异常工况及事故处理

4.11.2.1　精馏操作的不正常现象

（1）液泛及处理　液泛又称"淹塔"，表现为精馏塔降液管内的液位上升和塔板上泡沫层提升，致使塔板间液流相连。液泛是带溢流塔板操作中的一种不正常现象，会严重降低塔板效率，使塔压波动，产品分离不好。造成液泛的原因是液相负荷过大，汽相负荷过小或降液管面积过小。为防止液泛现象发生，在设计和生产中必须进行一层塔板所需液层高度以及板上泡沫高度的计算来校核所选的板间距，并对液体在降液管内的停留时间及降液管容量进行核算。

什么是液相负荷呢？液相负荷又称液体负荷，对有降液管的板式塔来说，是指横流经过塔板、溢流过堰板，落入到降液管中的液体体积流量（m^3/h 或 m^3/s），也就是上下塔板间的内回流量，是考查塔板流体力学状态和操作稳定性的基本参数之一。液相负荷过大，在塔板上因阻力大而形成进出塔板堰间液位落差大，造成鼓泡不均及蒸气压降过大，在降液管内引起液泛，此时液相负荷再加大，即引起淹塔，塔板失去分馏效果。塔内的板面布置、液流长度、堰板尺寸、降液管形式、管内液体停留时间、流速、压降和清液层高度等都影响塔内稳定操作下的液相负荷。

液泛分为溢流液泛和夹带液泛。溢流液泛是塔内液体流量超过降液管的最大液体通过能力而产生的液泛。当液体从降液管中流入下一块塔板时，为了克服上、下两块塔板之间的压差和本身的流体阻力，降液管内的液层与板上液层必须有一个高度差。当降液管内的液层高度低于出口堰时，随着液流量的增加，降液管内的液层与板上液层差也会增加，如能保证液体通过降液管，即有自动达到平衡的能力。但当降液管内的液层高度达到出口堰上缘时，再增加液流量，降液管内的液层与板上液层差将同时增加，此时通过降液管的液流达到最大值。如果液流量超过此最大值，液体将来不及从降液管内流至下一块塔板，而开始在塔板上积液，最终使这块塔板以上各塔板空间充满液体，形成溢流液泛。降液管内夹带的气泡过多或气速过大都是造成溢流液泛的原因。

动画扫一扫

板式塔中气液流动路径及异常操作现象

夹带液泛是由于雾沫夹带过量而引起的液泛。由于上升蒸气中夹带的液体量过多，塔板上实际液流量增加较多，塔板上液层厚度明显增加，液层上方的空间高度明显减少，进而导致雾沫夹带量上升，板上液层厚度继续增加，从而产生恶性循环，形成液泛。通常把产生夹带液泛时的气速称为"液泛气速"。

（2）雾沫夹带　雾沫夹带是指板式塔在精馏操作中，上升蒸气从某一层塔板夹带雾状液滴到上一块塔板的现象。雾沫夹带会使低挥发度的液体进入挥发度较高的液体内，降低塔板的分离效率，一般规定雾沫夹带量为 10%（0.1kg 液滴/kg 蒸气），以此来确定蒸气负荷的上限，并确定所需塔径。影响雾沫夹带量的因素有蒸气垂直方向的速度、塔板形式、板间距和液体的表面张力等。

（3）漏液　当升气孔内的气速较小时，致使气体通过阀孔时的动压不足，不能阻止液体经阀（筛）孔流下时，使一部分液体从升气孔内流入下一块塔板。通常把不产生漏液时的允许最低开孔气速称为漏液点，在操作中如果气速低于漏液点，就会产生漏液现象。一般以漏液点作为蒸气负荷或开孔气速的下限。

4.11.2.2　精馏操作中的操作故障与处理

精馏操作中常见的操作故障及处理方法见表 4-11。

表 4-11　精馏操作中常见的操作故障及处理方法

异常现象	原因		处理方法
液泛	负荷高； 液体下降不畅，降液管局部被污物堵塞； 加热过猛，釜温突然升高； 回流比大； 塔板及其他流道冻堵		调整负荷； 加热； 调节加料量，降低釜温； 减少回流，加大采出； 注入适量解冻剂； 停车检查
釜温及压力不稳定	蒸气压力不稳定； 疏水器不畅通； 加热器漏液		调整蒸气压力至稳定； 检查疏水器； 停车检查漏液处
釜温突然降低 而提不起温度	疏水器失灵； 扬水站回水阀未开； 再沸器内的冷凝液未排除，蒸气加不进去； 再沸器内的水不溶物较多； 循环管堵塞，列管堵塞； 排水阻气阀失灵； 塔板堵塞，液体回不到塔釜		检查疏水器； 打开回水阀； 吹扫冷凝液； 清理再沸器； 疏通循环管，疏通列管； 检查阀； 停车检查情况
塔顶温度不稳定	釜温过高； 回流液温度不稳定； 回流管不通畅； 操作压力波动； 回流比小		调节釜温至规定值； 检查冷凝液温度和用量； 疏通回流管； 稳定操作压力； 调节回流比
系统压力增大	冷凝液温度高或冷凝液量少； 采出量少； 塔釜温度突然升高； 设备损坏或有堵塞		检查冷凝液温度和用量； 增大采出量； 调节加热蒸气； 检查设备
塔釜液面不稳定	塔釜排出量不稳定； 塔釜温度不稳定； 加料成分有变化		稳定釜液排出量； 稳定釜温； 稳定加料成分
加热故障	加热剂	压力低； 含有不凝性气体； 冷凝液排出不畅	升高压力； 排出不凝性气体； 排出冷凝液
	再沸器	泄漏； 液面不稳定(过高或过低)； 堵塞； 循环量不足	堵漏； 稳定液面； 疏通； 加大循环量
泵的流量不正常	过滤器堵塞； 液面过低； 出口阀开得过小； 轻组分过多		清洁过滤器； 调整液位； 打开阀门； 控制轻组分量
塔压差增大	负荷升高； 回流量不稳定； 冻塔或堵塞； 液泛		减少负荷； 调节回流比； 解冻或疏通； 按液泛情况处理
雾沫夹带	气速过大； 塔板间距过小； 液体在降液管内的停留时间太长； 破沫区太小		调节气速； 调整板间距； 调整停留时间； 调整破沫区的大小

续表

异常现象	原因	处理方法
漏液	气速过小； 气流不均匀分布； 液面落差太大； 人孔和管口等连接处焊缝出现裂纹、腐蚀、松动； 气体密封圈不牢固或腐蚀	调节气速； 流体阻力的结构均匀； 减小液面落差； 保证焊缝质量，采取防腐措施，重新拧紧固定； 拧紧、修复或更换
污染	灰尘、锈、污垢沉积； 反应生成物、腐蚀生成物积存于塔内	进料塔板和降液管之间要留有一定的间隙，以防积垢； 停工时彻底清理塔板
腐蚀	高温腐蚀； 磨损腐蚀； 高温、腐蚀性介质引起设备焊缝处产生裂纹和腐蚀	严格控制操作温度； 定期进行腐蚀检查和测量壁厚； 流体内加入防腐剂，器壁（包括衬里）涂防腐层

4.11.2.3　设备故障分类及其分析

化工生产中，设备故障与设备事故是客观存在的，应用故障分析的方法，寻找设备故障产生的原因，认识其规律性，从而防患于未然和尽可能地降低故障率及事故率，取得最佳经济效益。

（1）设备的老化及设备故障　设备在使用过程中，由于磨损、腐蚀、变形、污损以及变质等原因，使产量、质量和收率降低，能耗增加，并使产品成本上升，这些是一个渐变过程，这个渐变过程称为设备的老化。设备的老化过程有时会发生突然的故障，称为老化性故障。由于管理不善和操作失误，也会使设备发生故障或损坏，这些故障是属于非正常性的，称为事故性故障，也就是通常所说的设备事故。

所谓设备故障是指整个设备或零部件丧失其规定性能，因此故障有更广泛的意义，它是事故性故障和老化性故障的总称，即故障＝事故性故障＋老化性故障。

（2）设备故障分类　设备故障按技术性原因可分为四大类，即老化性故障、磨损性故障、腐蚀性故障及断裂性故障。

① 磨损性故障。由于运动部件磨损，在某一时刻超过极限值所引起的故障。

② 腐蚀性故障。腐蚀性故障按腐蚀机理不同又可分为化学腐蚀、电化学腐蚀和物理腐蚀三类。化学腐蚀：金属和周围介质直接发生化学反应所造成的腐蚀。电化学腐蚀：金属与电介质发生电化学反应所造成的腐蚀。物理腐蚀：金属与熔融盐、熔融碱、液态金属相接触，使金属某一区域不断熔解，另一区域不断形成的物质转移现象。在实际生产中，常以金属腐蚀的不同形式来分类。常见的有8种腐蚀形式，即均匀腐蚀、电极腐蚀、缝隙腐蚀、小孔腐蚀、晶间腐蚀、选择性腐蚀、磨损性腐蚀、应力腐蚀。

③ 断裂性故障。断裂性故障可分为脆性断裂、疲劳断裂、应力腐蚀断裂、塑性断裂等。

脆性断裂的原因有三：一是由于材料性质不均匀所引起；二是由于加工工艺处理不当所引起，如在锻、铸、焊、磨、热处理等工艺过程中处理不当，就容易产生脆性断裂；三是由于恶劣环境所引起，如温度过低，使材料的力学性能降低，主要是指冲击韧性降低，因此低温容器（－20℃以下）必须选用冲击值大于 $19.6J/cm^2$ 的材料，再如放射线辐照能引起材料脆化，从而引起脆性断裂。

疲劳断裂分为热疲劳（如高温疲劳等）、机械疲劳（可分为弯曲疲劳、扭转疲劳、接触疲劳、复合载荷疲劳等四种）和复杂环境下的疲劳（由各种综合因素共同作用所引起）。

应力腐蚀断裂：一个有热应力、焊接应力、残余应力或其他外加应力的设备，如果同时存在腐蚀介质，则将使材料产生裂纹，并以显著速度发展，这种开裂称为应力腐蚀断裂。如不锈钢在氯化物介质中的开裂，黄铜在含氨介质中的开裂，都是应力腐蚀。又如所谓氢脆和碱脆现象造成的破坏，是应力腐蚀断裂。

塑性断裂是由过载断裂和撞击断裂所引起的。

④ 老化性故障。上述综合因素作用于设备，使其性能老化所引起的故障。

4.11.2.4　精馏塔系统的设备故障及处理

（1）塔内件损坏　精馏塔中易损坏的内件有阀片、降液管等，损坏形式大多为松动、移位、变形，严重时构件会脱落等。这类情况可以从工艺参数的变化反映出来，如负荷下降、塔板效率下降、产品不合格、工艺参数偏离正常值，特别是塔顶、塔底间压差异常等。设备安装质量不高、操作不当是主要原因，特别是超负荷、超压差运行很可能造成内件损坏，应尽量避免，处理方法是减小操作负荷或停车检修。

（2）安全阀启跳　安全阀在超压时启跳属于正常动作，未达到规定启跳压力就启跳属于不正常启跳，应该重新设定安全阀。

（3）仪表失灵　精馏塔的仪表失灵比较常见，一台仪表出现故障时，可根据相关的其他仪表来遥控操作；如果调节阀出现故障，可采用现场手动操作。设有旁路的，改用旁路控制，及时修理或更换调节阀。

（4）换热器的故障与处理　换热器泄漏是塔顶冷凝器或再沸器常有的内部泄漏现象，或是物料泄入加热剂、冷凝剂内，或是加热剂、冷凝剂泄入塔内，轻者造成相互污染，重者造成产品污染，运行周期缩短。在操作过程中，一般依靠分析两侧物料来发现，处理方法视具体情况而定，最简单的是停车检修。若是物料泄入蒸气，冷凝液不回收直排即可。

（5）运转设备的故障与处理

① 泵密封泄漏。当发现回流泵或釜液泵密封泄漏时，应尽快切换备用泵，备用泵应处于备用状态，以便及时切换。但现场检测仪发出报警，或巡回检查时发现泄漏，要及时到现场处理，如果来不及切换，可先停泵关阀从排出管线倒空，防止着火或爆炸，再尽快开启备用泵，减少损失。如果泄漏较大，一时又切换不下来，应当用临时氮气管将泄出的可燃气体吹散，注意人员要站在上风头。如果泄出的是热油，可用蒸气将它封起来隔绝空气，或浇水冷却以防止着火和爆炸。对于剧毒物质，操作时要戴好防毒面具，最好有人在场监护。不论泵送何种物料，如果操作工无法靠近操作实施停车，应在控制室内遥控停泵或在配电所断电来停泵。

② 电机故障。运行中电机常见的故障现象有振动、轴承温度高、漏油、跳闸等，处理方法是切换下来进行检修或更换。

4.11.2.5　精馏塔的安全技术

化工生产具有易燃、易爆、易中毒、高温、高压、有腐蚀性等特点，生产工艺复杂多样，生产过程中潜在的不安全因素很多，危险性很大，因此对安全生产的要求很严格。就精馏操作来说应注意以下几点。

（1）常压操作

① 正确选择再沸器热源。蒸馏操作一般不采用明火作为热源，采用水蒸气或过热蒸汽等较为安全。

② 注意防腐和密闭。为了防止易燃液体或蒸气泄漏，引起火灾爆炸，应保持系统的密

闭性；蒸馏腐蚀性的液体时，应防止塔壁、塔板等被腐蚀，以免造成泄漏。

③ 防止冷却水漏入塔内。对于高温蒸馏系统，一定要防止塔顶冷凝器的冷却水突然漏入蒸馏塔内，否则水会汽化导致塔压增加而发生冲料，甚至引起火灾和爆炸。

④ 防止堵塔。防止因液体所含聚合物的单体聚合造成堵塞，使塔压升高而引起爆炸。

⑤ 保证塔顶冷凝。塔顶冷凝器中的冷却水绝对不能中断，否则，未凝易燃气逸出，可能引起燃烧或爆炸。

（2）减压操作

① 保证系统密闭。在减压操作中，系统的密闭性十分重要，蒸馏过程中一旦吸入空气很容易引起燃烧爆炸事故。因此，真空系统一定要安装单向阀，防止突然停泵造成空气倒吸进入设备。

② 保证停车安全。减压操作停车时，应先冷却；然后通入氮气吹扫置换；再停真空泵。若先停真空泵，空气将吸入高温蒸馏塔，可能引起燃烧爆炸。

③ 保证开车安全。减压操作开车时，应先开真空系统，然后开塔顶冷却水，最后开再沸器的蒸气。否则，液体可能被吸入真空泵，引起冲料和爆炸。

（3）加压操作

① 保证系统密闭。加压操作中，气体或蒸气容易向外泄漏，引起火灾、中毒和爆炸等事故，设备必须保证良好的密闭性。

② 严格控制压力和温度。由于加压蒸馏处理的液体沸点都比较低，危险性很大，因此，为防止发生冲料等事故，必须严格控制蒸馏的压力和温度并应安装安全阀。

（4）开车安全　生产装置的开车过程，是保证装置正常运行的关键。为保证开车成功，必须遵循以下安全制度：

① 生产辅助部门和公用工程部门在开车前必须符合开车要求，投料前要严格检查各种泵、材料及公用工程的供应是否齐备、合格。

② 开车前严格检查阀门的开闭情况、盲板的抽加情况，要保证装置流程通畅。

③ 开车前要严格检查各种机电设备及电气仪表等，保证其处于完好状态。

④ 开车前要检查落实安全、消防措施，保证开车过程中的通信联络畅通，危险性较大的生产装置及过程开车，应通知安全、消防等相关部门到现场。

⑤ 开车过程中各岗位要严格按开车方案的步骤进行操作，要严格遵守升降温、升降压、投料等速度与幅度的要求。

⑥ 开车过程中应停止一切不相关作业和检修作业，禁止一切无关人员进入现场。

⑦ 开车过程中要严密注意工艺条件的变化和设备运行情况，发现异常要及时处理，情况紧急时应该立即终止开车，待异常情况排除后，再继续开车。

第5章 精馏高级考试基础知识

5.1 蒸馏装置的吹扫与清洗

蒸馏装置系统的吹扫必须严格制定吹扫方案。在吹扫方案中，应有详细的吹扫说明、吹扫流程图、吹扫方法和标准，其中包括吹扫气（汽）源的引入、吹扫排放点及吹扫注意事项。

5.1.1 系统吹扫的原则及要求

在装置、管道及设备的安装过程中，必须进行分段吹扫；但在工程全部竣工后，必须进行全系统的贯通吹扫，其原则及要求如下。

① 用气体吹扫工艺系统，吹扫气体流动速度不低于 20m/s。当管道直径大于 500mm 时，要采用人工清扫。

② 用于蒸气透平的高压蒸气管道吹扫，应在蒸气排放口安放试片架，在试片架上安装铜镜试片，吹扫标准以铜镜试片没有麻点痕迹为合格。

③ 工艺管道吹扫的压力一般要求为 0.6~0.8MPa，对吹扫质量要求高的可适当提高吹扫压力，但不要高于操作压力。

④ 系统吹扫，应预先绘制系统管道吹扫流程图，注明吹扫步骤、断开位置、排放点、加盲板位置（包括与装置有关的外管及仪表接管系统的吹扫）。应将吹扫管道上安装的所有仪表元件（如流量计、孔板等）拆除，防止在吹扫时因积存脏物而将仪表元件损坏。吹扫时管道的调节阀应采取必要的措施加以保护，不干净的吹扫介质不允许通过。

⑤ 在进行系统管道吹扫时，所加的临时盲板、垫片之处需挂牌或做明显标记，便于吹扫后复位。吹扫管道与系统设备的连接部位，应将杂物吹到容器里，然后进行人工清扫，对机泵的进出口管道加盲板或断开，防止杂物吹到机泵内，使机泵部件损坏。

⑥ 吹扫时，原则上不得使用系统中的调节阀作为吹扫的控制阀。如需要控制系统吹扫的风量，则应选用临时吹扫阀门。吹扫管道连接安全阀的进口时，应将安全阀与管道连接处断开，并加盲板或挡板，以免杂物吹到阀底，使安全阀底部光滑面磨损。

5.1.2 吹洗的一般规定

(1) 编制专门的技术施工方案 在方案中要制定吹洗流程、方法和步骤。

(2) 选择合适的吹洗介质 吹洗介质可以是空气、氮气、水、水蒸气。应该注意气体的质量，空气应该洁净无尘，氮气中的氧含量和可燃物含量都应该严格限制。当塔中有水会发生严重腐蚀时，应该避免使用水和水蒸气。吹洗用水中不能含有泥沙和其他固体颗粒物。需要脱脂和钝化的系统应该选择合适的化学品作为清洗剂。

（3）吹扫压力　吹扫压力视需要而定，一般不超过工作压力，大型管道应该大于 0.6MPa。

5.2　投料条件

投料应具备如下条件：

① 装置所属设备和管线贯通、试压结束，发现的问题全部处理完毕；

② 所加盲板全部拆除，对应法兰全部换垫片并把紧；

③ 准备足量的润滑油及各种化工原材料，并配制待用；

④ 水、电、汽、燃料、仪表用风均已引入装置，并确定电机转向是否正确；

⑤ 改好所有流程，并分别经操作人员、班长、车间主任三级大检查确认无问题；

⑥ 联系生产调度部门了解原料、产品用罐安排，联系质量检验部门了解原料分析结果。

5.3　水联运试车

水联运试车的目的是全面考核全系统的设备、自控仪表、联锁、管道、阀门和供电等的性能与质量，全面检查检修、施工、安装是否符合设计与标准规范的要求，发现设备及工艺问题，打通流程。

5.3.1　水联运试车的条件

水联运试车的条件如下：

① 单项工程中间交接完毕；

② 设备位号、管道介质名称及流向标志完毕；

③ 所需公用工程已平稳供应；

④ 车间各种岗位责任制已完善；

⑤ 车间的技术员、操作班长、岗位操作人员已经确定；

⑥ 试车方案和有关操作规程已印发到个人；

⑦ 各项工艺指标已经批准公布；

⑧ 仪表联锁、报警整定值已经批准并公布；

⑨ 操作工人已领到岗位合格证；

⑩ 生产记录报表已印制齐全，发放到岗位；

⑪ 机修、电修、仪修和分析化验室已交付使用；

⑫ 通信系统已畅通；

⑬ 消防器材、气体防护器材、可燃气体报警系统、放射性物质防护设施已经按设计要求施工完毕，处于完好状态；

⑭ 岗位尘毒、噪声监测点已确定。

5.3.2 水联运试车方案

水联运试车由生产单位编制方案并组织实施，施工和设计单位参加。水联运试车方案应包括如下几点：

① 试车目的；

② 试车的组织指挥系统；

③ 试车应具备的条件；

④ 试车程序、进度网络图；

⑤ 主要工艺指标，分析指标，仪表联锁值、报警值；

⑥ 开车、停车与正常操作的控制方法，事故的处理措施；

⑦ 试车物料数量与质量要求；

⑧ 试车的保运体系。

5.3.3 水联运试车流程

一个系统的水联运就是以水为介质，打通全流程。要制定好水联运方案，确定水联运流程，改好水联运流程。关闭安全阀前的闸板阀，关闭气压机进出口阀、排凝阀。从泵入口处引入新鲜水，经塔顶冷回流线进入塔内。在水联运试运转过程中对塔、设备、管道进行详细检查，无水珠、水雾、水流出为合格。机泵连续转 8h 以上，检查轴承温度、振动情况，不超温、运行平稳、无杂音为合格。可以投用的仪表尽量投用，调节阀频繁开关，如有卡住现象及时处理。水联运次数视需要而定，每次运行过后都要打开低点排凝阀把水排净，清理泵入口过滤器。

5.4 精馏塔的塔板

完成精馏操作的塔设备，称为精馏塔。其基本功能是为气、液两相提供充分接触的机会，使传热和传质过程迅速而有效地进行；使接触后的气、液两相及时分开，互不夹带。根据塔内气、液两相接触部件的结构形式，精馏塔分为板式塔和填料塔两大类。

板式塔的塔内沿塔高装有若干层塔板，相邻两板之间有一定距离，气、液两相在塔板上互相接触，进行传质和传热。填料塔内装有填料，气、液两相在被润湿的填料表面上进行传热和传质。精馏操作可以采用板式塔，也可采用填料塔。通常板式塔用于生产能力较大或需要较大塔径的场合。板式塔中，蒸气与液体接触比较充分，传质良好，单位容积的生产强度比填料塔大。在此主要介绍板式塔。

5.4.1 工业上对塔设备的要求

① 技术性能优良，保证气液相达到最充分的传热和传质作用；

② 塔板效率高，操作稳定，操作弹性大，操作条件改变时，板效率变化不大；

③ 生产能力大，单位塔截面的处理量大；

④ 气体阻力小，即设备的压降要小；

⑤ 结构简单，易于制造，操作、调节和维修方便，耐腐蚀，不易堵塞。

5.4.2 板式塔的构造

在圆柱形的塔体内装有多层水平塔板，其结构见图 5-1。气、液两相主要在塔板上接触进行传质和传热。塔板上设有气、液两相的通道。气体通道有多种形式，各种塔板形式具有不同的性能。为了维持塔板上有一定的液层厚度，在塔板上设有溢流堰，液相横向流过塔板，通过溢流堰进入通向下一层塔板的液相通道降液管或溢流管。常用的溢流管有圆形和弓形两种，溢流管下端留有底隙，以方便液相从溢流管中流入下层塔板。溢流管要插入下层塔板的液层中形成液封，以阻止板下蒸气从溢流管进入上层空间。根据塔径的大小及液体流量的大小，可以设一个、多个溢流管或不设溢流管，相应的塔板分别称为单边溢流塔板、多边溢流塔板或无溢流塔板。当液体横向流过塔板时，要克服板上的各种阻力，液体在进板处的液面就需要比出板处高，此液面差称为"液面落差"，是板上液体流动的推动力。液面落差会使板上各处的板效率不同，通常用缩短液体的行程和减小流体阻力的方法来减小液面落差值。可见，在多数板式塔内气、液两相的流动，从总体上看是逆流，而在塔板上看两相为错流流动。

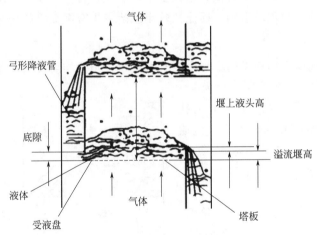

图 5-1 板式塔的结构示意图

板式塔的结构

5.4.3 精馏塔的分类

在生产实际中，由于塔板类型的不同，精馏塔可以分为泡罩塔、筛板塔、浮阀塔、喷射塔和导向筛板塔。

5.4.3.1 泡罩塔

泡罩塔是工业上应用最早的气、液传质设备之一。它是由装有泡罩的塔板和一些附属设备构成的。每层塔板上都有蒸气通道、泡罩和溢流管等基本部件。

如图 5-2 所示，上升蒸气通道 3 为一短管，它

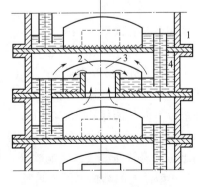

图 5-2 泡罩塔塔板结构简图

1—塔板；2—泡罩；3—蒸气通道；4—溢流管

是气体从塔板下的空间进入塔板上空间的通道，短管的上缘高出板上的液面，塔板上的液体不能沿该管向下流动。短管上覆以泡罩 2，泡罩周围下端开有许多浸没在塔板上的液层中的齿缝。操作时，从短管上升的蒸气经泡罩齿缝变成气泡喷出，气泡通过板上的液层，使气、液接触面积增大，两相间的传热和传质过程得以有效进行。泡罩的形式多种多样，其中应用最为广泛的有圆形泡罩和条形泡罩（如图 5-3 所示）两种。

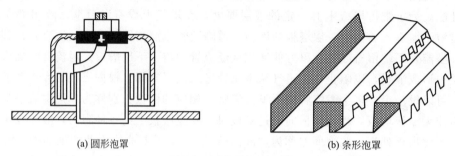

(a) 圆形泡罩   (b) 条形泡罩

图 5-3   泡罩结构示意图

泡罩塔的优点是液体不易泄漏，适应能力较强，气体流量变化较大时，能维持几乎不变的塔板效率等。其缺点是生产能力不大，效率较低，结构复杂，安装、检修不便，气体阻力较大，液面落差较大，造价较高等。泡罩塔适用于回流比较小或溶液中有沉淀物的场合。

5.4.3.2   筛板塔

筛板塔是一种历史悠久的板式塔。筛板塔的塔板由开有大量正三角形均匀排列筛孔的塔板和溢流管构成，如图 5-4 所示。筛孔的直径一般为 3～8mm，常用孔径为 4～5mm。近年来，12～25mm 大孔径筛板塔的应用也相当普遍。正常操作时，上升气流通过筛孔分散成细小的气流，与塔板上的液体接触，进行传热和传质过程。上升气流阻止液体从筛孔向下泄漏，全部液体通过溢流管逐板下流。

筛板塔的优点是结构简单，加工制造方便，造价低，生产能力和塔板效率比泡罩塔高，压力降小，液面落差小等。其主要缺点是弹性小，小筛孔易堵塞。近年来逐渐采用的大孔径筛板使其性能得到了较大的提高。

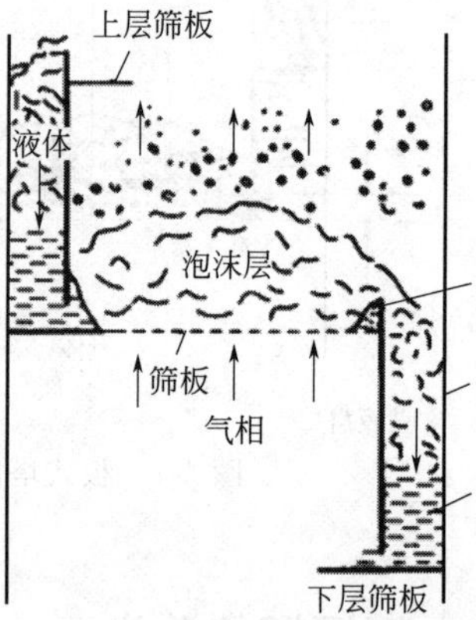

图 5-4   筛板塔塔板结构简图

5.4.3.3   浮阀塔

浮阀塔是在泡罩塔和筛板塔的基础上发展起来的一种板式塔，其效率高，是重要的塔设备。板上开有若干阀孔（标准直径为 39mm），每个孔上装有可以上下浮动的阀片。

F-1 型浮阀是最常用的型号，如图 5-5 所示。阀片本身有三条"腿"，用以限制阀片的上下运动，在阀片随气流作用上升时起导向作用。F 型浮阀的边缘上冲出三个凸部，使阀片静止在塔板上时仍能保持一定的开度。F 型浮阀的直径为 48mm，分轻阀和重阀两种。轻阀约 25g，惯性小，易振动，关阀时有滞后现象，但压力降小，常用于减压蒸馏；重阀约 33g，关闭迅速，需较高的气速才能吹开，操作范围广。化工生产中多用重阀。

V-4 型浮阀的结构如图 5-6 所示，其特点是阀孔被冲成向下弯曲的文丘里形，以减小气体通过塔板时的压力降。阀片除"腿"部相应加长外，其余结构的尺寸与 F-1 型浮阀相同。

V-4 型浮阀适用于减压系统。

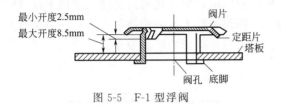

图 5-5　F-1 型浮阀

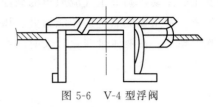

图 5-6　V-4 型浮阀

T 型浮阀如图 5-7 所示。这种阀片借助固定于塔板上的支架来限制盘式阀片的运动范围，多用于易腐蚀、含颗粒或聚合介质的场合。

浮阀塔的优点是生产能力大，操作弹性大，塔板效率高，液面落差小，结构比泡罩塔简单，压力降小，对物料适应性强，能处理较脏的物料等。缺点是浮阀对耐腐蚀性的要求较高，不适用于处理易结垢、易聚合及高黏度等物料，阀片易与塔板黏结，操作时会有阀片脱落或卡阀等现象。

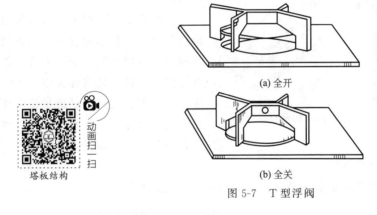

(a) 全开

(b) 全关

图 5-7　T 型浮阀

5.4.3.4　喷射塔

喷射塔是针对泡罩塔、筛板塔和浮阀塔三种塔的不足，改进而成的新型精馏塔。泡罩塔塔板、筛板塔塔板和浮阀塔塔板在气液相接触过程中，气相与液相的流动方向不一致，操作气速较高时，雾沫夹带现象严重，塔板效率下降，其生产能力也受到限制。喷射塔塔板由于气相喷出的方向与液体的流动方向相同，利用气体的动能来强化气液两相的接触与搅动，克服了上述塔板的缺点，减小了塔板的压力降和雾沫夹带量，使塔板效率提高。由于操作时可以采用较大气速，生产能力也得到提高。

喷射塔塔板分为固定型喷射塔塔板和浮动型喷射塔塔板。固定型的舌形喷射塔塔板结构如图 5-8 所示。塔板上有许多舌形孔，舌片与塔板面成一定的角度，向塔板的溢流出口侧张开，塔板的溢流出口侧不设溢流堰，只有降液管。操作时，上升的气体穿过舌孔，以较高的速度沿舌片的张开方向喷出，与从上层塔板下降的液体接触，形成喷射状态，气液强烈搅动，提高传质效率。其优点是开孔率较大，操作气速比较高，生产能力大。由于气体和液体的流动方向一致，液面落差小和雾沫夹带量少，塔板上的返混现象大为减少，塔板效率较高，压力降也较小。缺点是舌孔面积固定，操作弹性相对较小。另外由于液流被气流喷射到降液管上，液体通过降液管时会夹带气泡到下层塔板，使塔板效率降低。

浮动型喷射塔塔板上装有能浮动的舌片，如图5-9所示。塔板上的浮舌随气流速度大小的变化而浮动，调节了气流通道的截面积，使气流以适宜的气速通过缝隙，保持了较高的塔板效率。其主要优点是生产能力大、压力降小、操作弹性大、液面落差小等；缺点是有漏液及吹干现象，在液体量变化较大时，由于操作不太稳定而影响塔板效率。

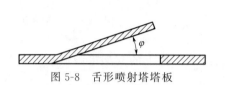

图 5-8　舌形喷射塔塔板

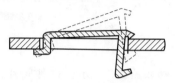

图 5-9　浮动型喷射塔塔板

5.4.3.5　导向筛板塔

导向筛板塔是为减压精馏塔设计的低阻力、高效率的筛孔塔，导向筛板的结构如图5-10所示。减压塔要求塔板阻力小，塔板上的液层薄而均匀。

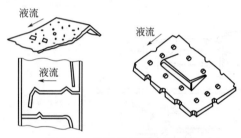

图 5-10　导向筛板结构示意图

为此在结构上将液体入口处的塔板略微提高形成斜台，以抵消液面落差的影响，并可在低气速时减少入口处的漏液；另外，部分筛板上还开有导向孔，使该处气体流出的方向和液流方向一致，利用部分气体的动能推动液体流动，进一步减小液面落差，使塔板上的液层薄而均匀。导向筛板塔具有压力降小、效率高、弹性大的特点，适用于真空蒸馏操作。

各种板式塔塔板的适用范围和优缺点介绍见表5-1。

表 5-1　各种塔板的适用范围和优缺点

塔板类型	优点	缺点	适用范围
圆泡帽板	较成熟,操作范围宽	结构复杂,阻力大,生产能力低	某些要求弹性好的特殊塔
浮阀板	效率高,操作范围宽	需要不锈钢,浮阀容易脱落	分馏要求高,负荷变化大,如原油常压分馏塔
筛板	效率较高,成本低	要求安装水平高,易堵塞	分离要求高,塔板数较多,如化工生产中的丙烯塔
舌形板（固）	结构简单,生产能力大	操作范围窄,效率低	分离要求低的闪蒸塔
浮喷板	压力降小,生产能力大	浮板易脱落,效率较低	分离要求较低的原油减压分馏塔
网孔板	压降小,能力大,效率较高	操作范围较窄	较多用于润滑油型减压塔

5.4.4　塔板的安装

塔板的安装质量对于精馏操作有很大的影响。人们总是希望精馏塔能满足分离能力高、生产能力大、操作稳定等要求。为此精馏塔的安装质量应该做到以下几个方面。

①塔身要求垂直，倾斜度不得超过千分之一，否则会在塔板上形成死区，使塔的精馏

效率降低。

② 塔板要求水平，水平度不能超过±2mm，塔板水平度若达不到要求，就会造成板面上的液层高度不均匀，使塔内上升的气相易从液层高度小的区域穿过，使气液两相在塔板上不能达到预期的传热和传质要求，使塔板效率降低。筛板塔尤其要注意塔板的水平要求。对于舌形喷射塔塔板、浮动喷射塔塔板、斜孔塔塔板等，还需注意塔板的安装位置，保持开口方向与该层塔板上的液体流动方向一致。

③ 溢流口与下层塔板的距离应根据生产能力和下层塔板溢流堰的高度而定，但必须满足溢流堰板能插入下层受液盘的液体之中，以保持上层液相下流时有足够的通道和封住下层上升的蒸气必需的液封，避免气相走短路。另外，泪孔是否畅通，受液槽、升气管等部件的安装、检修情况都是需要注意的。各种塔板都有具体的安装要求，只要按照安装要求进行安装就可以保证塔的生产效率。

5.5　精馏操作影响因素控制分析

5.5.1　精馏塔操作压力的控制

精馏塔操作压力的确定，既要考虑压力对精馏塔分离效果的影响，又要考虑塔顶使用的冷凝剂所能达到的冷凝温度，以及物料物化性质的限制。在气-液相平衡中，压力、温度和组成之间有确定的关系，也就是操作压力决定产品组成。产品组成是工艺要求所决定的，不可随意改变。操作压力一经确定，就应保持恒定。但是，精馏塔的设计一般都留有一定余地，压力的改变可使平衡温度、塔的气速、分离效果得到调节。提高操作压力，可减少塔顶冷凝器冷却剂的消耗量，可使塔内气速下降，提高生产能力，但会使相对挥发度下降，分离效果变差。例如，乙烯精馏塔塔压的控制主要有两种方法：当气相出料含有大量不凝性气体时，塔压用气相排出量控制；当气相出料不含不凝性气体时，塔压用塔顶冷凝器的冷剂量控制。

5.5.2　精馏塔的操作控制

（1）精馏塔操作温度的控制　影响精馏塔操作温度的因素有许多，如进料参数、再沸器的加热量、塔顶冷凝器的运行情况等。精馏塔各层塔板上的物料温度反映了物料在塔板上的组成。塔顶与塔釜产品在组成一定时，在某一恒定压力条件下，必有其对应的塔顶和塔釜温度。而塔顶和塔釜温度通常是用灵敏板温度来控制的。所谓灵敏板就是整个塔的操作情况变化时（平衡被破坏），这层塔板上的温度变化最显著、最大，也就是该板组成变化最大、最灵敏。用灵敏板温度来控制可以提前知道产品质量变化的趋势，从而预先调节。影响灵敏板温度的因素主要有进料状况、加热介质、冷剂的流量、压力、温度变化等。调节灵敏板温度，也要根据这些影响因素，作出不同且适当的反应。多数是采用改变加热介质用量的方法对灵敏板温度加以控制。当塔顶与塔釜温差小、灵敏板温度并不灵敏时，精馏塔的温度控制可以采用灵敏板组成控制、塔釜液面或热值控制的方法，它们的控制方法与灵敏板温度控制的操作原则一致。

（2）回流比的控制　回流是精馏塔操作不可缺少的因素之一，回流量与采出量之比即为回流比。在塔板数和塔板结构已定的情况下，增大回流比，通常可提高精馏效果。但对已满负荷运行的塔来说，加大回流比，蒸气速度过高，则会造成过量雾沫夹带，使分离效果变差。加大还是减小回流比，主要应考虑两个因素，即塔板数和塔板效率，观察影响产品产量和质量的因素主要是塔板数还是塔板效率。选择合适的回流比既能满足工艺要求，又能适应塔结构的限制。回流比一经确定，就应保持相对稳定。在一定负荷条件下，回流比一定，回流量即一定。在一定条件下，回流量的变化对塔的整个精馏过程产生显著影响，如回流量减少，将导致精馏段各板温度上升，组成随之发生变化。

（3）进料状况的控制　进料量、进料温度和进料组成是精馏塔进料的三个重要参数。进料量的变化会影响塔的物料平衡以及塔的效率；进料温度会影响整个塔的温度分布，从而改变气液平衡组成；进料组成变化会引起全塔物料平衡和工艺条件的改变。显然，进料量、进料温度和进料组成的稳定是精馏塔操作的重要条件。进料量一般通过进料调节阀实现控制，应充分利用进料罐空间的缓冲性，一味追求液面稳定而频繁大幅度改变进料量，会引起塔的波动。进料温度的控制一般是由进料换热器的操作或上游工序的操作温度来决定的。在原料和操作条件及前几个工序工艺条件一定的条件下，进料组成的变化将不会明显。例如，进料组成发生重要改变时，应采取改变进料口位置、改变回流比等相应措施加以调节（如有的精馏塔设有多个进料口）。

（4）再沸器加热量的控制　塔内上升蒸气的速度大小直接影响传质效果，塔内最大的蒸气上升速度不得超过液泛速度。影响塔内上升蒸气速度的主要因素是塔釜再沸器和中间再沸器的加热量。塔釜再沸器加热塔釜物料；中间再沸器加热从精馏塔提馏段某层板上抽出的部分液体，加热后部分液体再由该板以下的适当位置送回塔内。为使装置更好地节能，回收塔釜冷量，并使精馏塔内气液相负荷均匀，从而缩小塔径，减少设备投资，一些精馏塔设有中间再沸器。在釜温保持稳定的情况下，加热量增加，塔内上升蒸气速度加大；反之，则上升蒸气速度减小，而加热量调节过猛，有可能造成液泛或漏液。

（5）塔顶冷凝器的控制　对所有具有塔顶冷凝器回流操作的塔，其冷剂量的大小对精馏操作影响显著，也是回流量波动的主要原因。冷剂无相变时，冷凝器的负荷主要由冷剂量来调节，冷剂量减少，将造成塔顶冷凝器的物料温度升高，回流量减少，塔顶温度升高，塔顶产品中重组分含量增加。当冷剂有相变化时，在冷剂量充分的前提下，调节冷剂蒸发压力后会引起回流量变化，塔顶温度变化更为灵敏。

5.5.3　采出量的影响

（1）塔顶采出量的影响　精馏塔塔顶采出量的大小和该塔进料量的大小有着对应关系。进料量增加，塔顶采出量应相应增加，否则就会破坏塔内的物料平衡。当进料量不变时，若塔顶采出量增大，则回流比势必要减小，结果各塔板上回流量减少，气液接触不好，传质效率下降，同时操作压力也相应下降，各板上的气液相组成发生变化，结果是重组分被带到塔顶，塔顶产品不合格。当进料量加大而采出量不变时，其结果是回流比增大，塔内物料量增多，上升蒸气速度增加，塔压差增大，严重时会引起液泛。

（2）塔釜液采出量的影响　精馏塔釜液采出量的变化同样会影响塔的物料平衡。当进料量不变时，釜液采出量增大，会引起塔釜液面降低，甚至会抽空，使塔釜再沸器的釜液循环量减少，釜温下降，轻组分不能从釜液中蒸出，塔顶、塔釜产品可能均不合格。若釜液采出量变小，将造成塔釜液面过高，甚至出现淹塔现象，严重时冲坏塔盘，增加了釜液循环阻力，同样要造成传热不好，使产品不合格。特别是对于釜液易聚合的重组分（如脱丙烷塔和脱丁烷塔），塔釜液面过高或过低，都会造成物料在再沸器中的停留时间延长，增加烯烃聚合的可能性。

5.6　班组经济核算基础知识

班组经济核算是企业民主管理的一项重要内容，是工人参加企业管理的一种形式。即在操作工班组中对生产活动进行记录计算、分析和比较，在保证产品质量的前提下，达到降低产品成本之目的，以尽可能少的消耗取得较大的经济效果。

5.6.1　开展班组经济核算的意义

班组经济核算是工人群众参加企业民主管理的具体体现，是组织工人群众参加企业管理的一项重要工作。班组是企业的基层组织，是企业管理和经济核算的基础。企业的生产、技术、经济等各方面的工作，都需要通过班组的活动来实现，班组的工作成果决定着企业产品的产量、质量、消耗和成本。开展群众性的班组经济核算，对保证企业全面完成各项经济技术指标，并取得尽可能大的经济效益有着十分重大的意义。

（1）增强职工当家做主的责任感　在企业中，工人群众既是物质财富的创造者，又是劳动力和原材料的直接消耗者。开展班组经济核算，使生产者又成为管理者和核算者。通过核算，可使工人了解自己的生产活动成果，提高他们当家理财的主人翁思想，以调动积极性和主动性，做到人人关心生产，个个注意节约，从而把专业管理与群众管理、专业核算与群众核算密切结合起来。

（2）推动增产节约活动深入发展　开展班组经济核算，可以把各项经济技术指标直接扎根于广大工人群众中，使工人明确优质、高产和低消耗的任务指标，做到生产岗位人人有专责、事事有人抓、物物有人管，从而具体、迅速、准确地反映班组的生产消耗和生产成果，及时发现和解决问题。在此基础上，利用班组经济核算资料找差距，并进一步分析形成差距的原因，从中总结经验教训可以促使大家动脑筋、想办法、找窍门、挖潜力，努力增加生产，提高质量，降低消耗，提高劳动生产率，从而进一步推动技术革新，推动增产节约活动更加深入、广泛、持久地开展，为企业完成计划指标打下坚实的基础，并不断提高企业素质。

（3）提高企业管理水平，使经济工作越做越细　随着班组经济核算的普遍推行和群众理财的深入，便可正确、及时、完整地反映企业各个基层环节的经济活动情况，从而可以及时发现生产中的薄弱环节，并且适时加以解决。广大职工群众在生产第一线工作，对生产情况十分熟悉，依靠群众理财，能比较全面地揭露企业生产经营中的各种问题，从而使经济工作越做越细，使企业各项管理水平（如计划、生产、技术、供销、劳资、财务、统计等管理工作）大大提高。

（4）贯彻按劳分配原则，为劳动竞赛提供评比资料　开展班组经济核算，每个班组随时能够提供自己工作成绩的记录，这就为贯彻按劳分配的原则，开展劳动竞赛提供可靠、准确的数据。将这些资料及时加以公布，使工人群众不仅能看到自己班组的经济效果，而且也能看到先进班组的成绩，可以大大激发他们的劳动热情，促使他们积极投入到劳动竞赛中去。

5.6.2 班组经济核算的组织形式

班组经济核算一般以班组为单位，但应从实际出发，具体划分核算单位。如果核算单位选择得不适当，就会影响核算的效果。班组经济核算的组织形式，应根据生产特点和劳动组织情况，并考虑劳动竞赛、岗位责任制等具体要求来确定。在划清经济责任、技术责任的基础上，核算单位应当尽量缩小，以便于落实岗位责任制，划清各自的经济责任。一般来说，所确定的组织形式，应使各核算单位的劳动消耗和生产成果能够划分清楚，性质相同的各核算单位的人数最好相等或接近，以便于开展劳动竞赛。

（1）班组核算 当生产任务是以班组为单位集体施工时，可采用这种形式，这是班组经济核算的主要形式。

（2）班组经济核算的指标和计算 开展班组经济核算，必须正确确定核算的指标。应当根据"干什么、管什么、算什么"的原则，抓住与班组的生产和管理工作有直接联系的重要指标，使班组核算的指标简明扼要。根据企业的特点一般是在保证产品质量、安全和完成产量的前提下，核算班组的人工和材料消耗。为了简化核算工作量，减轻班组的负担，也可只核算数量，不计算金额。

（3）建立和健全以班组为基础的群众理财组织 班组是最基本的生产组织单位，也是搞好群众理财的基础。因此，要开展好班组经济核算工作，首先必须选好班组长，健全班组经济核算组织，并由班组长、兼职核算员组成工管小组。工管小组的职责应通过群众讨论，以便各尽其责，分工合作。其主要任务是：积极宣传财经政策，维护财经纪律，坚持原则，敢于向一切铺张浪费、贪污盗窃等损害国家利益的行为作斗争；积极贯彻和推行各项定额，并参与定额的修订工作，落实班组计划和各项增产节约措施；做好班组经济指标的记录、核算、公布等工作；开展班组经济活动分析，找差距、挖潜力，促进增产节约活动的深入发展。

5.7 进料状况对 q 线及操作线的影响

5.7.1 操作线交点的轨迹方程——q 线方程式

在两操作线交点处，气、液相间的关系应既符合精馏段操作线方程式，也符合提馏段操作线方程式。可将两操作线方程式（4-27）和式（4-30）联立求得交点的轨迹。

$$y = \frac{q}{q-1}x - \frac{x_F}{q-1} \tag{5-1}$$

式（5-1）称为操作线交点的轨迹方程式。将式（5-1）标在 y-x 图上是过点 (x_F, x_F) 的一条直线，其斜率是 $\frac{q}{q-1}$，在 y 轴上的截距是 $-\frac{x_F}{q-1}$。式（5-1）也称为 q 线方程式。

5.7.2 进料状况对 q 线及操作线的影响

不同进料热状况对 q 值，q 线在 y-x 图上的位置及进料板上、下两段气、液流量的影响见表 5-2。

表 5-2 不同进料热状况的对比

进料热状态	进料焓	$q=\dfrac{I_V-I_F}{I_V-I_L}$	精馏段、提馏段的气、液流量关系	q 线斜率 $\dfrac{q}{q-1}$	q 线在 y-x 图上的位置
冷液体	$I_F<I_L$	>1	$L'>L+F$ $V'>V$	$1\sim+\infty$	↗
饱和液体	$I_F=I_L$	1	$L'=L+F$ $V=V'$	$+\infty$，垂线	↑
气液混合	$I_L<I_F<I_V$	$0\sim1$	$L'=L+qF$ $V=V'+(1-q)F$	$-\infty\sim0$	↖
饱和蒸气	$I_F=I_V$	0	$L'=L$ $V=V'+F$	0，水平线	←
过热蒸气	$I_F>I_V$	<0	$L'<L$ $V>V'+F$	$0\sim1$	↙

【例 5-1】 一连续操作的精馏塔，将 175kmol/h 含苯 44% 和甲苯 56% 的混合液分离为含苯 97.4% 的馏出液和含苯 2.35% 的残液（以上均为摩尔分数）。操作压力为 101.3kPa。试求原料液在以下三种进料情况下的 q 线方程式：（1）进料为泡点的液体；（2）进料为 293K 的液体；（3）进料为气、液各半的混合物。[293K 进料液体的比热容为 1.843kJ/(kg·K)，甲苯的汽化潜热为 360kJ/kg]

解：（1）饱和液体进料

$$y=\frac{q}{q-1}x-\frac{x_F}{q-1}$$

将上式改写成

$$(q-1)y=qx-x_F$$

在饱和液体进料时

$$q=1$$

代入上式，得饱和液体进料时的 q 线方程式为

$$x=x_F=0.44$$

（2）293K 液体进料时，原料液的平均摩尔质量为

$$M_{均}=\sum M_ix_i=78\times0.44+92\times0.56=85.84(\mathrm{kg/kmol})$$

进料千摩尔比热容为

$$c_p=85.84\times1.843=158.2[\mathrm{kJ/(kmol\cdot K)}]$$

由苯-甲苯的 t-x-y 相图，求得进料液的沸点为

$$t_s=366\mathrm{K}$$

查得苯的汽化潜热 390kJ/kg，已知甲苯的汽化潜热为 360kJ/kg，则

$$r_{苯}=390\times78=30420(\mathrm{kJ/kmol})$$

$$r_{甲苯}=360\times92=33120(\mathrm{kJ/kmol})$$

$$r_c=0.44\times30420+0.56\times33120=31932(\mathrm{kJ/kmol})$$

所以

$$q=1+\frac{c_p(t_s-t_F)}{r_c}$$

$$q=1+\frac{158.2\times(366-293)}{31932}=1.362$$

q 线方程式为

$$y=\frac{q}{q-1}x-\frac{x_F}{q-1}=\frac{1.362}{1.362-1}x-\frac{0.44}{1.362-1}$$

$$y=3.76x-1.22$$

（3）进料为气、液各半的混合物时，根据液化分率的物理意义，可得

$$q=\frac{1}{2}=0.5$$

$$y=\frac{q}{q-1}x-\frac{x_F}{q-1}=\frac{0.5}{0.5-1}x-\frac{0.44}{0.5-1}$$

$$y=-x+0.88$$

5.8　精馏塔塔板数的计算

在精馏计算中，先求得理论塔板数，然后利用全塔效率予以修正，即可得到实际塔板数。理论塔板是指自该塔板上升的蒸气与溢流的液体经过充分接触，气、液两相在离开塔板时已达到了平衡状态，此塔板则称为理论塔板或平衡塔板。

实际生产中，在精馏塔板上，气、液两相的接触面积和接触时间是有限的，因此，在任何形式的实际塔板上气、液两相难以达到平衡状态，即理论板实际上是不存在的。理论塔板仅用作衡量实际塔板分离效率的依据和标准。

求理论塔板数需要利用：①气、液相平衡关系——平衡曲线；②相邻两塔板间气、液相组成的对应关系——精馏段操作线方程式和提馏段操作线方程式。

5.8.1　图解法求理论塔板数

图解法求理论塔板数的原理与逐板计算法完全相同，用平衡线和操作线分别代替平衡方程和操作线方程，计算过程在 y-x 图上进行图解法的准确程度虽然不如逐板计算法高，但是因其具有简单方便、计算精度对工程计算的影响不大的特点，所以广泛应用于双组分精馏塔的计算。

直角梯阶图解法求理论塔板数（如图 5-11 所示）的步骤如下。

第一步：根据物系的相平衡数据，在直角坐标纸上绘出要求分离的双组分物系的 y-x 平衡曲线，并作出参考线——对角线。

第二步：在 y-x 图上作出操作线。

（1）作精馏段操作线　从 $x=x_D$ 处引垂线与对角线交于 a 点（x_D，x_D），再由精馏段操

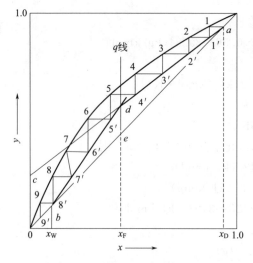

图 5-11　图解法求理论塔板数

作线的截距$\dfrac{x_D}{R+1}$在 y 轴上定出 c 点。连接 ac，得精馏段操作线。

（2）作 q 线　从 $x=x_F$ 处引垂线与对角线交于 e 点（x_F，x_F），由进料状态计算出 q 线的斜率，过 e 点以$\dfrac{q}{q-1}$为斜率绘出 q 线，与精馏段操作线 ac 交于 d 点（图中为泡点进料情况，$q=1$，$\dfrac{q}{q-1}=+\infty$，即 q 线为过 e 点的垂线）。

作提馏段操作线

从 $x=x_W$ 处引垂线与对角线交于 b 点（x_W，x_W），连接 bd，得提馏段操作线。

第三步：从 a 点开始，在精馏段操作线与平衡线间画直角梯阶。当梯阶跨过两操作线交点 d 时，改在提馏段操作线与平衡线间画直角梯阶，直到梯阶跨过 b 点为止。

所画的每一个直角梯阶代表一块理论塔板。如图 5-11 所示，梯阶总数为 9，表示共需 9 块理论塔板。第 5 梯阶跨过两操作线交点 d，即第 5 板为加料板，精馏段理论塔板数为 4 块，提馏段的理论塔板数为 5 块。由于气、液两相在蒸馏釜（再沸器）内的接触充分，气、液相达到平衡，故蒸馏釜（再沸器）相当于最后一块理论塔板。若提馏段不包括蒸馏釜，则理论塔板数为 4 块。

5.8.2　逐板计算法求理论塔板数

从最上层塔板（第 1 板）上升的蒸气进入冷凝器中全部冷凝，并在泡点下回流，所以，塔馏出液和回流液的组成都与第 1 板的上升蒸气组成相同，即

$$y_1=x_D \tag{5-2}$$

从第 1 板上升的蒸气组成 y_1 与从该板溢流的液体组成 x_1 符合平衡关系。利用 y-x 相图或 $y_1=\dfrac{\alpha x_1}{1+(\alpha-1)x_1}$可由 y_1（即 x_D）求得 x_1。

又因 x_1 与 y_2 符合操作线方程，所以利用精馏段操作线方程可求出 y_2，依次类推。即

$$x_D \xrightarrow{\text{平衡关系}} y_1 \xrightarrow{\text{操作线方程}} x_1 \xrightarrow{\text{平衡关系}} y_2 \xrightarrow{\text{操作线关系}} x_2 \xrightarrow{} y_3\cdots$$

当 $x_n\leqslant x_q$（x_q 为精馏段操作线与提馏段交点的横坐标）时，说明第 n 板是加料板，应属提馏段。即精馏段需要（$n-1$）块理论塔板。在上述过程中，每用一次平衡关系即为一块理论塔板。

提馏段所需的理论板的求取方法同精馏段相同，但是由于原料液的引入，从加料板开始往下计算采用的是提馏段操作线方程，平衡关系不变，一直计算到液相组成 $x_m\leqslant x_W$（x_W 为残液组成）为止。提馏段需要 m 块理论塔板（包括塔釜在内）。间接加热的蒸馏釜相当于最后一块理论塔板，如不将蒸馏釜计算在内，提馏段需要（$m-1$）块理论塔板。

逐板计算法求理论塔板数较准确，同时可得每板上气、液相组成，但比较费时间，采用计算机计算就很方便。

【例 5-2】　常压下用连续精馏塔分离含苯 0.44（摩尔分数，下同）的苯-甲苯混合物。进料为泡点液体，进料流量为 100kmol/h。要求馏出液中含苯不小于 0.94，釜液中含苯不大于 0.08。设该物系为理想溶液，相对挥发度为 2.47，塔顶设全凝器，泡点回流，选用的回流比为 3。试计算精馏塔两端产品的流量及所需的理论塔板数。

解：由全塔物料衡算得

$$100 = D + W$$

$$100 \times 0.44 = D \times 0.94 + W \times 0.08$$

解得 $\qquad D = 41.86 \text{kmol/h}, W = 58.14 \text{kmol/h}$

精馏段操作线方程为

$$y = \frac{R}{R+1} x + \frac{x_D}{R+1}$$

$$y = \frac{3}{3+1} x + \frac{0.94}{3+1} = 0.75x + 0.235$$

提馏段操作线方程为

$$y = \frac{L+qF}{L+qF-W} x - \frac{Wx_W}{L+qF-W}$$

$$L = RD = 3 \times 41.86 = 125.58 \text{(kmol/h)}$$

泡点进料时, $q=1$, 故提馏段操作线方程为

$$y = \frac{125.58+100}{125.58+100-58.14} x - \frac{58.14 \times 0.08}{125.58+100-58.14} = 1.347x - 0.0278$$

平衡线方程为

$$y = \frac{\alpha x}{1+(\alpha-1)x} = \frac{2.47x}{1+1.47x} \text{ 或 } x = \frac{y}{\alpha-(\alpha-1)y} = \frac{y}{2.47-1.47y}$$

泡点进料时,

$$x_q = x_F = 0.44$$

由塔顶第 1 板开始计算, 第 1 板上升蒸气组成 $y_1 = x_D = 0.94$。第 1 板下降的液体组成 x_1 由平衡线方程确定:

$$x_1 = \frac{0.94}{2.47-1.47 \times 0.94} = 0.8638$$

第 2 板上升蒸气组成 y_2 由精馏段操作线方程确定:

$$y_2 = 0.75 \times 0.8638 + 0.235 = 0.8829$$

第 2 板下降的液体组成 x_2 由平衡线方程确定:

$$x_2 = 0.7532$$

如此往下逐板计算, 得

$$y_3 = 0.8 \qquad x_3 = 0.618$$

$$y_4 = 0.6985 \quad x_4 = 0.484$$

$$y_5 = 0.598 \quad x_5 = 0.376$$

由于 $x_5 < x_q = 0.44$, 所以第 5 板为进料板, 精馏段有 4 块理论板。从第 5 板开始改用提馏段操作线方程式, 由 x_5 求下一层塔板上升的蒸气组成 y_6。

$$y_6 = 1.347 \times 0.376 - 0.0278 = 0.4787$$

如此往下逐板计算, 得

$$y_7 = 0.3373 \qquad x_7 = 0.1709$$

$$y_8 = 0.2024 \qquad x_8 = 0.09316$$

$$y_9 = 0.0977 \qquad x_9 = 0.042$$

由于 $x_9 < x_W = 0.08$, 所以总塔板数为 9 块 (包括塔釜), 提馏段为 $9-4=5$ 块理论板 (包括塔釜)。

5.8.3　适宜的加料板位置

在进料组成 x_F 一定时，进料板位置随进料状况而异。适宜的加料板位置一般在塔内液相或气相组成与进料组成相同或相近的塔板上。这样可以达到较好的分离效果，或对于一定的分离任务所需的理论塔板数较少。用逐板计算法和图解法求理论板中，所确定的加料板位置是最佳进料位置，对于一定的分离任务，所需的理论板数最少。

进料为液相时，料液加到进料板上；气相进料时，料应加到进料板下方；气、液混合进料时，原则上将液体和气体分别进入加料板上、下两侧。实际上为了操作方便，可全部加到进料板上；当有多种不同组成的原料进料时，将它们分别加到与进料组成相同或相近的塔板上，比将它们混合在一起加到进料板上所需的理论板数少。如进料组成和热状态常有较大变化，可在精馏塔上设多个进料口，以适应 x_F 和 q 的变化。

【例 5-3】　某混合液在连续精馏塔中被分离，在精馏段内某理论板 n 上，测得进入该板气相中轻组分的组成为 0.91，从该板流下的液相中轻组分的组成为 0.89，如图 5-12 所示。物系的相对挥发度为 1.6，若要求馏出液中轻组分的组成不低于 0.95，求离开该板的蒸气组成 y_n 和进入该板的液相组成 x_{n-1}。

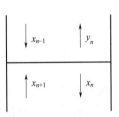

图 5-12　例 5-3 附图

解：因为该板为理论板，离开该板的气、液两相组成互为平衡，y_n 与 x_n 之间关系应符合平衡关系，即

$$y_n = \frac{\alpha x_n}{1+(\alpha-1)x_n} = \frac{1.6 \times 0.89}{1+(1.6-1)\times 0.89} = 0.93$$

由

$$y_{n+1} = \frac{R}{R+1} x_n + \frac{x_D}{R+1}$$

$$0.91 = \frac{R}{R+1} \times 0.89 + \frac{0.95}{R+1}$$

解得

$$R = 2$$

精馏段操作线方程还可写为

$$y_n = \frac{R}{R+1} x_{n-1} + \frac{x_D}{R+1}$$

$$0.93 = \frac{2}{2+1} x_{n-1} + \frac{0.95}{2+1}$$

解得

$$x_{n-1} = 0.92$$

【例 5-4】　苯和甲苯的 y-x 相图如图 5-13 所示，若将含苯为 0.4 的饱和液体分离为含苯 0.95 的馏出液和含苯 0.1（均为摩尔分数）的残液。回流比为 2，求所需的理论塔板数和理论进料板位置。

解：画出操作线。在相图上依 x_D、x_F、x_W 作三垂线，与对角线分别交于 a、e、b 三点，按精馏段操作线在 y 轴上的截距为 $\dfrac{x_D}{R+1} = \dfrac{0.95}{2+1} = 0.317$，定出 c 点，连接 ac，得精馏段操作线。因为是饱和液体进料，$q=1$，故 q 线为通过 e 点的垂线，与精馏段操作线交于 d 点。连接 bd，得提馏段操作线。从 a 点开始，在平衡线和操作线之间作直角梯阶。第 6 梯阶的水平线跨过 d 点，此后在提馏段操作线和平衡线之间作梯阶，直到第 11 梯阶与平衡线

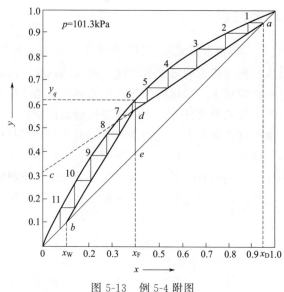

图 5-13   例 5-4 附图

的交点的横坐标 x 值小于 x_W 为止。从梯阶数目可知，需要理论塔板 11 块（包括塔釜），其中精馏段为 5 块理论塔板，提馏段（除塔釜外）为 5 块理论塔板，理论加料板为第 6 块理论塔板。

5.8.4 全塔效率和实际塔板数

相对理论塔板而言，实际操作中的塔板由于接触时间有限等原因，在气、液接触、传质后离去时，一般达不到前述的相平衡状态。实际塔板的分离效率比理论塔板差，所需要的实际塔板数比理论塔板数多。理论塔板数与实际塔板数之比，称为全塔效率或总板效率，用 E_T 表示，即

$$E_T = \frac{N_T}{N} \tag{5-3}$$

式中 E_T——全塔效率；

N_T——完成一定分离任务所需的理论板数（不包括塔釜）；

N——完成一定分离任务所需的实际板数。

全塔效率受很多因素的影响，目前还不能精确计算。设计时，一般采用经验数据，或用经验公式估算。塔板效率可以按图 5-14 中的曲线作近似的估计。图中横坐标为进料的平均黏度与平均相对挥发度的乘积，进料的平均黏度 $\mu_{均}$ 可由已知的进料组成按全塔平均温度的数值计算如下：

$$\mu_{均} = \mu_A x_A + \mu_B x_B \tag{5-4}$$

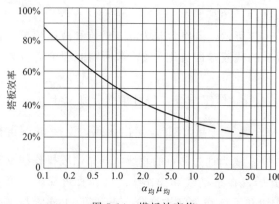

图 5-14   塔板效率值

式中　μ_A，μ_B——组分 A 和组分 B 在平均温度下的黏度，$Pa \cdot s$；

　　　x_A，x_B——组分 A 和组分 B 的摩尔分数。

5.8.5　单板效率

另一种塔板效率——单板效率，国外文献中通称为默弗里（Murphree）板效率。如图 5-15 所示，设进入第 n 层塔板的气相组成为 y_{n+1}，在第 n 层塔板上与液相进行物质交换后，离开该板的蒸气组成提高到 y_n，这层塔板气相的增富程度为（$y_{n+1} - y_n$）。两者之比称为这层塔板（第 n 板）的气相单板效率 E_{mV}。

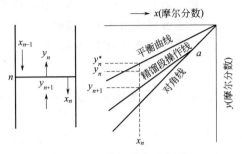

图 5-15　单板效率示意图

$$E_{mV} = \frac{y_n - y_{n+1}}{y_n^* - y_{n+1}}$$

类似地，设进入和离开第 n 层实际塔板的液相组成分别为 x_{n-1} 和 x_n，假如该板为理论塔板，离开的液相组成为 x_n^*，则实际塔板的液相减浓程度（$x_{n-1} - x_n$）与理论塔板的减浓程度（$x_{n-1} - x_n$）之比，称为该塔板的液相单板效率 E_{mL}。

$$E_{mL} = \frac{x_{n-1} - x_n}{x_{n-1} - x_n^*}$$

单板效率与总板效率来源于不同的概念。单板效率直接反映单独一层塔板上传质的优劣，常用于塔板研究中，各层塔板的单板效率通常随组成等因素变化而并不相等；而总板效率是反映整座塔全部塔板的平均传质效果，便于从理论板数得到实际板数，常用于板式塔设计中。

5.9　回流比对精馏塔理论塔板数的影响

回流比是保证精馏塔连续稳定操作的基本条件，它是影响精馏设备费用和操作费用的重要因素，对产品质量和产量有重大影响。由于回流比调节方便，是精馏操作的主要控制手段之一。

对于一定的分离任务，在确定 x_D、x_W 和 x_F 及进料状态条件下，q 线一定，则精馏段操作线的位置仅随回流比变化。采用较大的回流比时，操作线的位置远离平衡线，向下向对角线靠拢，在平衡线和操作线之间所作的直角梯阶的跨度变大，每层塔板的分离效率提高。所以，在固定分离要求的情况下，增大回流比所需的理论塔板数减少；反之，所需的理论塔板数增多。回流比有两个极限值，上限为全回流（回流比为无穷大），下限为最小回流比，适宜的回流比在两者之间。

5.10　全回流和最小理论塔板数

精馏塔塔顶上升的蒸气进入全凝器冷凝后，冷凝液全部回流至塔内的回流方式称为全回流。全回流时，塔顶产品 $D=0$，进料量 F 和塔釜产品量 W 均为零，也就是既不向塔内进料，也不采出产品。此时的生产能力为零，对正常生产没有实际意义。全回流主要应用在：

① 精馏塔开工阶段，为迅速在各塔板上建立逐板增浓的液层暂时采用；

② 实验或科研为测定实验数据方便，采用全回流；

③ 操作中因意外而使产品浓度低于要求时，进行一定时间的全回流，能够较快地达到操作正常。

全回流时，回流比 $R=\dfrac{L}{D}=+\infty$，精馏段操作线（也就是全塔操作线）的斜率 $\dfrac{R}{R+1}=1$，在 y 轴上的截距 $\dfrac{x_D}{R+1}=0$。精馏段操作线和提馏段操作线与 y-x 相图的对角线重合，全塔没有精馏段和提馏段之分。此时的操作线方程为

$$y=x$$

在操作线（对角线）与平衡线之间作直角梯阶或用平衡关系式与对角方程式逐板计算，可求得全回流时的理论塔板数。由于全回流时平衡线和操作线之间的距离最大，气、液相间的传质推动力最大，所作的梯阶跨度也最大，所以达到一定的分离要求时所需的理论塔板数最少。全回流时所需的理论塔板数称为最小理论塔板数，以 $N_{\min}$ 表示。最小理论塔板数 $N_{\min}$ 还可以用芬斯克方程求得：

$$N_{\min}=\frac{\lg\left[\left(\dfrac{x_D}{1-x_D}\right)\left(\dfrac{1-x_W}{x_W}\right)\right]}{\lg\alpha_m}-1 \tag{5-5}$$

式中　$N_{\min}$——全回流时的最小理论塔板数（不包括塔釜）；

　　　α_m——全塔平均相对挥发度，可取塔顶和塔底 α 的几何平均值。

5.11　连续精馏的热量衡算

5.11.1　全塔热量衡算

通过对连续精馏装置的热量衡算，可以确定再沸器和塔顶冷凝器的热负荷以及加热剂和冷却剂的消耗量。

（1）塔底加热蒸汽消耗量　　如图 5-16 所示，对塔底再沸器进行热量衡算，则

$$Q_B=V'I_{V'}+WI_W-L'I_{L'}+Q_L$$

式中　Q_B——再沸器的热负荷，kJ/h；

　　　$I_{V'}$——再沸器中上升蒸气的焓，kJ/kmol；

　　　I_W——液的焓，kJ/kmol；

　　　$I_{L'}$——提馏段底部馏出液的焓，kJ/kmol；

　　　Q_L——再沸器的热损失，kJ/h。

因为 $V'=L'-W$，并近似地取 $I_{L'}=I_W$，则有

$$Q_B=V'(I_{V'}-I_W)+Q_L \tag{5-6}$$

若采用饱和蒸汽加热，则加热蒸汽的消耗量为

$$G=\frac{Q_\mathrm{B}}{r} \qquad (5\text{-}7)$$

式中　G——饱和蒸汽消耗量，kg/h；

　　　r——饱和蒸汽的冷凝潜热，kJ/kg。

（2）塔顶冷却水消耗量　如图 5-16 所示，对塔顶冷凝器进行热量衡算，忽略热损失，则

$$Q_\mathrm{D}=VI_\mathrm{V}-DI_\mathrm{D}-LI_\mathrm{D}=VI_\mathrm{V}-(D+L)I_\mathrm{D} \qquad (5\text{-}8)$$

式中　Q_D——冷凝器的热负荷，kJ/h；

　　　I_V——塔顶上升蒸气的焓，kJ/kmol；

　　　I_D——馏出液的焓，kJ/kmol。

冷却介质的消耗量为

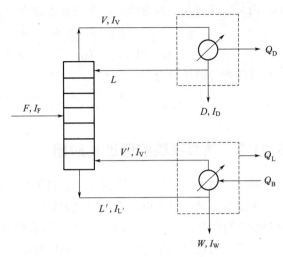

图 5-16　精馏装置热量衡算图

$$W=\frac{Q_\mathrm{D}}{C_p(t_2-t_1)} \qquad (5\text{-}9)$$

式中　W——冷却介质消耗量，kg/h；

　　　C_p——冷却介质的平均比热容，kJ/(kg·K)；

　　　t_1，t_2——分别为冷却介质在冷凝器的进、出口温度，K。

【例 5-5】　连续精馏塔分离苯-甲苯混合液，进料量为 116.6kmol/h，泡点进料，塔顶产品为 51.0kmol/h，回流比为 3.5，加热蒸汽绝压为 200kPa，再沸器热损失为 1.5×10^6kJ/h，塔顶采用全凝器泡点回流，冷却水进、出口温度分别为 25℃和 35℃，冷凝器热损失忽略不计。已知甲苯的汽化潜热为 360kJ/kg，苯的汽化潜热 390kJ/kg。求：

（1）再沸器的热负荷及加热蒸汽的消耗量；

（2）全凝器的热负荷及冷却水的消耗量。

解：已知 $F=116.6$kmol/h，$D=51.0$kmol/h，$V=(R+1)D=(3.5+1)\times51.0=229.5$(kmol/h)

泡点进料

$$q=1$$
$$V=V'=229.5\text{kmol/h}$$

（1）再沸器的热负荷及加热蒸汽的消耗量

$$Q_\mathrm{B}=V'(I_{\mathrm{V}'}-I_\mathrm{w})+Q_\mathrm{L}$$

塔釜液几乎为纯甲苯，所以（$I_{\mathrm{V}'}-I_\mathrm{w}$）可取为纯甲苯的汽化潜热，即

$$I_{\mathrm{V}'}-I_\mathrm{w}=360\times92=33120\text{(kJ/kmol)}$$
$$Q_\mathrm{B}=229.5\times33120+1.5\times10^6=9.1\times10^6\text{(kJ/h)}$$

查得绝压为 200kPa 的蒸汽的冷凝潜热为 2204.6kJ/kg，即

$$G=\frac{Q_\mathrm{B}}{r}=\frac{9.1\times10^6}{2204.6}=4127.7\text{(kg/h)}$$

（2）全凝器的热负荷及冷却水的消耗量

$$Q_\mathrm{D}=V(I_\mathrm{V}-I_\mathrm{D})$$

因为馏出液几乎为纯苯，回馏液在泡点下回流入塔内，(I_V-I_D) 可取苯的汽化潜热。

$$I_V-I_D=390\times78=30420(kJ/kmol)$$

$$Q_D=V(I_V-I_D)=229.5\times30420=6.98\times10^6(kJ/h)$$

冷却水的消耗量为

$$W=\frac{Q_D}{C_p(t_2-t_1)}=\frac{6.98\times10^6}{4.187\times(35-25)}=1.67\times10^5(kg/h)$$

5.11.2　热泵系统的原理及应用

通过前面知识的学习，可以了解在精馏塔的顶部需要用冷却水或其他的冷却剂移去塔顶蒸气带出的热量，使之由气态冷凝成为液态，即塔顶蒸气需要放热。在塔底，重组分需要吸收热量进行汽化以产生上升蒸气，因此需要吸收热量。能不能将塔顶放出的热量供应给塔底，使塔底的物料汽化变成上升蒸气同时使塔顶的气态物料冷凝成为液态物料呢？问题就在于，在一般情况下热量只能由高温物体传向低温物体，而精馏塔的顶部温度低于底部温度，逆向传热不可能自动进行。但如果将制冷循环与精馏过程结合起来，使制冷系统的工作物质作冷却剂向塔顶供冷，吸热后的工作物质又作热剂向塔底供热，就可以实现将塔顶放出的热量供应给塔底，使塔底的物料汽化变成上升蒸气，同时使塔顶的气态物料冷凝成为液态物料的想法。这种既向塔顶供冷又向塔底供热的制冷循环就是热泵系统。

（1）开式热泵　开式热泵直接吸收塔顶的低温气体物料作介质，经压缩机压缩提高温度后去加热塔底物料，使之变成上升蒸气，其本身放热后凝成液体，进入回流中间罐，可以部分作为回流，部分作为出料。开式热泵的流程简单，能量比较节约。但是，由于开式热泵因蒸馏的物料与制冷的工作物质合并，在塔的操作不稳定时，容易被其他物料污染。

（2）闭式热泵　闭式热泵克服了开式热泵的缺点，使蒸馏的物料与制冷的工作物质分开，介质可以不一致，塔的压力可以和热泵的压力不一致，介质不会污染，操作稳定，产品的质量不受热泵系统的影响。

（3）热泵系统的应用条件　经过热力学分析可以得出这样的结论：热泵系统一般应用于低温精馏过程，精馏塔的顶温和底温都应该低于环境温度，且塔顶、塔底的温度差越小，使用热泵系统越经济。

5.12　特殊蒸馏

生产中若需要分离的混合液中两组分的相对挥发度非常接近，或者是恒沸物，或者是为了避免被蒸馏物受高温分解的情况，需要采用特殊蒸馏，以便经济合理地获得目的产物。在工业上应用较广的特殊蒸馏有水蒸气蒸馏、恒沸蒸馏、萃取蒸馏等。

5.12.1　水蒸气蒸馏

水蒸气蒸馏就是将水蒸气直接通入塔釜内的混合液中，水蒸气的存在降低了被蒸馏液的蒸气分压，降低了混合液的沸点，从而使混合液得到分离的蒸馏操作。水蒸气蒸馏常用于热敏性物料或高沸点混合液的分离，这种方法只适用于所得产品完全（或几乎）不与水互溶的情况。

水蒸气蒸馏为什么能降低被蒸馏物的沸点呢？其主要原因是水蒸气与被蒸馏物完全或几乎不互溶而分为两层，当混合液受热汽化时，其中各组分的蒸气压分别等于相同温度下纯组分的饱和蒸气压，其大小与混合物的组成无关，只与其温度有关。根据道尔顿分压定律，混合液液面上方的蒸气总压等于该温度下各组分蒸气压之和。在操作压力一定时，只要混合液上方两组分的蒸气压之和达到操作压力，该混合液就沸腾，这时的温度就是混合液的沸点，而且比混合液中任一组分的沸点都要低。所以，在常压下采用水蒸气蒸馏，水和与其完全不互溶组分所形成的混合液，其沸点总是低于水的沸点，而不论被分离组分的沸点有多高。这就是水蒸气蒸馏的原理。

例如用水蒸气蒸馏使松节油与杂质分离。在常压下松节油的沸点高达 458K，若采用水蒸气蒸馏，只需要 368K 就可以把松节油蒸馏出来，因为在 368K 时，水的饱和蒸气压为 85.3kPa，松节油的饱和蒸气压为 16kPa，总压为 101.3kPa，水和松节油就沸腾了。把蒸出的松节油蒸气和水蒸气冷凝，并经过静置分层，就可以得到高纯度的松节油。

水蒸气蒸馏的操作可采用两种加热方式进行：

① 将水蒸气直接通入作为加热剂，由于会有部分蒸汽冷凝，结果在蒸馏釜内有水层存在。

② 将高度过热的水蒸气直接通入作为加热剂，过热蒸汽不冷凝。或者在通入蒸汽的同时，通过间壁进行加热，使水蒸气不冷凝，在釜中只有一层蒸馏液，而无水层出现。

5.12.2　恒沸蒸馏

在混合液中加入的第三组分（或称共沸剂、夹带剂）与原混合液中的一个组分或多个组分形成新的最低恒沸物，使组分间的相对挥发度增大，其新的恒沸点比原物系的恒沸点低得多，这种使原混合液可用普通的精馏方法进行分离的操作，称为恒沸蒸馏。蒸馏时新形成的最低恒沸物从塔顶蒸出，经过冷凝分离后所得夹带剂送回塔内循环使用，塔底则为纯组分。恒沸蒸馏适用于分离恒沸混合液和沸点相近的混合液。

用苯作为夹带剂，从工业酒精制取无水乙醇是一个具有明显工业价值的恒沸蒸馏的典型例子。在工业酒精中加入适量的夹带剂苯，形成苯、乙醇与水的三元非均相最低恒沸液，在常压下相应的沸点为 337.85K，比苯、乙醇、水三者的沸点都低，在精馏操作时从塔顶馏出。三元恒沸组成的摩尔分数为：苯 0.539、乙醇 0.228、水 0.223，其中水对乙醇的摩尔比为 0.98，比乙醇水恒沸物中水对乙醇的摩尔比 0.12 要大得多。只要有足量的苯作为夹带剂，在精馏操作时水将全部集中于三元恒沸物中从塔顶馏出，而塔底产品为无水乙醇。

用恒沸蒸馏的方法由工业酒精制取无水乙醇的流程示意图如图 5-17 所示。将工业酒精和苯送入恒沸精馏塔 1 中进行精馏操作，塔釜得到的是无水乙醇。塔顶蒸气在冷凝器 4 中冷凝后，部分回流到塔 1，余下的引入分层器 5，分为轻、重两层。轻层液含苯较多，全部返回塔 1 作补充回流；重层液送入苯回收塔 2 的顶部以回收其中的苯。在塔 2 中也形成和塔 1 相同的三元非均相恒沸液，它的蒸气由塔顶引出与来自塔 1 的蒸气汇合共同进入冷凝器 4。塔 2 底部出来的釜液引到乙醇回收塔 3 中，塔顶得到的是乙醇-水二元恒沸液，即工业酒精，送到塔 1 作为原料。底部引出的几乎是纯水。苯在系统中循环使用。最初加苯量

恒沸精馏流程

应使原料中的水分几乎全部进入三元恒沸物中为最佳。操作中，间隔一定时间补充适当数量的苯，以弥补过程中的损失。

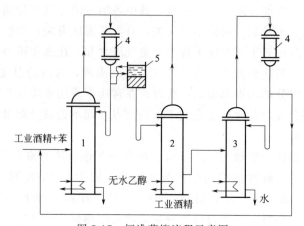

图 5-17　恒沸蒸馏流程示意图
1—恒沸精馏塔；2—苯回收塔；3—乙醇回收塔；4—冷凝器；5—分层器

乙醇-水的恒沸蒸馏操作不需要将原料全部汽化，也不需要很大的回流比，汽化量相对较小；三元恒沸物的冷凝液分为轻、重两层，易于使夹带剂返回恒沸塔循环利用，在经济技术上是合理的。

恒沸蒸馏过程的关键是选择合适的夹带剂，对夹带剂的主要要求如下。

① 能与被分离组分形成最低恒沸物，且该恒沸物易于和塔底组分分离；

② 能与原料中含量少的组分形成恒沸物，而且夹带量要求尽可能高，以减少夹带剂用量和热量的消耗；

③ 保证恒沸物冷凝后能分为轻、重两相，夹带剂与被夹带组分的相互溶解度要小，使夹带剂易于回收；

④ 应满足一般工业要求，如热稳定，无腐蚀，无毒，不易燃、易爆炸，不与被分离组分起化学反应，来源容易、价格低。

5.12.3　萃取蒸馏

在混合液中加入第三组分——萃取剂，以增加被分离组分间的相对挥发度，从而使混合液易于用普通精馏的方法分离的操作，称为萃取蒸馏。

萃取蒸馏中所加入的萃取剂与原溶液中组分的分子间作用力不同，能有选择地改变组分的蒸气压，从而增大相对挥发度；混合液中原有的恒沸物也被破坏。这样的第三组分其沸点应比原组分都高得多，又不形成恒沸物，故精馏中从塔底排出而不消耗汽化热，而且易于与原组分分离完全。

为了保证所有塔板上都有足够浓度的萃取剂，萃取剂在靠近塔顶处引入塔内，混合液在萃取剂入口以下几块塔板另外引入。因此，萃取精馏塔分三段：进料板以下称为提馏段，主要用以提馏回流中的易挥发组分；进料板至萃取剂入口之间称为吸收段，其作用主要是用萃取剂来吸收上升蒸气中的难挥发组分；萃取剂进口以上称为萃取剂回收段，其作用是回收萃取剂。这也是与一般蒸馏和恒沸蒸馏不同之处。

例如，在常压下，苯的沸点为 353.1K，环己烷的沸点是 353.73K，苯和环己烷的混合液很难用普通蒸馏方法分离。但在混合液中加入糠醛之后，混合液中两组分的相对挥发度就发生了显著变化，而且糠醛加入得越多，变化越显著。

以糠醛为萃取剂，用萃取蒸馏的方法分离苯和环烷的流程如图 5-18 所示。糠醛从萃取精馏塔 1 的顶部加入，原料液从塔 1 的中部进入塔内。塔顶蒸气主要是环己烷，其中含少量的糠醛蒸气在回收段 2 中进行回收。糠醛和苯结合成的难挥发组分从塔底引出，并到苯回收塔 3 用普通蒸馏方法将顶部产品高沸点的糠醛（沸点 434.7K）与苯分离，从塔 3 底部分出并循环使用，塔 3 顶部分离出的是产品苯。

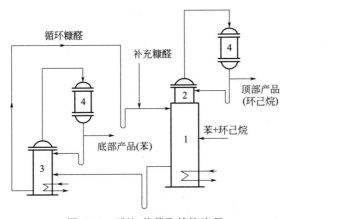

图 5-18　环烷-苯萃取精馏流程

1—萃取精馏塔；2—萃取剂回收塔；3—苯回收塔；4—冷凝器

选择适宜的萃取剂时，应主要考虑以下几点：

① 选择性高，萃取剂能使原组分间的相对挥发度发生显著变化；

② 萃取剂的挥发性应小，与被分离组分的沸点相差较大，易于萃取剂的回收和循环使用，且不与原组分形成恒沸液；

③ 溶解度大，能与任何浓度的原溶液完全互溶，以充分发挥各层塔板上萃取剂的作用；

④ 回收容易，价廉易得，无毒性，无腐蚀性，热稳定性好。

萃取精馏操作的主要特点如下：

① 萃取精馏是依靠萃取剂使被分离的各组分之间的相对挥发度变大，通常萃取剂浓度越大，相对挥发度增加越多。因此，萃取剂的浓度是操作中的一个重要控制参数，而回流量和萃取剂进塔量均会影响塔中萃取剂的浓度。

② 在萃取精馏中，回流比对分离能力的影响与普通精馏不同，随着回流比的增大，分离能力先增大而后逐渐减小。因此，操作中有一个最佳回流比，盲目调整回流比往往得不到预期的效果。

③ 萃取剂的进塔量也是调节操作的重要手段，往往用增加萃取剂量的方法来提高塔顶馏出液的纯度。也可以在维持萃取剂用量不变的条件下，同时减少进料量和塔顶馏出量来提高馏出液的纯度。

④ 在萃取蒸馏中，萃取剂的入塔温度及进料温度的变化都会影响待分离组分的分离效果。

仿真软件操作

2

第 6 章

精馏塔单元3D仿真软件

6.1 软件简介

6.1.1 概述

运用虚拟现实技术模拟精馏塔单元工厂环境，构建 3D 现场认知实习仿真模式。培训的同时能进一步提高学生对精馏塔的工艺流程、设备布置、相应生产技术的理解能力，巩固所学的理论知识，加强了学员工程设计能力。随着科学的进步，化工生产日趋高度集中化、复杂化、连续化，操作条件越来越严格，自动化程度越来越高，而且装置高度复杂且昂贵，如果操作失误将十分危险，这向现场操作工人、仪表工人、管理人员和工艺技术人员提出了更高的要求。因此，人员培训一直是企业生产活动的重要环节，它直接关系到经济效益和安全生产。

传统做法是直接在生产装置上进行培训，这种现场培训方式存在许多缺点：

① 学员不能经常动手操作，培训效果差；

② 现代化工装置多为连续生产，多数时间处于稳定工况，对于不经常出现且又至关重要的开、停车，故障等非稳态过程，学员往往缺少机会练习；

③ 培训方式被动，难以根据不同学员的具体情况进行有针对性的教学。但是计算机功能的不断增强和计算机成本的迅速下降，大大推动了化工企业应用仿真培训系统解决工人训练的过程。

本软件采用虚拟现实技术，真实再现生产工厂原貌，学员可以漫步在工厂中真实地了解工厂的设备布局，安全地参观工厂，3D 操作画面具有很强的环境真实感、操作灵活性和独立自主性，学生可查看设备的各个部分，解决了实际生产过程中的某些盲点，为学生提供了一个自主发挥的舞台，特别有利于调动学生动脑思考，培养学生的动手能力，同时也增强了学习的趣味性。

6.1.2 软件特色

本软件的特色主要有以下几个方面：

（1）技术 利用电脑模拟产生一个三维空间的虚拟世界，构建高度仿真的虚拟实验环境和实验对象，让使用者如同身临其境一般，可以及时、没有限制地 360°旋转观察三维空间内的事物，界面友好，互动操作，形式活泼。

（2）内容丰富 知识点讲解，包含设备介绍、工艺原理、工艺流程全解等。

（3）动态仿真技术　工艺动态仿真模型以实际装置的 PID 图（管道及仪表流程图）为基准，按照实际装置的工艺流程、过程原理、设备工作原理、质量平衡、能量平衡等进行定制开发，具有高仿真精度、全流程范围的机理模型，能系统性地、逼真地模拟实际装置在开车、停车、正常生产过程中的工艺动态变化过程。

（4）智能操作指导　具体的操作流程，系统能够模拟认知操作中的每个步骤，并加以文字说明和解释。

6.2　软件操作说明

6.2.1　软件启动

完成安装后就可以运行虚拟仿真软件了，双击桌面快捷方式，在弹出的启动窗口（图 6-1）中选择想要启动的仿真软件，点击"启动"按钮即启动对应的虚拟仿真软件。

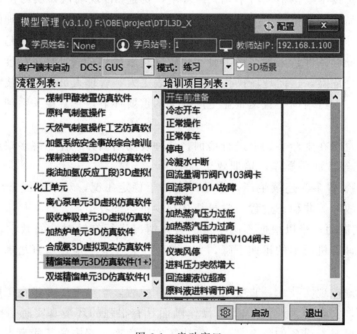

图 6-1　启动窗口

6.2.2　软件操作

启动软件后，软件加载完成后进入仿真实验操作界面（图 6-2），在该界面可实现虚拟仿真软件的操作。

6.2.2.1　功能介绍

角度控制：W——前，S——后，A——左，D——右、鼠标右键——视角旋转（图 6-3）。

拉近镜头：点击鼠标中间滚轮，然后滚动鼠标滚轮进行放大、缩小、旋转操作。

Ctrl 键：奔跑与行走状态的切换。

图 6-2　仿真实验操作界面

Q 键：上帝视角的切换。

上帝视角：上帝视角状态下，可用鼠标右键控制飞行方向，以 W、S、A、D 控制前后左右的移动，以方向键↑↓实现竖直方向的升降。

【退出】：点击退出实验，见图 6-4。

图 6-3　角度控制

图 6-4　退出实验

工具条图标说明见表 6-1。

表 6-1　工具条图标说明

图标	说明	图标	说明	图标	说明	图标	说明
	运行选中项目		暂停当前运行项目		状态说明		保存快门
	停止当前运行项目		恢复暂停项目		参数监控		模型速率

6.2.2.2　鼠标操作

（1）按住鼠标右键转换视角　本仿真软件可以随意转动视角，多角度观察场景。按住鼠标右键不放，滑动鼠标可以控制视角的变化，控制人物行走的同时按住鼠标右键滑动则可以控制人物行进的方向。

（2）鼠标悬停显示设备名称　将鼠标放置在设备或其他物体上，则会显示当前的设备名称，如图 6-5 所示，鼠标放置在离心泵 P101B 上，则提示"离心泵 P101B"的标签。

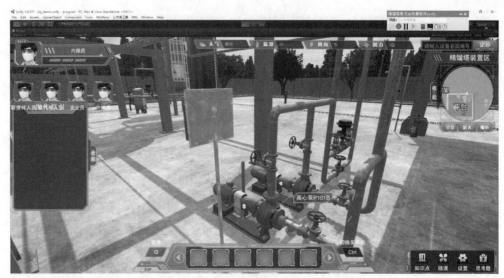

图 6-5　显示设备名称

（3）右键单击设备弹出知识点　一些设备知识点的学习功能是通过右键单击设备或相应的物体触发操作的，如图 6-6 所示，右键单击"离心泵 P101B"，然后点击"设备介绍"，进入知识点系统。

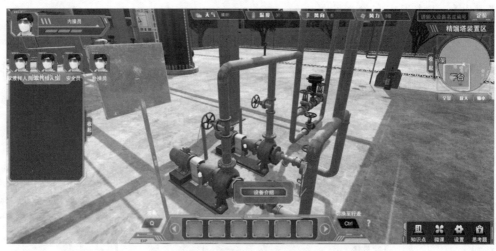

图 6-6　点击"设备介绍"

另外也可以点击右下角的"知识点"，进入知识点系统，选择需要了解学习的设备等，查看相关介绍，点击"微课"（图 6-7）可以查看该软件的操作手册，点击设置根据操作习惯调整系统设置。

图 6-7　点击"微课"

（4）快速到达指定位置（瞬移功能）　该功能可以实现人物的瞬移，即从一个位置快速到达另一个位置。在右上角搜索框中输入设备名，单击搜索按钮即可快速移动到相应的位置。例如我们要跳转到阀门 V02P101B 的附近，可以在搜索框中设备名"V02P101B",回车或定位后即可瞬移到该位置。

实现瞬移的另一种方法,点击右上角地图"全景",打开全景地图(图 6-8),在全景地图右侧"NPC+设备列表"下拉框中选择要目标设备,则人物会瞬移至该设备附近。

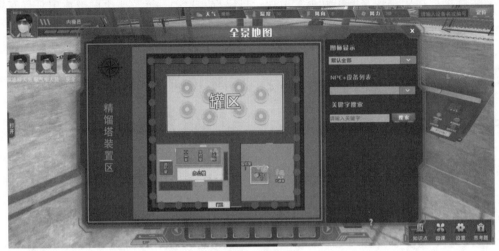

图 6-8 全景地图

6.2.3 3D 基本操作

行走:按 WSAD 键,控制人物前后左右移动行走。

奔跑:按下 Ctrl 键,由行走切换为奔跑,再次按 Ctrl 键恢复行走。

飞行视角:按下 Q 键,视角脱离任务可实现飞行。WSAD 键控制视角前后左右移动,上下箭头方向键控制视角升高和下降。

视角转换:按住鼠标右键移动,控制视角的方向。

角色切换:鼠标点击左上角人物头像,切换角色。

全景地图:点击右上角地图"全景",打开全景地图。

设备提示:鼠标放在相应的设备上,如泵、塔、阀门等,显示设备提示。

设备介绍:单击设备,弹出提示框"设备介绍",点击即进入知识点系统。

查看介绍:在知识点系统中点选要看的内容。

快速定位阀门或设备:在 3D 场景右上角搜索框中输入阀门或设备位号,点击"定位"按钮或回车即可快速移动至相应的设备旁。

6.3 工艺流程简介

6.3.1 工艺原理

精馏是将液体混合物部分汽化,利用其中各组分相对挥发度的不同,通过液相和气相相同的质量传递来实现对混合物的分离。原料液进料热状态有五种:低于泡点进料;泡点进料;气、液混合进料;露点进料;过热蒸汽进料。

精馏段：原料液进料板以上的称精馏段。它的作用：上升蒸汽与回流液之间的传质、传热，逐步增浓气相中的易挥发组分。可以说，塔的上部完成了上升气流的精制。

提馏段：加料板以下的称提馏段。它的作用：在每块塔板下降液体与上升蒸汽的传质、传热，下降的液流中难挥发的组分不断增加，可以说，塔下部完成了下降液流中难挥发组分的提浓。

塔板的功能：提供汽、液直接接触的场所，汽、液在塔板上直接接触，实现了汽、液间的传质和传热。

降液管及板间距的作用：降液管为液体下降的通道，板间距可分离汽、液混合物。

6.3.2　工艺过程说明

本单元采用加压精馏，在脱丁烷塔中将丁烷从脱丙烷塔釜混合物中分离出来。原料液为脱丙烷塔塔釜的混合液（C_3、C_4、C_5、C_6、C_7），分离后馏出液为高纯度的碳四产品，残液主要是碳五以上组分。67.8℃的原料液在 FIC101 的控制下由精馏塔塔中进料，塔顶蒸汽经换热器 E101 几乎全部冷凝为液体进入回流罐 V101，回流罐的液体由泵 P101A/B 抽出，一部分作为回流，另一部分作为塔顶液相采出。塔底釜液一部分在 FIC104 的调节下作为塔釜采出流出，另一部分经过再沸器 E102 加热回到精馏塔，再沸器的加热量由 TIC101 调节蒸汽的进入量来控制。

6.4　工艺卡片

6.4.1　设备列表

设备列表见表 6-2。

表 6-2　设备列表

序号	位号	名称	序号	位号	名称
1	T101	精馏塔	4	E102	再沸器
2	V101	回流罐	5	P101A/B	回流泵
3	E101	塔顶冷凝器	6	V102	蒸汽缓冲罐

6.4.2　阀门列表

阀门列表见表 6-3。

表 6-3　阀门列表

序号	位号	名称	序号	位号	名称
1	FV101I	进料调节阀 FV101 前阀	4	FV102I	塔顶采出调节阀 FV102 前阀
2	FV101O	进料调节阀 FV101 后阀	5	FV102O	塔顶采出调节阀 FV102 后阀
3	FV101B	进料调节阀 FV101 旁路阀	6	FV102B	塔顶采出调节阀 FV102 旁路阀

续表

序号	位号	名称	序号	位号	名称
7	FV103I	回流量调节阀 FV103 前阀	19	PV101BO	回流罐压力调节阀 PV101B 后阀
8	FV103O	回流量调节阀 FV103 后阀	20	PV101BB	回流罐压力调节阀 PV101B 旁路阀
9	FV103B	回流量调节阀 FV103 旁路阀	21	PV102I	回流罐压力调节阀 PV102 前阀
10	FV104I	塔釜采出调节阀 FV104 前阀	22	PV102O	回流罐压力调节阀 PV102 后阀
11	FV104O	塔釜采出调节阀 FV104 后阀	23	PV102B	回流罐压力调节阀 PV102 旁路阀
12	FV104B	塔釜采出调节阀 FV104 旁路阀	24	V01P101A	回流泵 P101A 前阀
13	TV101I	塔中温度调节阀 TV101 前阀	25	V02P101A	回流泵 P101A 后阀
14	TV101O	塔中温度调节阀 TV101 后阀	26	V01P101B	回流泵 P101B 前阀
15	PV101AI	回流罐压力调节阀 PV101A 前阀	27	V02P101B	回流泵 P101B 后阀
16	PV101AO	回流罐压力调节阀 PV101AO 后阀	28	V01T101	塔釜排液阀
17	PV101AB	回流罐压力调节阀 PV101A 旁路阀	29	V01V101	回流罐切水阀
18	PV101BI	回流罐压力调节阀 PV101B 前阀	30	V02V101	回流罐泄液阀

6.4.3 仪表列表

仪表列表见表 6-4。

表 6-4 仪表列表

序号	位号	名称	正常值	单位	正常工况
1	FIC101	进料流量控制	15000	kg/h	投自动
2	FIC102	塔顶采出流量控制	7178	kg/h	投串级
3	FIC103	回流量流量控制	14357	kg/h	投自动
4	FIC104	塔釜采出流量控制	7521	kg/h	投串级
5	TIC101	塔釜温度控制	109.3	℃	投自动
6	PIC101	回流罐压力控制	4.25	atm	投自动
7	PIC102	回流罐压力控制	4.25	atm	投自动
8	LIC101	精馏塔液位控制	50	%	投自动
9	LIC102	回流罐液位控制	50	%	投自动
10	LIC103	蒸汽缓冲罐液位控制	50	%	投自动

注：1atm＝101.325kPa。

6.4.4 工艺培训内容

（1）冷态开车　能够训练按正确步骤开关相应的阀门、设备和仪表，贯通流程；

（2）正常操作　能够训练正确控制和调节工况参数；

（3）正常停车　能够训练按正确步骤停车；

（4）常见事故处理　包括：

① 停电；

② 冷凝水中断；

③ 回流量调节阀 FV103 阀卡；

④ 回流泵 P101A 故障；

⑤ 停蒸汽；

⑥ 加热蒸汽压力过低；

⑦ 加热蒸汽压力过高；

⑧ 塔釜采出调节阀 FV104 阀卡；

⑨ 仪表风停；

⑩ 进料压力突然增大；

⑪ 回流罐液位超高；

⑫ 原料液进料调节阀卡；

⑬ 塔顶采出调节阀 FV102 阀卡。

（5）开车前安全防护

① 模拟真实现场不同操作角色的防护需求，选择不同的防护用品；

② 安全隐患排查模块，场景中设置了不少于十五处的危险源，包含人的不安全行为，物的不安全状态以及消防设施等，每次进入软件会随机出现五处，需要学员进行排查并学习相关知识点。

（6）开车前安全检查

① 检查确认泵的运行状态；

② 确认阀门阀位状态；

③ 确认现场设备（如盲板、人孔等）处于备用状态；

④ 进行系统的仪表检查。

（7）设备维护　现场对泵、换热器、精馏塔、罐等设备进行设备维护，点击需要维护的点位，弹出相应知识点并进行考核。

6.5　复杂控制说明

6.5.1　分程控制

塔 T101 塔顶压力由 PIC101 和 PIC102 共同控制。其中 PIC101 为分程控制阀，当压力过低时，PIC101 控制塔顶气流不经过塔顶冷凝器直接进入回流罐 V101，PIC101 另一阀门控制塔顶返回的冷凝水量；在高压情况下，PIC102 控制从回流罐采出的气体流量。图 6-9 是 PIC101 分程控制示意图。

6.5.2　串级控制系统

T101 塔釜采出量控制采取串级控制方案，LIC101→FIC104→FV104，以 LIC101 为主回路，FIC104 为副回路构成串级控制系统。

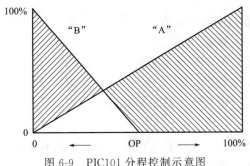

图 6-9　PIC101 分程控制示意图

T101 塔顶 C_4 去产品罐的流量与 V101 液位构成串级控制，LIC102→FIC102→FV102，以 LIC102 为主回路，FIC102 为副回路构成串级控制系统。

6.6　控制规程

6.6.1　开车前准备

（1）外操员

① 外操员在更衣室更换劳保工装。

② 在更衣室或者消防室佩戴安全帽。

③ 外操员到消防室佩带气体报警仪。

④ 外操员到消防室佩戴护耳器。

⑤ 外操员到消防室佩戴护目镜，佩戴完成后请到装置区内等候，检查装置区。

（2）内操员

① 内操员在更衣室更换劳保工装。

② 佩戴安全帽，佩戴完成后移动到中控室等待。

（3）安全员

① 安全员在更衣室更换劳保工装（安全健康标识 HSE）。

② 佩戴安全帽（黄色），佩戴完成后，请到装置区等待。

（4）取液相人员

① 取液相人员在更衣室更换劳保工装。

② 佩戴安全帽。

③ 取液相人员到消防室佩戴气体报警仪。

④ 取液相人员到消防室佩戴护耳器。

⑤ 取液相人员到消防室佩戴护目镜。

⑥ 取液相人员到消防室佩带扳手。

⑦ 取液相人员到装置区取样架上拾取取样瓶。

（5）取气相人员

① 取气相人员在更衣室更换劳保工装。

② 佩戴安全帽。

③ 取气相人员到消防室佩戴护目镜。

④ 取气相人员到消防室佩戴耳塞。

⑤ 取气相人员到消防室佩带气体报警仪。

⑥ 取气相人员到消防室佩带扳手。

⑦ 取气相人员到装置区取样架上拾取橡胶球胆。

（6）安全隐患排查

① 请切换到外操员查找厂区及中控室的安全隐患，找到第 1 个安全隐患。

② 外操员找到第 2 个安全隐患。

③ 外操员找到第 3 个安全隐患。

④ 外操员找到第 4 个安全隐患。

⑤ 外操员找到第 5 个安全隐患。

（7）设备安全检查

① 找到第 1 个设备问题。

② 找到第 2 个设备问题。

③ 找到第 3 个设备问题。

④ 找到第 4 个设备问题。

⑤ 找到第 5 个设备问题。

⑥ 找到第 6 个设备问题。

⑦ 找到第 7 个设备问题。

⑧ 找到第 8 个设备问题。

（8）设备维护及思考题

① 正确回答 1 个问题。

② 正确回答 2 个问题。

③ 正确回答 3 个问题。

④ 正确回答 4 个问题。

⑤ 正确回答 5 个问题。

6.6.2 冷态开车

（1）进料及排放不凝气

① 打开 PV101B 前截止阀 PV101BI。

② 打开 PV101B 后截止阀 PV101BO。

③ 打开 PV102 前截止阀 PV102I。

④ 打开 PV102 后截止阀 PV102O。

⑤ 微开 PV102 排放塔内不凝气。

⑥ 打开 FV101 前截止阀 FV101I。

⑦ 打开 FV101 后截止阀 FV101O。

⑧ 向精馏塔进料：缓慢打开 FV101，维持进料量在 15000kg/h 左右。

⑨ 当压力升高至 0.5atm（表压）时，关闭 PV102。

⑩ 塔顶压力大于 1.0atm，不超过 4.25atm。

（2）启动再沸器

① 打开 PV101A 前截止阀 PV101AI。

② 打开 PV101A 后截止阀 PV101AO。

③ 待塔顶压力 PIC101 升至 0.5atm（表压）后，逐渐打开回流罐压力调节阀 PV101A 至开度 50％。

④ 打开 TV101 前截止阀 TV101I。

⑤ 打开 TV101 后截止阀 TV101O。

⑥ 待塔釜液位 LIC101 升至 20％以上，稍开 TIC101 调节阀，给再沸器缓慢加热。

⑦ 逐渐开大 TV101，使塔釜温度逐渐上升至 100℃。

⑧ 打开 LV103 前截止阀 LV103I。

⑨ 打开 LV103 后截止阀 LV103O。

⑩ 将蒸汽缓冲罐 V102 的液位控制 LIC103 设为自动。

⑪ 将蒸汽缓冲罐 V102 的液位控制 LIC103 设定在 50％。

（3）建立回流

① 当回流罐液位 LIC102 大于 20％以上时，打开回流泵 P101A 入口阀 V01P101A。

② 启动泵 P101A。

③ 打开泵出口阀 V02P101A。

④ 当回流罐液位 LIC102 大于 20％以上，打开回流泵 P101B 入口阀 V01P101B。

⑤ 启动泵 P101B。

⑥ 打开泵出口阀 V02P101B。

⑦ 打开 FV103 前截止阀 FV103I。

⑧ 打开 FV103 后截止阀 FV103O。

⑨ 手动打开调节阀 FV103，维持回流罐液位升至 40％以上。

⑩ 回流罐液位 LIC102 维持在 50％左右。

（4）调整至正常

① 待塔压升至 4atm 时，将 PIC102 设置为自动。

② 设定 PIC102 为 4.25atm。

③ 待塔压稳定在 4.25atm 时，将 PIC101 设置为自动。

④ 设定 PIC101 为 4.25atm。

⑤ 待进料量稳定在 15000kg/h 后，将 FIC101 设置为自动。

⑥ 设定 FIC101 为 15000kg/h。

⑦ 塔釜温度 TIC101 稳定在 109.3℃后，将 TIC101 设置为自动。

⑧ 进料量稳定在 15000kg/h。

⑨ 塔釜温度稳定在 109.3℃。

⑩ 打开调节阀 FV103，使 FIC103 流量接近 14257kg/h。

⑪ 当 FIC103 流量稳定在 14357kg/h 后，将其设置为自动。

⑫ 设定 FIC103 为 14357kg/h。

⑬ FIC103 流量稳定在 14357kg/h。

⑭ 打开 FV104 前截止阀 FV104I。

⑮ 打开 FV104 后截止阀 FV104O。

⑯ 打开塔釜产出阀 V02T101。

⑰ 当塔釜液位无法维持时（大于 35％），逐渐打开 FV104，采出塔釜产品。

⑱ 塔釜液位 LIC101 维持在 50％左右。

⑲ 当塔釜产品采出量稳定在 7521kg/h，将 FIC104 设置为自动。

⑳ 设定 FIC104 为 7521kg/h。

㉑ FIC104 改为串级控制。

㉒ 将 LIC101 设置为自动。

㉓ 设定 LIC101 为 50％。

㉔ 塔釜产品采出量稳定在 7521kg/h。

㉕ 打开 FV102 前截止阀 FV102I。

㉖ 打开 FV102 后截止阀 FV102O。

㉗ 打开塔顶采出阀 V03V101。

㉘ 当回流罐液位无法维持时，逐渐打开 FV102，采出塔顶产品。

㉙ 待产出稳定在 7178kg/h，将 FIC102 设置为自动。

㉚ 设定 FIC102 为 7178kg/h。

㉛ 将 LIC103 设置为自动。

㉜ 设定 LIC102 为 50％。

㉝ 将 FIC102 设置为串级。

㉞ 塔顶产品采出量稳定在 7521kg/h。

6.6.3　停车操作规程

（1）降负荷

① FV101 打手动并逐步关小控制阀开度，使进料降至正常进料量的 70％。

② 进料降至正常进料量的 70％。

③ 保持塔压 PIC101 的稳定性。

④ 断开 LIC102 和 FIC102 的串级，将 LIC102 和 FIC102 打手动，开大 FV102，使液位 LIC102 降至 20％。

⑤ 液位 LIC102 降至 20％。

⑥ 断开 LIC101 和 FIC104 的串级，将 LIC101 和 FIC104 打手动，开大 FV104，使液位 LIC101 降至 30％。

⑦ 液位 LIC101 降至 30％。

（2）停进料和再沸器

① 停精馏塔进料，关闭调节阀 FV101。

② 关闭 FV101 前截止阀 FV101I。

③ 关闭 FV101 后截止阀 FV101O。

④ 关闭调节阀 TV101。

⑤ 关闭 TV101 前截止阀 TV101I。

⑥ 关闭 TV101 后截止阀 TV101O。

⑦ 停止产品采出，手动关闭 FV104。

⑧ 关闭 FV104 前截止阀 FV104I。

⑨ 关闭 FV104 后截止阀 FV104O。

⑩ 关闭塔釜采出阀 V02T101。

⑪ 手动关闭 FV102。

⑫ 关闭 FV102 前截止阀 FV102I。

⑬ 关闭 FV102 后截止阀 FV102O。

⑭ 关闭塔顶采出阀 V03V101。

⑮ 打开塔釜排液阀 V01T101，排出不合格产品。

⑯ 当塔釜液位降至 0 后，关闭排液阀 V01T101。

⑰ 将 LIC103 设置为手动模式。

⑱ 操作 LIC103 对 V102 进行泄液。

⑲ 当 LIC103 液位降为 0 后，关闭 LV103。

⑳ 关闭 LV103 前截止阀 LV103I。

㉑ 关闭 LV103 后截止阀 LV103O。

（3）停回流

① FIC103 设置为手动，并开大 FV103，将回流罐内液体全部打入精馏塔，以降低塔内温度。

② 当回流罐液位降至 0，停回流，关闭调节阀 FV103。

③ 关闭 FV103 前截止阀 FV103I。

④ 关闭 FV103 后截止阀 FV103O。

⑤ 关闭泵出口阀 V02P101A。

⑥ 停泵 P101A。

⑦ 关闭泵入口阀 V01P101A。

（4）降压、降温

① 塔内液体排完后，手动打开 PV102 进行降压。

② 当塔压降至常压后，关闭 PV102。

③ 关闭 PV102 前截止阀 PV102I。

④ 关闭 PV102 后截止阀 PV102O。

⑤ PIC101 投手动。

⑥ 关塔顶冷凝器冷凝水，手动关闭 PV101A。

⑦ 关闭 PV102A 前截止阀 PV102AI。

⑧ 关闭 PV102A 后截止阀 PV102AO。

⑨ 当塔釜液位降至 0 后，关闭排液阀 V01T101。

6.7　事故设置

6.7.1　停电

原因：停电。

现象：回流泵 P101A 停止，回流中断。

处理：

① 将 PIC102 设置为手动。

② 开大回流罐放空阀 PV102 至 80％左右。

③ 将 PIC101 设置为手动。

④ PV101 开度调节至 50。

⑤ 将 FIC101 设置为手动。

⑥ 关闭 FIC101，停止进料。

⑦ 关闭 FV101 前截止阀 FV101I。

⑧ 关闭 FV101 后截止阀 FV101O。

⑨ 将 TIC101 设置为手动。

⑩ 关闭 TIC101，停止加热蒸汽。

⑪ 关闭 TV101 前截止阀 TV101I。

⑫ 关闭 TV101 后截止阀 TV101O。

⑬ 关闭 FV103 前截止阀 FV103I。

⑭ 关闭 FV103 后截止阀 FV103O。

⑮ 将 FIC103 手动关闭，停止回流。

⑯ 将 FIC104 设置为手动。

⑰ 关闭 FIC104，停止产品采出。

⑱ 关闭 FV104 前截止阀 FV104I。

⑲ 关闭 FV104 后截止阀 FV104O。

⑳ 关闭塔釜采出阀 V02T101。

㉑ 将 FIC102 设置为手动。

㉒ 关闭 FIC102，停止产品采出。

㉓ 关闭 FV102 前截止阀 FV102I。

㉔ 关闭 FV102 后截止阀 FV102O。

㉕ 关闭塔顶采出阀 V03V101。

㉖ 打开塔釜排液阀 V01T101。

㉗ 打开回流罐泄液阀 V02V101 排不合格产品。

㉘ 当回流罐液位为 0 时，关闭 V02V101。

㉙ 关闭回流泵 P101A 出口阀 V02P101A。

㉚ 关闭回流泵 P101A 入口阀 V01P101A。

㉛ 当塔釜液位为 0 时，关闭 V01T101。

㉜ 当塔顶压力降至常压，关闭冷凝器。

㉝ 关闭 PV101A 前截止阀 PV101AI。

㉞ 关闭 PV101A 后截止阀 PV101AO。

6.7.2　冷凝水中断

原因：停冷凝水。

现象：塔顶温度上升，塔顶压力升高。

处理：

① 将 PIC102 设置为手动。

② 打开回流罐压力调节阀 PV102。

③ 将 FIC101 设置为手动。

④ 关闭 FIC101，停止进料。

⑤ 关闭 FV101 前截止阀 FV101I。

⑥ 关闭 FV101 后截止阀 FV101O。

⑦ 将 TIC101 设置为手动。

⑧ 关闭 TIC101，停止加热蒸汽。

⑨ 关闭 TV101 前截止阀 TV101I。

⑩ 关闭 TV101 后截止阀 TV101O。

⑪ 将 FIC104 设置为手动。

⑫ 关闭 FIC104，停止产品采出。

⑬ 关闭 FV104 前截止阀 FV104I。

⑭ 关闭 FV104 后截止阀 FV104O。

⑮ 关闭塔釜采出阀 V02T101。

⑯ 将 FIC102 设置为手动。

⑰ 关闭 FIC102，停止产品采出。

⑱ 关闭 FV102 前截止阀 FV102I。

⑲ 关闭 FV102 后截止阀 FV102O。

⑳ 关闭塔顶采出阀 V03V101。

㉑ 打开塔釜排液阀 V01T101。

㉒ 打开回流罐泄液阀 V02V101 排不合格产品。

㉓ 当回流罐液位为 0 时，关闭 V02V101。

㉔ 将 LIC103 手动打开并开大，对 V102 泄液。

㉕ FIC103 设置为手动，并开大 FV103，将回流罐内液体全部打入精馏塔，以降低塔内温度。

㉖ 当回流罐液位降至 0%，停回流，关闭调节阀 FV103。

㉗ 关闭 FV103 前截止阀 FV103I。

㉘ 关闭 FV103 后截止阀 FV103O。

㉙ 关闭回流泵 P101A 出口阀 V02P101A。

㉚ 停泵 P101A。

㉛ 关闭回流泵 P101A 入口阀 V01P101A。

㉜ 当塔釜液位为 0 时，关闭 V01T101。

㉝ 当塔压降至常压后，关闭 PV102。

㉞ 关闭 PV102 前截止阀 PV102I。

㉟ 关闭 PV102 后截止阀 PV102O。

㊱ 当塔顶压力降至常压，PIC101 设置为手动，关闭塔顶冷凝器冷凝水，手动关闭 PV101A。

㊲ 关闭 PV101A 前截止阀 PV101AI。

㊳ 关闭 PV101A 后截止阀 PV101AO。

6.7.3　回流量调节阀 FV103 阀卡

原因：回流量调节阀 FV103 阀卡。

现象：回流量减小，塔顶温度上升，压力增大。

处理：

① 将 FIC103 设为手动模式。

② 关闭 FV103 前截止阀 FV103I。

③ 关闭 FV103 后截止阀 FV103O。

④ 打开旁路阀 FV103B，保持回流。

⑤ 维持塔内各指标恒定。

6.7.4　回流泵 P101A 故障

原因：回流泵 P101A 故障。

现象：P101A 断电，回流中断，塔顶压力、温度上升。

处理：

① 开备用泵 P101B 入口阀 V01P101B。

② 启动备用泵 P101B。

③ 开备用泵 P101B 出口阀 V02P101B。

④ 关泵 P101A 出口阀 V02P101A。

⑤ 关泵 P101A 入口阀 V01P101A。

⑥ 维持塔内各指标恒定。

6.7.5　停蒸汽

原因：停蒸汽。

现象：加热蒸汽的流量减小至 0，塔釜温度持续下降。

处理：

① 将 PIC102 设置为手动。

② 将 FIC101 设置为手动。

③ 关闭 FIC101，停止进料。

④ 关闭 FV101 前截止阀 FV101I。

⑤ 关闭 FV101 后截止阀 FV101O。

⑥ 将 TIC101 设置为手动。

⑦ 关闭 TIC101，停止加热蒸汽。

⑧ 关闭 TV101 前截止阀 TV101I。

⑨ 关闭 TV101 后截止阀 TV101O。

⑩ 将 FIC104 设置为手动。

⑪ 关闭 FIC104，停止产品采出。

⑫ 关闭 FV104 前截止阀 FV104I。

⑬ 关闭 FV104 后截止阀 FV104O。

⑭ 关闭塔釜采出阀 V02T101。

⑮ 将 FIC102 设置为手动。

⑯ 关闭 FIC102，停止产品采出。

⑰ 关闭 FV102 前截止阀 FV102I。

⑱ 关闭 FV102 后截止阀 FV102O。

⑲ 打开塔釜排液阀 V01T101。

⑳ 打开回流罐泄液阀 V02V101 排不合格产品。

㉑ 当回流罐液位为 0 时，关闭 V02V101。

㉒ 关闭回流泵 P101A 出口阀 V02P101A。

㉓ 停泵 P101A。

㉔ 关闭回流泵 P101A 入口阀 V01P101A。

㉕ 当塔釜液位为 0 时，关闭 V01T101。

㉖ 当塔顶压力降至常压，关闭冷凝器。

㉗ 关闭 PV101A 前截止阀 PV101AI。

㉘ 关闭 PV101A 后截止阀 PV101AO。

6.7.6　热蒸汽压力过高

原因：热蒸汽压力过高。

现象：加热蒸汽的流量增大，塔釜温度持续上升。

处理：

① TIC101 改为手动状态，适当减小 TIC101 的阀门开度。

② 待温度稳定后，将 TIC101 改为自动调节，将 TC101 设定为 109.3℃。

6.7.7　热蒸汽压力过低

原因：热蒸汽压力过低。

现象：加热蒸汽的流量减小，塔釜温度持续下降。

处理：

① 先将 TIC101 改为手动。

② 适当增大 TIC101 的开度。

③ 待温度稳定后，将 TIC101 改为自动调节，将 TIC101 设定为 109.3℃。

6.7.8　塔釜出料调节阀卡

原因：塔釜出料调节阀卡。

现象：塔釜出料流量变小，回流罐液位升高。

处理：

① 将 FIC104 设为手动模式。

② 打开 FV104 旁路阀 FV104B，维持塔釜液位。

③ 关闭 FV104 前截止阀 FV104I。

④ 关闭 FV104 后截止阀 FV104O。

6.7.9　仪表风停

原因：仪表风停。

现象：所有控制仪表不能正常工作。

处理：

① 打开 PV102 的旁路阀 PV102B。

② 打开 PV101A 的旁路阀 PV101AB。

③ 打开 FV101 的旁路阀 FV101B。

④ 打开 TV101 的旁路阀 TV101B。

⑤ 打开 FV104 的旁路阀 FV104B。

⑥ 打开 FV103 的旁路阀 FV103B。

⑦ 打开 FV102 的旁路阀 FV102B。

⑧ 打开 LV103 的旁路阀 LV103B

⑨ 关闭回流罐压力调节阀 PV101A 的前截止阀 PV101AI。

⑩ 关闭回流罐压力调节阀 PV101A 的后截止阀 PV101AO。

⑪ 关闭回流罐压力调节阀 PV101B 的前截止阀 PV101BI。

⑫ 关闭回流罐压力调节阀 PV101B 的后截止阀 PV101BO。

⑬ 关闭回流罐压力调节阀 PV102 的前截止阀 PV102I。

⑭ 关闭回流罐压力调节阀 PV102 的后截止阀 PV102O。

⑮ 关闭 FV101 的前截止阀 FV101I。

⑯ 关闭 FV101 的后截止阀 FV101O。

⑰ 关闭 TV101 的前截止阀 TV101I。

⑱ 关闭 TV101 的后截止阀 TV101O。

⑲ 关闭 FV104 的前截止阀 FV104I。

⑳ 关闭 FV104 的后截止阀 FV104O。

㉑ 关闭 FV103 的前截止阀 FV103I。

㉒ 关闭 FV103 的后截止阀 FV103O

㉓ 关闭 FV102 的前截止阀 FV102I。

㉔ 关闭 FV102 的后截止阀 FV102O。

㉕ 关闭 LV103 的前截止阀 LV103I。

㉖ 关闭 LV103 的后截止阀 LV103O

㉗ 调节旁通阀使 PIC102 为 4.25atm。

㉘ 调节旁通阀使回流罐液位 LIC102 为 50%。

㉙ 调节旁通阀使精馏塔液位 LIC101 为 50%。

㉚ 调节旁通阀使精馏塔釜温度 TIC101 为 109.3℃。

㉛ 调节旁通阀使精馏塔进料 FIC101 为 15000kg/h。

㉜ 调节旁通阀使精馏塔回流流量 FIC103 为 14357kg/h。

㉝ 调节旁通阀使蒸汽缓冲罐液位 LIC103 为 50%。

6.7.10   进料压力突然增大

原因：进料压力突然增大。

现象：进料流量增大。

处理：

① 将 FIC101 投手动。

② 调节 FV101 阀门开度，使原料液进料保持在正常值。

③ 原料液进料流量稳定在 15000kg/h 后，将 FIC101 投自动。

④ 将 FIC101 设定为 15000kg/h。

6.7.11　回流罐液位超高

原因：回流罐液位超高。

现象：回流罐液位超高。

处理：

① 将 FIC102 设为手动模式。

② 开大阀 FV102。

③ 打开泵 P101B 前阀 V01P101B。

④ 启动泵 P101B。

⑤ 打开泵 P101B 后阀 V02P101B。

⑥ 将 FIC103 设为手动模式。

⑦ 及时调整阀 FV103，使 FIC104 流量稳定在 14357kg/h 左右。

⑧ 当回流罐液位接近正常液位时，关闭泵 P101B 后阀 V02P101B。

⑨ 关闭泵 P101B。

⑩ 关闭泵 P101B 前阀 V01P101B。

⑪ 及时调整阀 FV102，使回流罐液位 LIC102 稳定在 50%。

⑫ LIC102 稳定在 50%后，将 FIC102 设为串级。

⑬ FIC103 最后稳定在 14357kg/h 后，将 FIC103 设为自动。

⑭ 将 FIC104 的设定值设为 14357kg/h。

6.7.12　原料液进料调节阀卡

原因：原料液进料调节阀卡。

现象：进料流量逐渐减少；

处理：

① 将 FIC101 设为手动模式。

② 打开 FV101 旁通阀 FV101B，维持塔釜液位

③ 关闭 FV101 前截止阀 FV101I。

④ 关闭 FV101 后截止阀 FV101O。

6.8　现场图和 DCS 图

现场图和 DCS 图见图 6-10 和图 6-11。

(a)

(b)

(c)

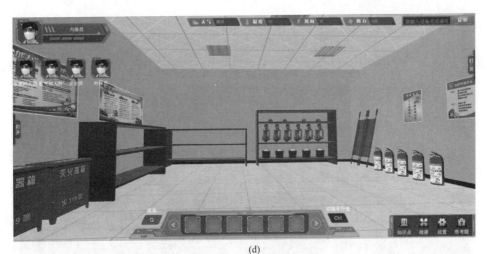

(d)

图 6-10　现场图

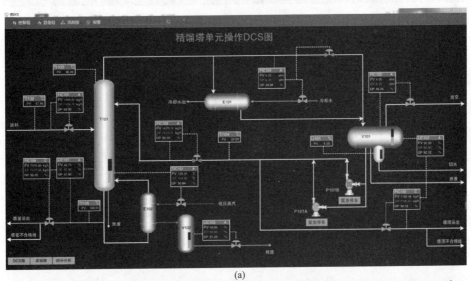

(a)

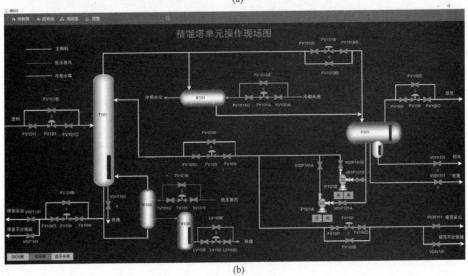

(b)

图 6-11

(c)

图 6-11   DCS 图

双塔精馏单元3D仿真软件

7.1 软件简介

7.1.1 概述

运用虚拟现实技术模拟双塔精馏单元工厂环境,构建3D现场认知实习仿真模式。培训的同时能进一步提高学生对双塔精馏的工艺流程、设备布置、相应生产技术的理解能力,巩固所学的理论知识,加强了学员工程设计能力。随着科学的进步,化工生产日趋高度集中化、复杂化、连续化,操作条件越来越严格,自动化程度越来越高,而且装置高度复杂且昂贵,如果操作失误将十分危险,这向现场操作工人、仪表工人、管理人员和工艺技术人员提出了更高的要求。因此,人员培训一直是企业生产活动的重要环节,它直接关系到经济效益和安全生产。

传统做法是直接在生产装置上进行培训,这种现场培训方式存在许多缺点:

① 学员不能经常动手操作,培训效果差;

② 现代化工装置多为连续生产,多数时间处于稳定工况,对于不经常出现且又至关重要的开、停车,故障等非稳态过程,学员往往缺少机会练习;

③ 培训方式被动,难以根据不同学员的具体情况进行有针对性的教学。但是计算机功能的不断增强和计算机成本的迅速下降,大大推动了化工企业应用仿真培训系统解决工人训练的过程。

本软件采用虚拟现实技术,真实再现生产工厂原貌,学员可以漫步在工厂中真实地了解工厂的设备布局,安全地参观工厂,3D操作画面具有很强的环境真实感、操作灵活性和独立自主性,学生可查看设备的各个部分,解决了实际生产过程中的某些盲点,为学生提供了一个自主发挥的舞台,特别有利于调动学生动脑思考,培养学生的动手能力,同时也增强了学习的趣味性。

7.1.2 软件特色

本软件的特色主要有以下几个方面:

(1)技术 利用电脑模拟产生一个三维空间的虚拟世界,构建高度仿真的虚拟实验环境和实验对象,让使用者如同身临其境一般,可以及时、没有限制地360°旋转观察三维空间内的事物,界面友好,互动操作,形式活泼。

(2)内容丰富 知识点讲解,包含设备介绍、工艺原理、工艺流程全解等。

（3）动态仿真技术　工艺动态仿真模型以实际装置的 PID 图（管道及仪表流程图）为基准，按照实际装置的工艺流程、过程原理、设备工作原理、质量平衡、能量平衡等进行定制开发，具有高仿真精度、全流程范围的机理模型，能系统性地逼真地模拟实际装置在开车、停车、正常生产过程中的工艺动态变化过程。

（4）智能操作指导　具体的操作流程，系统能够模拟认知操作中的每个步骤，并加以文字说明和解释。

7.2　软件操作说明

7.2.1　软件启动

完成安装后就可以运行虚拟仿真软件了，双击桌面快捷方式，在弹出的启动窗口（图 7-1）中选择想要启动的仿真软件，点击"启动"按钮即启动对应的虚拟仿真软件。

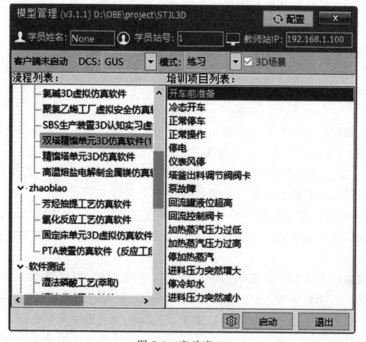

图 7-1　启动窗口

7.2.2　软件操作

启动软件后，软件加载完成后进入仿真实验操作界面（图 7-2），在该界面可实现虚拟仿真软件的操作。

7.2.2.1　功能介绍

角度控制：W——前，S——后，A——左，D——右、鼠标右键——视角旋转（图 7-3）。

拉近镜头：点击鼠标中间滚轮，然后滚动鼠标滚轮进行放大、缩小、旋转操作。

图 7-2　仿真实验操作界面

Ctrl 键：奔跑与行走状态的切换。

Q 键：上帝视角的切换。

上帝视角：上帝视角状态下，可用鼠标右键控制飞行方向，以 W、S、A、D 控制前后左右的移动，以方向键↑↓实现竖直方向的升降。

【退出】：点击退出实验，见图 7-4。

图 7-3　角度控制

图 7-4　退出实验

工具条图标说明见表 7-1。

表 7-1　工具条图标说明

图标	说明	图标	说明	图标	说明	图标	说明
	运行选中项目		暂停当前运行项目		状态说明		保存快门
	停止当前运行项目		恢复暂停项目		参数监控		模型速率

7.2.2.2　鼠标操作

（1）按住鼠标右键转换视角　本仿真软件可以随意转动视角，多角度观察场景。按住鼠标右键不放，滑动鼠标可以控制视角的变化，控制人物行走的同时按住鼠标右键滑动则可以控制人物行进的方向。

（2）鼠标悬停显示设备名称　将鼠标放置在设备或其他物体上，则会显示当前的设备名称，如图 7-5 所示，鼠标放置在再沸器上，则提示"再沸器"的标签。

图 7-5　显示设备名称

（3）右键单击设备弹出知识点　一些设备知识点的学习功能是通过右键单击设备或相应的物体触发操作的，如图 7-6 所示，右键单击"乙烯产品冷却器 513C"，然后点击"设备介绍"，进入知识点系统。

图 7-6　点击"设备介绍"

另外也可以点击右下角的"知识点"，进入知识点系统，选择需要了解学习的设备等，查看相关介绍，点击"微课"（图 7-7）可以查看该软件的操作手册，点击设置根据操作习惯调整系统设置。

（4）快速到达指定位置（瞬移功能）　该功能可以实现人物的瞬移，即从一个位置快速到达另一个位置。在右上角搜索框中输入设备名，单击搜索按钮即可快速移动到相应的位置。例如我们要跳转到阀门 V02T160 的附近，可以在搜索框中设备名"V02T160"，回车或定位后即可瞬移到该位置。

图 7-7　点击"微课"

实现瞬移的另一种方法，点击右上角地图"全景"，打开全景地图（图 7-8），在全景地图右侧"NPC＋设备列表"下拉框中选择要目标设备，则人物会瞬移至该设备附近。

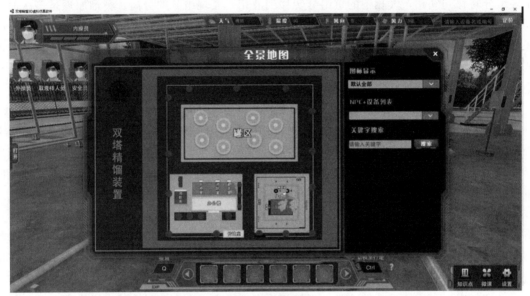

图 7-8　全景地图

7.2.3　3D 基本操作

行走：按 WSAD 键，控制人物前后左右移动行走。

奔跑：按下 Ctrl 键，由行走切换为奔跑，再次按 Ctrl 键恢复行走。

飞行视角：按下 Q 键，视角脱离任务可实现飞行。WSAD 键控制视角前后左右移动，上下箭头方向键控制视角升高和下降。

视角转换：按住鼠标右键移动，控制视角的方向。

角色切换：鼠标点击左上角人物头像，切换角色。

全景地图：点击右上角地图"全景"，打开全景地图。

设备提示：鼠标放在相应的设备上，如泵、塔、阀门等，显示设备提示。

设备介绍：单击设备，弹出提示框"设备介绍"，点击即进入知识点系统。

查看介绍：在知识点系统中点选要看的内容。

快速定位阀门或设备：在 3D 场景右上角搜索框中输入阀门或设备位号，点击"定位"按钮或回车即可快速移动至相应的设备旁。

7.3　工艺流程简介

7.3.1　工艺原理

精馏是化工、石油化工、炼油生产过程中应用极为广泛的传质传热过程。精馏的目的是利用混合液中各组分具有不同挥发度，将各组分分离并达到规定的纯度要求。精馏过程的实质是利用混合物中各组分具有不同的挥发度，即同一温度下各组分的蒸汽分压不同，使液相中轻组分转移到气相，气相中的重组分转移到液相，实现组分的分离。精馏原理是多次而且同时运用部分汽化和部分冷凝的方法，使混合液得到较完全分离，以分别获得接近纯组分的操作，理论上多次部分汽化在液相中可获得高纯度的难挥发组分，多次部分冷凝在气相中可获得高纯度的易挥发组分，但因产生大量中间组分而使产品量极少，且设备庞大。工业生产中的精馏过程是在精馏塔中将部分汽化过程和部分冷凝过程有机结合而实现操作的。

精馏塔是提供混合物气、液两相接触条件，实现传质过程的设备。该设备可分为两类，一类是板式精馏塔，第二类是填料精馏塔。板式塔为一圆形筒体，塔内设多层塔板，塔板上设有气、液两相通道。塔板具有多种不同型式，分别称之为不同的板式塔，在生产中得到广泛的应用。混合物的气、液两相在塔内逆向流动，气相从下至上流动，液相依靠重力自上向下流动，在塔板上接触进行传质。两相在塔内各板逐级接触中，使两相的组成发生阶跃式的变化，故称板式塔为逐级接触设备。填料塔内装有大比表面和高空隙率的填料，不同填料具有不同的比表面积和空隙率，因此，在传质过程中具有不同的性能。填料具有各种不同类型，装填方式分散装和整装两种。视分离混合物的特性及操作条件，选择不同的填料。当回流液或料液进入时，将填料表面润湿，液体在填料表面展为液膜，流下时又汇成液滴，当流到另一填料时，又重展成新的液膜。当气相从塔底进入时，在填料孔隙内沿塔高上升，与展在填料上的液沫连续接触，进行传质，使气、液两相发生连续的变化，故称填料塔为微分接触设备。

7.3.2　工艺过程说明

双塔精馏指的是两塔串联起来进行精馏的过程。核心设备为轻组分脱除塔和产品精制塔。轻组分脱除塔将原料中的轻组分从塔顶蒸出，蒸出的轻组分作为产品或回收利用，塔釜产品直接送入产品精制塔进一步精制。产品精制塔塔顶得到最终产品，塔釜的重组分物质经过处理排放或回收利用。双塔精馏仿真软件可以帮助理解精馏塔操作原理及轻重组分的概念。

本流程是以丙烯酸甲酯生产流程中的醇拔头塔和酯提纯塔为依据进行仿真。醇拔头塔对应仿真单元里的轻组分脱除塔 T150，酯提纯塔对应仿真单元里的产品精制塔 T160。醇拔头塔为精馏塔，利用精馏的原理，将主物流中少部分的甲醇从塔顶蒸出，含有甲酯和少部分重组分的物流从塔底排出至 T160，并进一步分离。酯提纯塔 T160 塔顶分离出产品甲酯，塔釜分离出的重组分产品返回至废液罐进行再处理或回收利用。

原料液由轻组分脱除塔中部进料，进料量不可控制。灵敏板温度由调节器 TIC140 通过调节再沸器加热蒸汽的流量，来控制提馏段灵敏板温度，从而控制醇的分离质量。轻组分脱除塔塔釜液作为产品精制塔的原料直接进入产品精制塔。塔釜的液位和塔釜产品采出量由 LIC119 和 FIC141 组成的串级控制器控制。再沸器采用低压蒸汽加热。塔顶的上升蒸汽经塔顶冷凝器（E152）全部冷凝成液体，该冷凝液靠位差流入冷凝罐（V151）。V151 为油水分离罐，油相一部分作为塔顶回流，一部分作为塔顶产品送下一工序，水相直接回收到醇回收塔。操作压力 61.33kPa（绝压），控制器 PIC128 将调节回流罐的气相排放量，来控制塔内压力稳定。冷凝器以冷却水为载热体。回流罐水相液位由液位控制器 LIC123 调节塔顶产品采出量来维持恒定。回流罐油相液位由液位控制器 LIC121 调节塔顶产品采出量来维持恒定。另一部分液体由回流泵（P151A、B）送回塔顶作为回流，回流量由流量控制器 FIC142 控制。

由轻组分脱除塔塔釜来的原料进入产品精制塔中部，进料量由 FIC141 控制。灵敏板温度由调节器 TIC148 通过调节再沸器加热蒸汽的流量，来控制提馏段灵敏板温度，从而控制醇的分离质量。产品精制塔塔釜液直接采出回收利用。

塔釜的液位和塔釜产品采出量由 LIC125 和 FIC151 组成的串级控制器控制。再沸器采用低压蒸汽加热。塔顶的上升蒸汽经塔顶冷凝器（E162）全部冷凝成液体，该冷凝液靠位差流入回流罐（V161）。塔顶产品，一部分作为回流液返回产品精制塔，回流量由流量控制器 FIC150 控制。一部分作为最终产品采出。操作压力 20.7kPa（绝压），控制器 PIC133 将调节回流罐的气相排放量，来控制塔内压力稳定。冷凝器以冷却水为载热体。回流罐液位由液位控制器 LIC126 调节塔顶产品采出量来维持恒定。

7.4　工艺卡片

7.4.1　设备列表

设备列表见表 7-2。

表 7-2　设备列表

序号	位号	名称	序号	位号	名称
1	T150	轻组分脱除塔	7	T160	产品精制塔
2	E151	轻组分脱除塔塔釜再沸器	8	E161	产品精制塔塔釜再沸器
3	E152	轻组分脱除塔塔顶冷凝器	9	E162	产品精制塔塔顶冷凝器
4	V151	轻组分脱除塔塔顶冷凝罐	10	V161	产品精制塔塔顶冷凝罐
5	P151A/B	轻组分脱除塔塔顶回流泵	11	P161A/B	产品精制塔塔顶回流泵
6	P150A/B	轻组分脱除塔塔釜外输泵	12	P160A/B	产品精制塔塔釜外输泵

7.4.2　阀门列表

阀门列表见表 7-3。

表 7-3   阀门列表

序号	位号	名称	序号	位号	名称
1	V01T150	T150 进料阀	34	FV149I	T160 蒸汽调节阀前阀
2	FV140I	T150 蒸汽调节阀前阀	35	FV149O	T160 蒸汽调节阀后阀
3	FV140O	T150 蒸汽调节阀后阀	36	FV149B	T160 蒸汽调节阀旁路阀
4	FV140B	T150 蒸汽调节阀旁路阀	37	V01E162	E162 冷却水进口阀
5	V01E152	E152 冷却水进口阀	38	FV150I	T160 回流量调节阀前阀
6	FV142I	T150 回流量调节阀前阀	39	FV150O	T160 回流量调节阀后阀
7	FV142O	T150 回流量调节阀后阀	40	FV150B	T160 回流量调节阀旁路阀
8	FV142B	T150 回流量调节阀旁路阀	41	PV133I	V161 压力调节阀前阀
9	PV128I	V151 压力调节阀前阀	42	PV133O	V161 压力调节阀后阀
10	PV128O	V151 压力调节阀后阀	43	PV133B	V161 压力调节阀旁路阀
11	PV128B	V151 压力调节阀旁路阀	44	V01V161	V161 氮气进料阀
12	V01V151	V151 氮气进料阀	45	V02V161	V161 丙烯酸甲酯进料阀
13	FV145I	V151 水相流量调节阀前阀	46	FV153I	V161 出料流量调节阀前阀
14	FV145O	V151 水相流量调节阀后阀	47	FV153O	V161 出料流量调节阀后阀
15	FV145B	V151 水相流量调节阀旁路阀	48	FV153B	V161 出料流量调节阀旁路阀
16	FV144I	V151 油相流量调节阀前阀	49	V03V161	T160 塔顶产品出料阀
17	FV144O	V151 油相流量调节阀后阀	50	V04V161	T160 塔顶产品排放阀
18	FV144B	V151 油相流量调节阀旁路阀	51	V01P161A	P161A 入口阀
19	V02V151	T150 塔顶去轻组分萃取塔阀	52	V02P161A	P161A 出口阀
20	V03V151	T150 塔顶产品排放阀	53	V01P161B	P161B 入口阀
21	V01P151A	P151A 入口阀	54	V02P161B	P161B 出口阀
22	V02P151A	P151A 出口阀	55	FV151I	T160 塔釜出料流量调节阀前阀
23	V01P151B	P151B 入口阀	56	FV151O	T160 塔釜出料流量调节阀后阀
24	V02P151B	P151B 出口阀	57	FV151B	T160 塔釜出料流量调节阀旁路阀
25	FV141I	T150 塔釜出料流量调节阀前阀	58	V03T160	T160 塔釜产品去分馏塔阀
26	FV141O	T150 塔釜出料流量调节阀后阀	59	V04T160	T160 塔釜产品排放阀
27	FV141B	T150 塔釜出料流量调节阀旁路阀	60	V01P160A	P160A 入口阀
28	V03T150	T150 塔釜产品去产品精制塔阀	61	V02P160A	P160A 出口阀
29	V04T150	T150 塔釜产品排放阀	62	V01P160B	P160B 入口阀
30	V01P150A	P150A 入口阀	63	V02P160B	P160B 出口阀
31	V02P150A	P150A 出口阀	64	V02T150	T150 排液阀
32	V01P150B	P150B 入口阀	65	V02T160	T160 排液阀
33	V02P150B	P150B 出口阀			

7.4.3   仪表列表

仪表列表见表 7-4。

表 7-4 仪表列表

序号	位号	名称	正常值	单位	正常工况
1	PIC128	V151 压力控制	61.33	kPaA	投自动
2	PIC133	V161 压力控制	20.7	kPaA	投自动
3	TIC140	T150 温度控制	70	℃	投自动
4	TIC148	T160 温度控制	45	℃	投自动
5	LIC119	T150 塔釜液位控制	50	%	投自动
6	LIC121	V151 水相液位控制	50	%	投自动
7	LIC123	V151 油相液位控制	50	%	投自动
8	LIC125	T160 塔釜液位控制	50	%	投自动
9	LIC126	V161 液位控制	50	%	投自动
10	FIC140	T150 再沸器蒸汽流量控制	896	kg/h	投串级
11	FIC141	T150 塔釜出料流量控制	2195	kg/h	投串级
12	FIC142	T150 回流量控制	2026	kg/h	投自动
13	FIC144	V151 油相流量控制	1241	kg/h	投串级
14	FIC145	V151 水相出料量控制	44	kg/h	投串级
15	FIC149	T150 再沸器蒸汽流量控制	952	kg/h	投串级
16	FIC150	T160 回流量控制	3287	kg/h	投自动
17	FIC151	T160 塔釜出料流量控制	210	kg/h	投串级
18	FIC153	V161 出料流量控制	1685	kg/h	投串级
19	TII42	T150 塔顶温度表	61.07	℃	
20	PI125	T150 塔顶压力表	63	kPaA	
21	TI141	T150 塔中温度表	65	℃	
22	FI128	T150 原料流量显示表	4944.55	kg/h	
23	TI143	T150 塔底回流温度表	73.98	℃	
24	TI139	T150 塔釜温度表	70.99	℃	
25	PI126	T150 塔釜压力表	72.92	kPaA	
26	TI144	T150 塔顶出料温度表	40.05	℃	
27	TI151	T160 塔顶温度表	37.99	℃	
28	PI130	T160 塔顶压力表	21.23	kPaA	
29	TI150	T160 塔中温度表	39.95	℃	
30	TI152	T160 塔底回流温度表	63.88	℃	
31	TI147	T160 塔釜温度表	55.88	℃	
32	PI131	T160 塔釜压力表	26.57	kPaA	
33	TI153	T160 塔顶出料温度表	35.93	℃	

7.4.4 工艺培训内容

（1）冷态开车　能够训练按正确步骤开关相应的阀门、设备和仪表，贯通流程。

（2）正常操作　能够训练正确控制和调节工况参数。

（3）正常停车　能够训练按正确步骤停车。

（4）常见事故处理　包括：

① 停电；

② 仪表风停；

③ 塔釜出料调节阀阀卡；

④ 泵故障；

⑤ 回流罐液位超高；

⑥ 回流罐控制阀卡；

⑦ 加热蒸汽压力过低；

⑧ 加热蒸汽压力过高；

⑨ 停加热蒸汽；

⑩ 进料压力突然增大；

⑪ 进料压力突然减小。

（5）开车前安全防护

① 模拟真实现场不同操作角色的防护需求，选择不同的防护用品；

② 安全隐患排查模块，场景中设置了十处左右的危险源，包含人的不安全行为，物的不安全状态以及消防设施等，每次进入软件会随机出现五处，需要学员进行排查并学习相关知识点。

（6）开车前安全检查

① 检查确认泵的运行状态；

② 确认阀门阀位状态；

③ 确认现场设备（如盲板、人孔等）处于备用状态；

④ 进行系统的仪表检查。

（7）设备维护　现场对泵、换热器、精馏塔、罐等设备进行设备维护，点击需要维护的点位，弹出相应知识点并进行考核。

7.5　复杂控制说明

双塔精馏单元复杂控制回路主要是串级回路的使用，在轻组分脱除塔、产品精制塔和塔顶回流罐中都使用了液位与流量串级回路。塔釜再沸器中使用了温度与流量的串级回路。

串级回路：是在简单调节系统基础上发展起来的。在结构上，串级回路调节系统有两个闭合回路。主、副调节器串联，主调节器的输出为副调节器的给定值，系统通过副调节器的输出操纵调节阀动作，实现对主参数的定值调节。所以在串级回路调节系统中，主回路是定值调节系统，副回路是随动系统。

具体实例：

T150的塔釜液位控制LIC119和塔釜出料FIC141构成一串级回路。FIC141.SP随LIC119.OP的改变而变化。

7.6　控制规程

7.6.1　开车前准备

（1）外操员

① 外操员到更衣室更换劳保工装。

② 佩戴安全帽。

③ 外操员到消防室佩戴气体报警仪。

④ 外操员到消防室佩戴耳塞。

⑤ 外操员到消防室佩戴护目镜，佩戴完成后请到装置区内等候，检查装置区。

（2）内操员

① 内操员到更衣室更换劳保工装。

② 佩戴安全帽，佩戴完成后移动到中控室等待。

（3）安全员

① 安全员到更衣室更换劳保工装（安全健康标识 HSE）。

② 佩戴安全帽（黄色），佩戴完成后，请到装置区等待。

（4）取液相人员

① 取液相人员到更衣室更换劳保工装。

② 穿戴工装后到更衣室或者消防室佩戴安全帽。

③ 取液相人员到消防室佩戴气体报警仪。

④ 取液相人员到消防室佩戴耳塞。

⑤ 取液相人员到消防室佩戴护目镜。

⑥ 取液相人员到消防室佩戴活扳手。

⑦ 取液相人员到消防室佩戴 F 扳手。

⑧ 取液相人员到装置区取样架上拾取取样瓶。

（5）取气相人员

① 取气相人员到更衣室更换劳保工装。

② 穿戴工装后到更衣室或者消防室佩戴安全帽。

③ 取气相人员到消防室佩戴护目镜。

④ 取气相人员到消防室佩戴耳塞。

⑤ 取气相人员到消防室佩戴气体报警仪。

⑥ 取气相人员到消防室佩戴活扳手。

⑦ 取气相人员到消防室佩戴 F 扳手。

⑧ 取气相人员到装置区取样架上拾取橡胶球胆。

（6）安全隐患排查

① 请切换到外操员查找厂区及中控室的安全隐患，找到第 1 个安全隐患。

② 外操员找到第 2 个安全隐患。

③ 外操员找到第 3 个安全隐患。

④ 外操员找到第 4 个安全隐患。

⑤ 外操员找到第 5 个安全隐患。

(7) 设备安全检查

① 找到第 1 个设备问题。

② 找到第 2 个设备问题。

③ 找到第 3 个设备问题。

④ 找到第 4 个设备问题。

⑤ 找到第 5 个设备问题。

⑥ 找到第 6 个设备问题。

⑦ 找到第 7 个设备问题。

⑧ 找到第 8 个设备问题。

(8) 设备维护及思考题

① 正确回答 1 个问题。

② 正确回答 2 个问题。

③ 正确回答 3 个问题。

④ 正确回答 4 个问题。

⑤ 正确回答 5 个问题。

7.6.2 冷态开车

(1) 系统抽真空

① 打开压力控制阀 PV128 前阀 PV128I。

② 打开压力控制阀 PV128 后阀 PV128O。

③ 打开压力控制阀 PV128，给 T150 系统抽真空，直到压力接近 60kPa。

④ 打开压力控制阀 PV133 前阀 PV133I。

⑤ 打开压力控制阀 PV133 后阀 PV133O。

⑥ 打开压力控制阀 PV133，给 T160 系统抽真空，直到压力接近 20kPa。

⑦ V151 罐压力稳定在 61.33kPa 后，将 PIC128 设置为自动。

⑧ V161 罐压力稳定在 20.7kPa 后，将 PIC133 设置为自动。

⑨ 调节控制阀 PV128 的开度，控制 V151 罐压力为 61.33kPaA。

⑩ 调节控制阀 PV133 的开度，控制 V161 罐压力为 20.7kPaA。

(2) 产品精制塔及塔顶冷凝罐脱水

① 打开阀 V02V161，引轻组分产品洗涤回流罐 V161。

② 待 V161 液位达到 10% 后，打开 P161A 泵入口阀 V01P161A。

③ 启动 P161A。

④ 打开 P161A 泵出口阀 V02P161A。

⑤ 待 V161 液位达到 10% 后，打开 P161B 泵入口阀 V01P161B。

⑥ 启动 P161B。

⑦ 打开 P161B 泵出口阀 V02P161B。

⑧ 打开 FV150 前后阀 FV150I 和 FV150O，开启控制阀 FV150，引轻组分洗涤 T160。

⑨ 待 T160 底部液位达到 5% 后，关闭轻组分进料阀 V02V161。

⑩ 待 V161 中洗液全部引入 T160 后，关闭 P161A 泵出口阀 V02P161A。

⑪ 关闭 P161A。

⑫ 关闭 P161A 泵入口阀 V01P161A。

⑬ 待 V161 中洗液全部引入 T160 后，关闭 P161B 泵出口阀 V02P161B。

⑭ 关闭 P161B。

⑮ 关闭 P161B 泵入口阀 V01P161B。

⑯ 关闭控制阀 FV150。

⑰ 打开 V02T160，将废洗液排出。

⑱ 洗涤液排放完毕后，关闭 V02T160。

（3）启动轻组分脱除塔

① 打开 E152 冷却水阀 V01E152，开度设置为 50%。

② 打开阀门 V01T150，开度设置为 50%，进原料。

③ 当 T150 底部液位达到 25% 后，打开 P150A 泵入口阀 V01P150A。

④ 启动 P150A 泵。

⑤ 打开 P150A 泵出口阀 V02P150A。

⑥ 当 T150 底部液位达到 25% 后，打开 P150B 泵入口阀 V01P150B。

⑦ 启动 P150B 泵。

⑧ 打开 P150B 泵出口阀 V02P150B。

⑨ 先开 FV141 前后阀 FV141I 和 FV141O，再打开控制阀 FV141。

⑩ 打开手阀 V04T150，将 T150 底部物料排放至不合格罐，控制好塔液面。

⑪ 开 FV140 前后阀 FV140I 和 FV140O，再打开控制阀 FV140，给 E151 引蒸汽。

⑫ 待 V151 液位 LIC123 达到 25% 后，打开 P151A 泵入口阀 V01P151A。

⑬ 启动 P151A。

⑭ 打开 P151A 泵出口阀 V02P151A。

⑮ 待 V151 液位 LIC123 达到 25% 后，打开 P151B 泵入口阀 V01P151B。

⑯ 启动 P151B。

⑰ 打开 P151B 泵出口阀 V02P151B。

⑱ 打开控制阀 FV142 的前后阀 FV142I、FV142O，打开控制阀 FV142，给 T150 打回流。

⑲ 打开控制阀 FV144 的前后阀 FV144I、FV144O，打开控制阀 FV144。

⑳ 打开阀 V03V151，将部分物料排至不合格罐。

㉑ 待 V151 水包液位 LIC121 达到 25% 后，打开 FV145 前后阀 FV145I、FV145O 及 FV145，向轻组分萃取塔排放。

㉒ 待 T150 操作稳定后，打开阀 V02V151。

㉓ 同时关闭 V03V151，将 V151 物料从产品排放改至轻组分萃取塔釜。

㉔ 关闭阀 V04T150。

㉕ 同时打开阀 V03T150，将 T150 底部物料由至不合格罐改去 T160 进料。

㉖ 控制塔底温度 TI139 为 71℃。

（4）启动产品精制塔

① 打开 E162 冷却水阀 V01E162，开度设置为 50%。

② 待 T160 液位达到 25％后，打开 P160A 泵入口阀 V01P160A。

③ 启动 P160A。

④ 打开 P160A 泵出口阀 V02P160A。

⑤ 待 T160 液位达到 25％后，打开 P160B 泵入口阀 V01P160B。

⑥ 启动 P160B。

⑦ 打开 P160B 泵出口阀 V02P160B。

⑧ 打开控制阀 FV151 的前后阀 FV151I 和 FV151O，打开控制阀 FV151。

⑨ 同时打开 V03T160，将 T160 塔底物料送至不合格罐。

⑩ 打开控制阀 FV149 前后阀 FV149I 和 FV149O，打开控制阀 FV149，向 E161 引蒸汽。

⑪ 待 V161 液位达到 25％后，打开回流泵 P161A 入口阀 V01P161A。

⑫ 启动回流泵 P161A。

⑬ 打开回流泵 P161A 出口阀 V02P161A。

⑭ 待 V161 液位达到 25％后，打开回流泵 P161B 入口阀 V01P161B。

⑮ 启动回流泵 P161B。

⑯ 打开回流泵 P161B 出口阀 V02P161B。

⑰ 打开塔顶回流控制阀 FV150 前后阀 FV150I 和 FV150O，打开 FV150，打回流。

⑱ 打开控制阀 FV153 前后阀 FV153I 和 FV153O，打开 FV153。

⑲ 打开阀 V04V161，将 V161 物料送至不合格罐。

⑳ T160 操作稳定后，关闭阀 V03T160。

㉑ 同时打开阀 V04T160，将 T160 底部物料由至不合格罐改至分馏塔。

㉒ 关闭阀 V04V161。

㉓ 同时打开阀 V03V161，将合格产品由至不合格罐改至合格罐。

㉔ 控制塔底温度 TI147 为 56℃。

（5）调节至正常

① 待 T150 塔操作稳定后，将 FIC142 设置为自动。

② 待 T160 塔操作稳定后，将 FIC150 设置为自动。

③ 待 T150 塔灵敏板温度接近 70℃，且操作稳定后，将 TIC140 设置为自动。

④ FIC140 投串级。

⑤ 将 LIC121 设置为自动。

⑥ FIC145 投串级。

⑦ 将 LIC123 设置为自动。

⑧ FIC144 投串级。

⑨ 将 LIC119 设置为自动。

⑩ FIC141 投串级。

⑪ 将 LIC126 设置为自动。

⑫ FIC153 投串级。

⑬ 待 T160 塔灵敏板温度接近 45℃，且操作稳定后，将 TIC148 设置为自动。

⑭ FIC149 投串级。

⑮ 将 LIC125 设置为自动。

⑯ FIC151 投串级。

（6）负荷质量评定

① 控制 TIC140 温度为 70℃。

② 控制 LIC119 液位为 50%。

③ 控制 FIC142 流量稳定在 2026kg/h。

④ 控制 LIC123 液位在 50%。

⑤ 控制 LIC121 液位在 50%。

⑥ 控制 TIC148 温度 45℃。

⑦ 控制 LIC125 液位在 50%。

⑧ 控制 FIC150 流量稳定在 3287kg/h。

⑨ 控制 LIC126 液位在 50%。

（7）扣分步骤

① T150 塔釜液位严重超标。

② T150 塔釜液位过低。

③ V151 油相液位严重超标。

④ V151 油相液位过低。

⑤ V151 水相液位严重超标。

⑥ V151 水相液位过低。

⑦ T160 塔釜液位严重超标。

⑧ T160 塔釜液位过低。

⑨ V161 液位严重超标。

⑩ V161 液位过低。

7.6.3　停车操作规程

（1）T150 降负荷

① 手动逐步关小调节阀 V01T150，使进料降至正常进料量的 70%。

② 关闭 V02V151，停止塔顶产品采出。

③ 打开 V03V151，将塔顶产品排至不合格罐。

④ FIC144 改为手动控制。

⑤ LIC123 改为手动控制。

⑥ 开大 FV144 开度，使液位 LIC123 降至 20%。

⑦ LIC123 降至 20% 后，关闭阀门 FV144 及其前后阀 FV144I 和 FV144O。

⑧ 关闭阀门 V03V151。

⑨ FIC145 调为手动控制。

⑩ LIC121 改为手动控制。

⑪ 开大 FV145 开度，使液位 LIC121 降至 0%。

⑫ FIC141 改为手动控制。

⑬ LIC119 改为手动控制。

（2）T160 降负荷

① 关闭 V03T150，停止 T150 塔釜产品采出。

② 打开 V04T150，将 T150 塔釜产品排至不合格罐。

③ 关闭 V04T160，停止 T160 塔釜产品采出。

④ 打开 V03T160，将 T160 塔釜产品排至不合格罐。

⑤ 关闭 V03V161，停止 T160 塔顶产品采出。

⑥ 打开 V04V161，将 T160 塔顶产品排至不合格罐。

⑦ FIC153 改为手动控制。

⑧ LIC126 改为手动控制。

⑨ 手动开大 FV153 开度，使液位 LIC126 降至 20%。

⑩ LIC126 降至 20% 后，关闭阀门 FV153 及其前后阀 FV153I 和 FV153O。

⑪ 关闭阀门 V04V161。

⑫ FIC151 改为手动控制。

⑬ LIC125 改为手动控制。

（3）停进料和再沸器

① 关闭调节阀 V01T150，停进料。

② 断开 FIC140 和 TIC140 的串级，关闭调节阀 FV140，停加热蒸汽。

③ 关闭 FV140 前截止阀 FV140I。

④ 关闭 FV140 后截止阀 FV140O。

⑤ TIC140 改为手动控制。

⑥ 断开 FIC149 和 TIC148 的串级，关闭调节阀 FV149，停加热蒸汽。

⑦ 关闭 FV149 前截止阀 FV149I。

⑧ 关闭 FV149 后截止阀 FV149O。

⑨ TIC148 改为手动控制。

（4）T150 塔顶停回流

① FIC142 改为手动控制。

② 开大 FV142 开度，将回流罐内液体全部打入精馏塔，以降低塔内温度。

③ 当回流罐液位降至 0%，停回流，关闭调节阀 FV142。

④ 关闭 FV142 前截止阀 FV142I。

⑤ 关闭 FV142 后截止阀 FV142O。

⑥ 关闭泵 P151A 出口阀 V02P151A。

⑦ 停泵 P151A。

⑧ 关闭泵 P151A 入口阀 V01P151A。

⑨ 打开 T150 塔釜排液阀 V02T150。

（5）T160 塔顶停回流

① FIC150 改为手动控制。

② 当回流罐液位降至 0%，停回流，关闭调节阀 FV150。

③ 关闭 FV150 前截止阀 FV150I。

④ 关闭 FV150 后截止阀 FV150O。

⑤ 关闭泵 P161A 出口阀 V02P161A。

⑥ 停泵 P161A。

⑦ 关闭泵 P161A 入口阀 V01P161A。

⑧ 打开 T160 塔釜排液阀 V02T160。

（6）降温

① 将 V151 水包中的水排净后将 FV145 关闭。

② 关闭 FV145 前阀 FV145I。

③ 关闭 FV145 后阀 FV145O。

④ T150 底部物料排空后，关闭泵 P150A 出口阀 V02P150A。

⑤ 停 P150A。

⑥ 关闭泵 P150A 入口阀 V01P150A。

⑦ 关闭阀门 FV141 及其前后阀 FV141I 和 FV141O。

⑧ 关闭阀门 V04T150。

⑨ T150 底部物料排空后，关闭阀门 V02T150。

⑩ T160 底部物料排空后，关闭泵 P160A 出口阀 V02P160A。

⑪ 停 P160A。

⑫ 关闭泵 P160A 入口阀 V01P160A。

⑬ 关闭阀门 FV151 及其前后阀 FV151I 和 FV151O。

⑭ 关闭阀门 V03T160。

⑮ T160 底部物料排空后，关闭阀门 V02T160。

⑯ 关闭 E152 冷却水进口阀 V01E152。

⑰ 关闭 E162 冷却水进口阀 V01E162。

（7）系统打破真空

① PIC128 设置为手动控制。

② 关闭控制阀 PV128 及其前后阀 PV128I 和 PV128O。

③ PIC133 设置为手动控制。

④ 关闭控制阀 PV133 及其前后阀 PV133I 和 PV133O。

⑤ 打开阀 V01V151，向 V151 充入低压氮气。

⑥ 打开阀 V01V161，向 V161 充入低压氮气。

⑦ 直至 T150 系统达到常压状态，关闭阀 V01V151，停低压氮气。

⑧ 直至 T160 系统达到常压状态，关闭阀 V01V161，停低压氮气。

（8）扣分过程

① T150 塔釜液位过高。

② T160 塔釜液位过高。

③ V151 两相分离罐水相液位过高。

④ V151 两相分离罐油相液位过高。

⑤ V161 液位过高。

7.6.4　正常操作

（1）扣分过程

① 控制 TIC140 温度为 70℃。

② 控制 LIC119 液位为 50%。

③ 控制 FIC141 流量稳定在 2195kg/h。

④ 控制 FIC142 流量稳定在 2026kg/h。

⑤ 控制 LIC123 液位在 50%。

⑥ 控制 FIC145 流量稳定在 44kg/h。

⑦ 控制 LIC121 液位在 50%。

⑧ 控制 FIC144 流量稳定在 1241kg/h。

⑨ 控制 TIC148 温度 45℃。

⑩ 控制 LIC125 液位在 50%。

⑪ 控制 FIC151 流量稳定在 210kg/h。

⑫ 控制 FIC150 流量稳定在 3287kg/h。

⑬ 控制 LIC126 液位在 50%。

⑭ 控制 FIC153 流量稳定在 1685kg/h。

（2）扣分过程

① T150 塔釜液位严重超标。

② T150 塔釜液位过低。

③ V151 油相液位严重超标。

④ V151 油相液位过低。

⑤ V151 水相液位严重超标。

⑥ V151 水相液位过低。

⑦ T160 塔釜液位严重超标。

⑧ T160 塔釜液位过低。

⑨ V161 液位严重超标。

⑩ V161 液位过低。

7.7 事故设置

7.7.1 停电

原因：停电。

现象：回流泵停止，回流中断。

处理：

（1）停 T150

① 关闭阀门 V01T150，停止进料。

② 将 TIC140 设置为手动。

③ 将 FIC140 设置为手动。

④ 关闭 FV140 及其前后阀 FV140I 和 FV140O，停止加热蒸汽。

⑤ 将 LIC119 设置为手动。

⑥ FIC141 改为手动控制。

⑦ 关闭 FV141 及其前后阀 FV141I 和 FV141O，停止产品采出。

⑧ 将 LIC123 设置为手动。

⑨ FIC144 改为手动控制。

⑩ 关闭 FV144 及其前后阀 FV144I 和 FV144O，停止产品采出。

⑪ 将 LIC121 设置为手动。

⑫ FIC145 调为手动控制。

⑬ 将 FIC145 设置为手动，关闭 FV145 及其前后阀 FV145I 和 FV145O，停止采出。

⑭ 关闭回流泵 P151A 出口阀 V02P151A。

⑮ 关闭回流泵 P151A 入口阀 V01P151A。

⑯ 关闭产品泵 P150A 出口阀 V02P150A。

⑰ 关闭产品泵 P150A 入口阀 V01P150A。

⑱ 关闭 V02V151，停止塔顶产品采出。

⑲ FIC142 改为手动控制。

⑳ 关闭调节阀 FV142 及其前后阀 FV142I 和 FV142O。

㉑ 将 PV128 设置为手动。

㉒ 关闭控制阀 PV128 及其前后阀 PV128I 和 PV128O。

㉓ 打开低压氮气阀 V01V151。

㉔ 直至 T150 系统达到常压状态，关闭阀 V01V151，停低压氮气。

（2）停 T160

① 关闭 V03T150，停止进料。

② 将 TIC148 设置为手动。

③ 将 FIC149 设置为手动。

④ 关闭 FV149 及其前后阀 FV149I 和 FV149O，停止加热蒸汽。

⑤ 将 LIC125 设置为手动。

⑥ 将 FIC151 设置为手动。

⑦ 关闭 FIC151 及其前后阀 FV151I 和 FV151O，停止产品采出。

⑧ 将 LIC126 设置为手动。

⑨ 将 FIC153 设置为手动。

⑩ 关闭 FIC153 及其前后阀 FV153I 和 FV153O，停止产品采出。

⑪ 关闭回流泵 P161A 出口阀 V02P161A。

⑫ 关闭回流泵 P161A 入口阀 V01P161A。

⑬ 关闭产品泵 P160A 出口阀 V02P160A。

⑭ 关闭产品泵 P160A 入口阀 V01P160A。

⑮ 关闭 V03V161，停止 T160 塔顶产品采出。

⑯ FIC150 改为手动控制。

⑰ 关闭调节阀 FV150 及其前后阀 FV150I 和 FV150O。

⑱ PIC133 设置为手动控制。

⑲ 关闭控制阀 PV133 及其前后阀 PV133I 和 PV133O。

⑳ 打开低压氮气阀 V01V161。

㉑ 直至 T160 系统达到常压状态，关闭阀 V01V161，停低压氮气。

（3）扣分过程

① T150 塔釜液位过高。

② T160 塔釜液位过高。

③ V151 两相分离罐水相液位过高。

④ V151 两相分离罐油相液位过高。

⑤ V161 液位过高。

7.7.2　仪表风停

原因：仪表风停。

现象：所有控制仪表不能正常工作。

处理：

（1）操作

① 打开 FV140 的旁通阀 FV140B。

② 打开 FV141 的旁通阀 FV141B。

③ 打开 FV145 的旁通阀 FV145B。

④ 打开 FV144 的旁通阀 FV144B。

⑤ 打开 PV128 的旁通阀 PV128B。

⑥ 打开 FV142 的旁通阀 FV142B。

⑦ 打开 FV149 的旁通阀 FV149B。

⑧ 打开 FV151 的旁通阀 FV151B。

⑨ 打开 FV150 的旁通阀 FV150B。

⑩ 打开 FV153 的旁通阀 FV153B。

⑪ 打开 PV133 的旁通阀 PV133B。

⑫ 控制 TIC140 温度为 70℃。

⑬ 控制 LIC119 液位为 50%。

⑭ 控制 FIC141 流量稳定在 2195kg/h。

⑮ 控制 FIC142 流量稳定在 2026kg/h。

⑯ 控制 LIC123 液位在 50%。

⑰ 控制 FIC144 流量稳定在 1241kg/h。

⑱ 控制 LIC121 液位在 50%。

⑲ 控制 FIC145 流量稳定在 44kg/h。

⑳ 控制 TIC148 温度 45℃。

㉑ 控制 LIC125 液位在 50%。

㉒ 控制 FIC151 流量稳定在 210kg/h。

㉓ 控制 FIC150 流量稳定在 3287kg/h。

㉔ 控制 LIC126 液位在 50%。

㉕ 控制 FIC153 流量稳定在 1685kg/h。

（2）扣分步骤

① T150 塔釜液位严重超标。

② T150 塔釜液位过低。

③ V151 油相液位严重超标。

④ V151 油相液位过低。

⑤ V151 水相液位严重超标。

⑥ V151 水相液位过低。

⑦ T160 塔釜液位严重超标。

⑧ T160 塔釜液位过低。

⑨ V161 液位严重超标。

⑩ V161 液位过低。

7.7.3　塔釜出料调节阀阀卡

原因：塔釜出料调节阀卡。

现象：T150 塔釜出料流量变小，塔釜液位升高。

处理：

（1）操作

① 将 FIC141 设为手动模式。

② 关闭 FV141 前截止阀 FV141I。

③ 关闭 FV141 后截止阀 FV141O。

④ 打开 FV141 旁通阀 FV141B，维持塔釜液位。

⑤ T150 塔釜液位维持在 50%。

⑥ 产品精制塔进料流量维持在 2195kg/h。

（2）扣分步骤

① T150 塔釜液位 LIC119 过高。

② T160 塔釜液位 LIC125 过高。

7.7.4　泵故障

原因：回流泵 P150A 泵坏。

现象：P150A 断电，T150 回流中断，T150 塔顶压力、温度上升。

处理：

（1）操作

① 打开备用泵 P150B 入口阀 V01P150B。

② 启动备用泵 P150B。

③ 打开备用泵 P150B 出口阀 V02P150B。

④ 关闭泵 P150A 出口阀 V02P150A。

⑤ 关闭泵 P150A 入口阀 V01P150A。

（2）扣分步骤

① T150 塔釜液位过高。

② T160 塔釜液位过高。

③ 回流罐 V151 液位过高。

④ 回流罐 V161 液位过高。

7.7.5　回流罐液位超高

原因：回流罐 V151 液位超高。

现象：回流罐 V151 液位超高。

处理：

（1）操作

① 将 FIC144 设为手动模式。

② 及时调整阀 FV144，使回流罐液位 LIC123 稳定在 50％。

③ LIC123 稳定在 50％后，将 FIC144 投串级。

（2）扣分步骤

① T150 塔釜液位过高。

② T150 塔釜液位过低。

③ V151 水相液位过高。

④ V151 水相液位过低。

⑤ T160 塔釜液位过高。

⑥ T160 塔釜液位过低。

⑦ V161 液位过高。

⑧ V161 液位过低。

7.7.6　回流量调节阀阀卡

原因：回流量调节阀 FV150 阀卡。

现象：T150 回流量减小，T150 塔顶温度上升，压力增大。

处理：

（1）操作步骤

① 将 FIC150 设为手动模式。

② 关闭 FV150 前截止阀 FV150I。

③ 关闭 FV150 后截止阀 FV150O。

④ 打开旁通阀 FV150B，保持回流。

⑤ T160 塔顶压力 PIC133 维持稳定。

⑥ T160 塔釜温度 TI147 维持稳定。

⑦ 回流量 FIC150 维持在 3287kg/h。

（2）扣分步骤

① T150 塔釜液位过高。

② V151 水相液位过高。

③ T160 塔釜液位过高。

④ V161 液位过高。

7.7.7　热蒸汽压力过低

原因：热蒸汽压力过低。

现象：加热蒸汽的流量减小，塔釜温度持续下降。

处理：

（1）操作步骤

① 将 FIC140 改为手动调节。

② 将 TIC140 改为手动调节。

③ 增加调节阀 FV140 的开度，待温度稳定后，将 TIC140 改为自动调节，温度设置为 70℃。

④ 待温度稳定后，将 FIC140 投串级。

⑤ 将 FIC149 改为手动调节。

⑥ 将 TIC148 改为手动调节。

⑦ 增加调节阀 FV149 的开度，待温度稳定后，将 TIC148 改为自动调节，温度设置为 45℃。

⑧ 待温度稳定后，将 FIC149 投串级。

⑨ 灵敏塔板温度 TIC140 稳定在 70℃。

⑩ 灵敏塔板温度 TIC148 稳定在 45℃。

（2）扣分步骤

① T150 塔顶压力超过 80kPa。

② T160 塔顶压力超过 30kPa。

③ T150 塔釜液位过高。

④ T150 塔釜液位过低。

⑤ T160 塔釜液位过高。

⑥ T160 塔釜液位过低。

7.7.8　热蒸汽压力过高

原因：热蒸汽压力过高。

现象：加热蒸汽的流量增大，塔釜温度持续上升。

处理：

（1）操作步骤

① 将 FIC140 改为手动调节。

② 将 TIC140 改为手动调节。

③ 减小调节阀 FV140 的开度，待温度稳定后，将 TIC140 改为自动调节，温度设置为 70℃。

④ 待温度稳定后，将 FIC140 投串级。

⑤ 将 FIC149 改为手动调节。

⑥ 将 TIC148 改为手动调节。

⑦ 减小调节阀 FV149 的开度，待温度稳定后，将 TIC148 改为自动调节，温度设置为 45℃。

⑧ 待温度稳定后，将 FIC149 投串级。

⑨ 灵敏塔板温度 TIC140 稳定在 70℃。

⑩ 灵敏塔板温度 TIC148 稳定在 45℃。

（2）扣分步骤

① T150 塔顶压力超过 80kPa。

② T160 塔顶压力超过 30kPa。

③ T150 塔釜液位过高。

④ T150 塔釜液位过低。

⑤ T160 塔釜液位过高。

⑥ T160 塔釜液位过低。

7.7.9　停加热蒸汽

原因：停蒸汽。

现象：加热蒸汽的流量减小至 0，塔釜温度持续下降。

处理：

（1）操作步骤

① 关闭阀门 V01T150，停止进料。

② 将 TIC140 设置为手动。

③ 将 FIC140 设置为手动。

④ 关闭 FV140 及其前后阀 FV140I 和 FV140O，停止加热蒸汽。

⑤ 将 LIC119 设置为手动。

⑥ FIC141 改为手动控制。

⑦ 关闭 FV141 及其前后阀 FV141I 和 FV141O，停止产品采出。

⑧ 将 LIC123 设置为手动。

⑨ FIC144 改为手动控制。

⑩ 关闭 FV144 及其前后阀 FV144I 和 FV144O，停止产品采出。

⑪ 将 LIC121 设置为手动。

⑫ FIC145 调为手动控制。

⑬ 将 FIC145 设置为手动，关闭 FV145 及其前后阀 FV145I 和 FV145O，停止采出。

⑭ 关闭回流泵 P151A 出口阀 V02P151A。

⑮ 关闭泵 P151。

⑯ 关闭回流泵 P151A 入口阀 V01P151A。

⑰ 关闭产品泵 P150A 出口阀 V02P150A。

⑱ 关闭泵 P150。

⑲ 关闭泵产品泵 P150A 入口阀 V01P150A。

⑳ 关闭 V02V151，停止塔顶产品采出。FIC142 改为手动控制。

㉑ 关闭调节阀 FV142 及其前后阀 FV142I 和 FV142O。

㉒ 将 PV128 设置为手动。

㉓ 关闭控制阀 PV128 及其前后阀 PV128I 和 PV128O。

㉔ 打开低压氮气阀 V01V151。

㉕ 直至 T150 系统达到常压状态，关闭阀 V01V151，停低压氮气。

（2）扣分步骤

① 关闭 V03T150，停止进料。

② 将 TIC148 设置为手动。

③ 将 FIC149 设置为手动。

④ 关闭 FV149 及其前后阀 FV149I 和 FV149O，停止加热蒸汽。

⑤ 将 LIC125 设置为手动。

⑥ 将 FIC151 设置为手动。

⑦ 关闭 FIC151 及其前后阀 FV151I 和 FV151O，停止产品采出。

⑧ 将 LIC126 设置为手动。

⑨ 将 FIC153 设置为手动。

⑩ 关闭 FIC153 及其前后阀 FV153I 和 FV153O，停止产品采出。

⑪ 关闭回流泵 P161A 出口阀 V02P161A。

⑫ 关闭泵 P161A。

⑬ 关闭回流泵 P161A 入口阀 V01P161A。

⑭ 关闭产品泵 P160A 出口阀 V02P160A。

⑮ 关闭泵 P160A。

⑯ 关闭产品泵 P160A 入口阀 V01P160A。

⑰ 关闭 V03V161，停止 T160 塔顶产品采出。

⑱ FIC150 改为手动控制。

⑲ 关闭调节阀 FV150 及其前后阀 FV150I 和 FV150O。

⑳ PIC133 设置为手动控制。

㉑ 关闭控制阀 PV133 及其前后阀 PV133I 和 PV133O。

㉒ 打开低压氮气阀 V01V161。

㉓ 直至 T160 系统达到常压状态，关闭阀 V01V161，停低压氮气。

7.7.10　进料压力突然增大

原因：进料压力突然增大。

现象：塔顶温度上升，塔顶压力升高。

处理：

（1）操作步骤

① 调节 V01T150 的开度，使原料液进料达到正常值。

② 原料液进料流量稳定在 4944kg/h。

（2）扣分步骤

① T150 塔釜液位过高。

② V151 水相液位过高。

③ V151 油相液位过高。

④ T160 塔釜液位过高。

⑤ V161 液位过高。

⑥ T150 塔釜液位过低。

⑦ V151 水相液位过低。

⑧ V151 油相液位过低。

⑨ T160 塔釜液位过低。

⑩ V161 液位过低。

7.7.11　停冷却水

原因：停冷却水。

现象：塔顶温度上升，塔顶压力升高。

处理：

（1）操作步骤

① 关闭阀门 V01T150，停止进料。

② 将 TIC140 设置为手动。

③ 将 FIC140 设置为手动。

④ 关闭 FV140 及其前后阀 FV140I 和 FV140O，停止加热蒸汽。

⑤ 将 LIC119 设置为手动。

⑥ FIC141 改为手动控制。

⑦ 关闭 FV141 及其前后阀 FV141I 和 FV141O，停止产品采出。

⑧ 将 LIC123 设置为手动。

⑨ FIC144 改为手动控制。

⑩ 关闭 FV144 及其前后阀 FV144I 和 FV144O，停止产品采出。

⑪ 将 LIC121 设置为手动。

⑫ FIC145 调为手动控制。

⑬ 将 FIC145 设置为手动，关闭 FV145 及其前后阀 FV145I 和 FV145O，停止采出。

⑭ 关闭回流泵 P151A 出口阀 V02P151A。

⑮ 关闭泵 P151A。

⑯ 关闭回流泵 P151A 入口阀 V01P151A。

⑰ 关闭产品泵 P150A 出口阀 V02P150A。

⑱ 关闭泵 P150A。

⑲ 关闭产品泵 P150A 入口阀 V01P150A。

⑳ 关闭 V02V151，停止塔顶产品采出。

㉑ FIC142 改为手动控制。

㉒ 关闭调节阀 FV142 及其前后阀 FV142I 和 FV142O。

㉓ 将 PV128 设置为手动。

㉔ 关闭控制阀 PV128 及其前后阀 PV128I 和 PV128O。

㉕ 打开低压氮气阀 V01V151。

㉖ 直至 T150 系统达到常压状态，关闭阀 V01V151，停低压氮气。

㉗ 关闭 V03T150，停止进料。

㉘ 将 TIC148 设置为手动。

㉙ 将 FIC149 设置为手动。

㉚ 关闭 FV149 及其前后阀 FV149I 和 FV149O，停止加热蒸汽。

㉛ 将 LIC125 设置为手动。

㉜ 将 FIC151 设置为手动。

㉝ 关闭 FIC151 及其前后阀 FV151I 和 FV151O，停止产品采出。

㉞ 将 LIC126 设置为手动。

㉟ 将 FIC153 设置为手动。

㊱ 关闭 FIC153 及其前后阀 FV153I 和 FV153O，停止产品采出。

㊲ 关闭回流泵 P161A 出口阀 V02P161A。

㊳ 关闭泵 P161A。

㊴ 关闭回流泵 P161A 入口阀 V01P161A。

㊵ 关闭产品泵 P160A 出口阀 V02P160A。

㊶ 关闭泵 P160A。

㊷ 关闭产品泵 P160A 入口阀 V01P160A。

㊸ 关闭 V03V161，停止 T160 塔顶产品采出。

㊹ FIC150 改为手动控制。

㊺ 关闭调节阀 FV150 及其前后阀 FV150I 和 FV150O。

㊻ PIC133 设置为手动控制。

㊼ 关闭控制阀 PV133 及其前后阀 PV133I 和 PV133O。

㊽ 打开低压氮气阀 V01V161。

㊾ 直至 T160 系统达到常压状态，关闭阀 V01V161，停低压氮气。

（2）扣分步骤

① T150 塔釜液位过高。

② T160 塔釜液位过高。

③ V151 两相分离罐水相液位过高。

④ V151 两相分离罐油相液位过高。

⑤ V161 液位过高。

7.7.12　进料压力突然减小

原因：停冷却水。

现象：塔顶温度上升，塔顶压力升高。

处理：

（1）操作步骤

① 调节 V01T150 的开度，使原料液进料达到正常值。

② 原料液进料流量稳定在 4944kg/h。

（2）扣分步骤

① T150 塔釜液位过高。

② V151 水相液位过高。

③ V151 油相液位过高。

④ T160 塔釜液位过高。

⑤ V161 液位过高。

⑥ T150 塔釜液位过低。

⑦ V151 水相液位过低。

⑧ V151 油相液位过低。

⑨ T160 塔釜液位过低。

⑩ V161 液位过低。

7.8　现场图和 DCS 图

现场图见图 7-9，DCS 图见图 7-10。

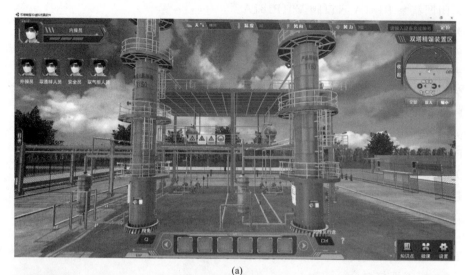

(a)

(b)

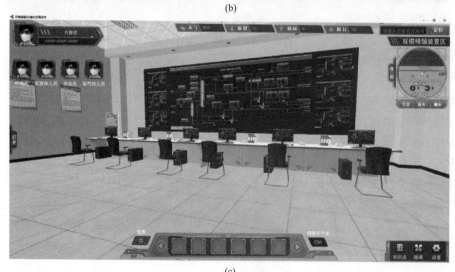

(c)

图 7-9　现场图

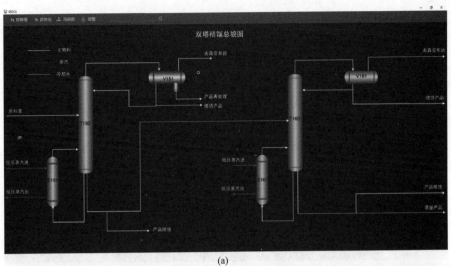

(a)

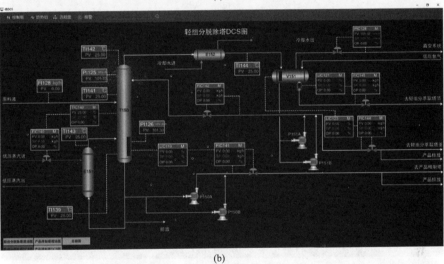

(b)

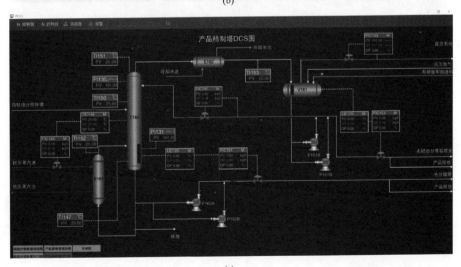

(c)

图 7-10

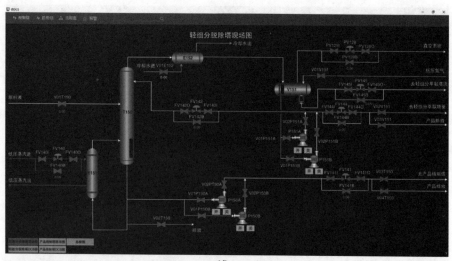

(d)

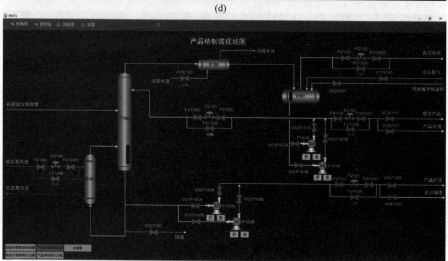

(e)

图 7-10 DCS 图

第8章

精馏塔作业现场应急处置虚拟仿真软件

8.1 工艺流程简介

8.1.1 工艺原理

精馏是将液体混合物部分汽化，利用其中各组分相对挥发度的不同，通过液相和气相间的质量传递来实现对混合物的分离。原料液进料热状态有五种：冷液进料（原料液的温度低于泡点）；饱和液体进料（原料液的温度等于泡点）；气液混合物进料（原料液的温度在泡点和露点之间）；饱和蒸汽进料（原料液的温度等于露点）；过热蒸汽进料（原料液的温度高于露点）。

精馏段：原料液进料板以上的称精馏段。它的作用：上升蒸汽与回流液之间的传质、传热，逐步增浓气相中的易挥发组分。可以说，塔的上部完成了上升气流的精制。

提馏段：加料板以下的称提馏段。它的作用：在每块塔板下降液体与上升蒸汽的传质、传热，下降的液流中难挥发的组分不断增加，可以说，塔下部完成了下降液流中难挥发组分的提浓。

塔板的功能：提供气、液直接接触的场所，气、液在塔板上直接接触，实现了气液间的传质和传热。

降液管及板间距的作用：降液管为液体下降的通道，板间距可分离气、液混合物。

8.1.2 工艺流程

本单元采用加压精馏，在脱丁烷塔中将丁烷从脱丙烷塔釜混合物中分离出来。原料液为脱丙烷塔塔釜的混合液（C_3、C_4、C_5、C_6、C_7），分离后馏出液为高纯度的碳四产品，残液主要是碳五以上组分。67.8℃的原料液在 FIC101 的控制下由精馏塔塔中进料，塔顶蒸汽经换热器 E101 几乎全部冷凝为液体进入回流罐 V101，回流罐的液体由泵 P101A/B 抽出，一部分作为回流，另一部分作为塔顶液相采出。塔底釜液一部分在 FIC104 的调节下作为塔釜采出流出，另一部分经过再沸器 E102 加热回到精馏塔，再沸器的加热量由 TIC101 调节蒸汽的进入量来控制。

8.2 工艺卡片

8.2.1 设备列表

表 8-1 为设备列表。

表 8-1　设备列表

序号	位号	名称	序号	位号	名称
1	T101	精馏塔	4	E102	再沸器
2	V101	回流罐	5	P101A/B	回流泵
3	E101	塔顶冷凝器	6	P102A/B	塔底泵

8.2.2　阀门列表

阀门列表见表 8-2。

表 8-2　阀门列表

序号	位号	名称	序号	位号	名称
1	FV101I	FV101 前阀	19	PV101BI	PV101B 前阀
2	FV101O	FV101 后阀	20	PV101BO	PV101B 后阀
3	FV101B	FV101 旁路阀	21	PV101BB	PV101B 旁路阀
4	FV102I	FV102 前阀	22	PV102I	PV102 前阀
5	FV102O	FV102 后阀	23	PV102O	PV102 后阀
6	FV102B	FV102 旁路阀	24	PV102B	PV102 旁路阀
7	FV103I	FV103 前阀	25	V01P101A/B	P101A/B 入口阀
8	FV103O	FV103 后阀	26	V02P101A/B	P101A/B 出口阀
9	FV103B	FV103 旁路阀	27	V01P102A/B	P102A/B 入口阀
10	FV104I	FV104 前阀	28	V02P102A/B	P102A/B 出口阀
11	FV104O	FV104 后阀	29	V01T101	塔釜排液阀
12	FV104B	FV104 旁路阀	30	V02T101	塔釜出料阀
13	TV101I	TV101 前阀	31	V03T101	塔釜不合格管线阀
14	TV101O	TV101 后阀	32	V01V101	回流罐切水阀
15	TV101B	TV101 旁路阀	33	V02V101	回流罐泄液阀
16	PV101AI	PV101A 前阀	34	V03V101	塔顶采出阀
17	PV101AO	PV101AO 后阀	35	V04V101	塔顶不合格管线阀
18	PV101AB	PV101A 旁路阀	36	V01E101	塔顶热物流进料阀

8.2.3　仪表列表

表 8-3 为仪表列表。

表 8-3　仪表列表

序号	位号	名称	正常值	单位	正常工况
1	FIC101	进料流量控制	15000	kg/h	投自动
2	FIC102	塔顶出料流量控制	7178	kg/h	投串级
3	FIC103	回流量控制	14357	kg/h	投自动

序号	位号	名称	正常值	单位	正常工况
4	FIC104	塔釜出料流量控制	7521	kg/h	投串级
5	TIC101	塔釜温度控制	109.3	℃	投自动
6	PIC101	塔顶压力控制	4.25	atm	投自动
7	PIC102	回流罐压力控制	4.25	atm	投自动
8	LIC101	精馏塔液位控制	50	%	投自动
9	LIC102	回流罐液位控制	50	%	投自动
10	TI102	进料温度	67.8	℃	
11	TI103	塔顶温度	46.5	℃	
12	TI104	回流温度	39.1	℃	
13	TI105	塔釜温度	109.3	℃	
14	LI101	回流罐积水包界位	0	%	

8.2.4 工艺数据

工艺数据见表 8-4。

表 8-4 工艺数据

物流	位号	正常数据	单位
进料	流量（FIC101）	15000	kg/h
	温度（TI102）	67.8	℃
塔釜产品	流量（FIC104）	7521	kg/h
	温度（TI105）	109.3	℃
塔顶产品	温度	39.1	℃
	压力（PIC102）	4.25	atm
	液相流量（FIC102）	7178	kg/h
	气相流量	300	kg/h

8.3 复杂控制说明

8.3.1 分程控制

塔 T101 塔顶压力由 PIC101 和 PIC102 共同控制。其中 PIC101 为分程控制，当压力过低时，PIC101 开度变小，PV101B 开大，塔顶气流不经过塔顶冷凝器直接进入回流罐 V101；当压力偏高时，PIC101 开度变大，PV101A 开大，增大冷却水流量，使塔顶气冷凝后进入回流罐 V101。在高压情况下，PIC102 控制从回流罐采出的气体流量。图 8-1 为

PIC101 的分程控制示意图。

8.3.2　串级控制系统

　　T101 塔釜采出量 FIC104 与塔釜液位 LIC101 组成串级控制：LIC101-FIC104，以 LIC101 为主回路，FIC104 为副回路构成串级控制系统。

　　T101 塔顶 C_4 去产品罐的流量 FIC102 与回流罐液位 LIC102 构成串级控制，LIC102-FIC102，以 LIC102 为主回路，FIC102 为副回路构成串级控制系统。

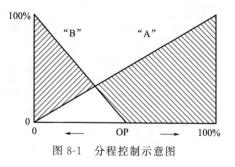

图 8-1　分程控制示意图

8.4　操作规程

序号	项目名称	项目描述	处理方法
1	精馏塔回流罐泄漏着火	应急预案	见操作规程
2	精馏塔机械密封泄漏着火	应急预案	见操作规程
3	精馏塔塔底法兰泄漏着火	应急预案	见操作规程

8.4.1　精馏塔回流罐泄漏着火

　　（1）发现着火事故

　　① 外操 A 巡检发现事故，左键点击对讲机按钮，向班长汇报事故情况；

　　② 外操 A 左键点击任意一个灭火器箱盖打开灭火器箱，然后左键点击任意一个灭火器进行拾取；使用灭火器对准火焰根部进行灭火；

　　③ 外操 A 左键点击对讲机按钮，向班长汇报灭火情况；

　　④ 外操 A 点击上方的工具箱，右键点击灭火器图标，选择放回，将灭火器放下，撤离至光圈处的安全位置；

　　⑤ 在左侧角色栏里点击班长头像，将角色切换至班长，班长左键点击桌子上的话筒，广播宣布启动应急预案；

　　⑥ 班长拨打调度电话 1234，或使用"调度"快捷键，点击拨号按钮向调度室汇报火灾发生情况。

　　（2）灭火失败操作流程

　　① 班长拨打报警电话 119，或使用"火警"快捷键，点击拨号按钮进行报警；

　　② 班长左键点击对讲机按钮，命令安全员组织人员去精馏塔装置处拉起警戒线，外操 B 佩戴防护用品去事故现场；

　　③ 在左侧角色栏里点击安全员头像，将角色切换至安全员，安全员佩戴空气呼吸器，并拿起警戒绳，然后走进事故现场里的光圈，组织人员拉起警戒线；

　　④ 在左侧角色栏里点击班长头像，将角色切换至班长，班长去消防室，左键点击拾取

空气呼吸器和 F 型扳手，然后迅速返回现场，走进事故现场的光圈；

⑤ 在左侧角色栏里点击外操 B 头像，将角色切换至外操 B，外操 B 去消防室，左键点击拾取空气呼吸器和 F 型扳手，然后迅速返回现场，走进事故现场的光圈；

⑥ 在左侧角色栏里点击班长头像，将角色切换至班长，班长左键点击对讲机按钮通知相关人员执行停车操作；

⑦ 在左侧角色栏里点击外操 A 头像，将角色切换至外操 A，外操 A 去消防室，左键点击拾取空气呼吸器和 F 型扳手，走到消防水炮附近，左键点击消防水炮进行装备，启用消防水炮对准回流罐，控制回流罐温度；

⑧ 在左侧角色栏里点击外操 B 头像，将角色切换至外操 B，外操 B 接到班长的命令后，执行紧急停车：打开塔顶产品去不合格线阀门 V04V101；

⑨ 外操 B 执行紧急停车：关闭塔顶采出阀门 V03V101；

⑩ 外操 B 执行紧急停车：打开塔釜产品去不合格线阀门 V03T101；

⑪ 外操 B 执行紧急停车：关闭塔釜采出阀门 V02T101；

⑫ 内操接到班长通知后，执行紧急停车：在 DCS 界面中将进料阀 FIC101 切成手动，关闭进料阀；

⑬ 内操执行紧急停车：在 DCS 界面中将塔釜加热温度阀门 TIC101 切成手动，关闭塔釜加热阀门；

⑭ 内操执行紧急停车：在 DCS 界面中将塔顶回流流量阀门 FIC103 切成手动，调节阀门开度，增大回流流量；

⑮ 内操执行紧急停车：在 DCS 界面中将塔顶采出流量阀门 FIC102 切成手动，调节阀门开度，增大采出流量；

⑯ 内操执行紧急停车：在 DCS 界面中将塔釜采出流量阀门 FIC104 切成手动，调节阀门开度，增大采出流量；

⑰ 在左侧角色栏里点击外操 B 头像，将角色切换至外操 B，外操 B 执行紧急停车：回流罐倒空后关闭回流泵出口阀 V02P101A；

⑱ 外操 B 执行紧急停车：停回流泵 P101A；

⑲ 外操 B 执行紧急停车：关闭塔底泵出口阀 V02P102A；

⑳ 外操 B 执行紧急停车：停塔底泵 P102A；

㉑ 外操 B 左键点击对讲机按钮，向班长汇报"现场停车操作完毕"；

㉒ 在左侧角色栏里点击内操头像，将角色切换至内操，内操执行紧急停车：在 DCS 界面中将回流罐放空阀 PIC302 切成手动，调节阀门开度，调节回流罐内压力为 0.05MPa；

㉓ 内操左键点击对讲机按钮，向班长汇报"DCS 停车操作完毕"；

㉔ 在左侧角色栏里点击安全员头像，将角色切换至安全员，安全员去厂区门口光圈处引导消防车进入事故现场；

㉕ 等待消防员将火熄灭；

㉖ 在左侧角色栏里点击班长头像，将角色切换至班长，班长拨打调度电话 1234，或使用"调度"快捷键，点击拨号按钮，向调度室汇报"事故处理完毕，请派维修人员维修"；

㉗ 班长使用话筒，广播宣布解除事故应急预案；

㉘ 在左侧角色栏里点击外操 A 头像，将角色切换至外操 A，点击上方的工具箱，右键点消防水炮图标，选择放回，停用消防水炮；

㉙ 安全演练结束！

（3）灭火成功操作流程

① 班长左键点击对讲机按钮，命令安全员组织人员去精馏塔装置处拉起警戒线，外操 B 佩戴防护用品去事故现场；

② 在左侧角色栏里点击安全员头像，将角色切换至安全员，安全员佩戴空气呼吸器，并拿起警戒绳，然后走进事故现场里的光圈，组织人员拉起警戒线；

③ 在左侧角色栏里点击班长头像，将角色切换至班长，班长去消防室，左键点击拾取空气呼吸器和 F 型扳手，然后迅速返回现场，走进事故现场的光圈；

④ 在左侧角色栏里点击外操 B 头像，将角色切换至外操 B，外操 B 去消防室，左键点击拾取空气呼吸器和 F 型扳手，然后迅速返回现场，走进事故现场的光圈；

⑤ 在左侧角色栏里点击班长头像，将角色切换至班长，班长左键点击对讲机按钮通知相关人员执行停车操作；

⑥ 在左侧角色栏里点击外操 B 头像，将角色切换至外操 B，外操 B 接到班长的命令后，执行紧急停车：打开塔顶产品去不合格线阀门 V04V101；

⑦ 外操 B 执行紧急停车：关闭塔顶采出阀门 V03V101；

⑧ 外操 B 执行紧急停车：打开塔釜产品去不合格线阀门 V03T101；

⑨ 外操 B 执行紧急停车：关闭塔釜采出阀门 V02T101；

⑩ 在左侧角色栏里点击内操头像，将角色切换至内操，内操接到班长通知后，执行紧急停车：在 DCS 界面中将进料阀 FIC101 切成手动，关闭进料阀；

⑪ 内操执行紧急停车：在 DCS 界面中将塔釜加热温度阀门 TIC101 切成手动，关闭塔釜加热阀门；

⑫ 内操执行紧急停车：在 DCS 界面中将塔顶回流流量阀门 FIC103 切成手动，调节阀门开度，增大回流流量；

⑬ 内操执行紧急停车：在 DCS 界面中将塔顶采出流量阀门 FIC102 切成手动，调节阀门开度，增大采出流量；

⑭ 内操执行紧急停车：在 DCS 界面中将塔釜采出流量阀门 FIC104 切成手动，调节阀门开度，增大采出流量；

⑮ 在左侧角色栏里点击外操 B 头像，将角色切换至外操 B，外操 B 执行紧急停车：回流罐倒空后关闭回流泵出口阀 V02P101A；

⑯ 外操 B 执行紧急停车：停回流泵 P101A；

⑰ 外操 B 执行紧急停车：关闭塔底泵出口阀 V02P102A；

⑱ 外操 B 执行紧急停车：停塔底泵 P102A；

⑲ 外操 B 左键点击对讲机按钮，向班长汇报"现场停车操作完毕"；

⑳ 在左侧角色栏里点击内操头像，将角色切换至内操，内操执行紧急停车：在 DCS 界面中将回流罐放空阀 PIC302 切成手动，调节阀门开度，调节回流罐内压力为 0.05MPa；

㉑ 内操左键点击对讲机按钮，向班长汇报"DCS 停车操作完毕"；

㉒ 在左侧角色栏里点击班长头像，将角色切换至班长，班长拨打调度电话 1234，或使用"调度"快捷键，点击拨号按钮，向调度室汇报"事故处理完毕，请派维修人员维修"；

㉓ 班长使用话筒，广播宣布解除事故应急预案；

㉔ 安全演练结束！

8.4.2　精馏塔机械密封泄漏着火

（1）发现着火事故

① 外操 A 巡检发现事故，左键点击对讲机按钮，向班长汇报事故情况；

② 外操 A 左键点击任意一个灭火器箱盖打开灭火器箱，然后左键点击任意一个灭火器进行拾取；使用灭火器对准火焰根部进行灭火；

③ 外操 A 左键点击对讲机按钮，向班长汇报灭火情况；

④ 外操 A 点击上方的工具箱，右键点击灭火器图标，选择放回，将灭火器丢弃，撤离至光圈处的安全位置；

⑤ 在左侧角色栏里点击班长头像，将角色切换至班长，班长左键点击桌子上的话筒，广播宣布启动应急预案；

⑥ 班长拨打调度电话 1234，或使用"调度"快捷键，点击拨号按钮向调度室汇报火灾发生情况。

（2）灭火失败操作流程

① 班长拨打报警电话 119，或使用"火警"快捷键，点击拨号按钮进行报警；

② 班长左键点击对讲机按钮，命令安全员组织人员去精馏塔装置处拉起警戒线，外操 B 佩戴防护用品去事故现场；

③ 在左侧角色栏里点击安全员头像，将角色切换至安全员，安全员佩戴空气呼吸器，并拿起警戒绳，然后走进事故现场里的光圈，组织人员拉起警戒线；

④ 在左侧角色栏里点击班长头像，将角色切换至班长，班长去消防室，左键点击拾取空气呼吸器和 F 型扳手，然后迅速返回现场，走进事故现场的光圈；

⑤ 在左侧角色栏里点击外操 B 头像，将角色切换至外操 B，外操 B 去消防室，左键点击拾取空气呼吸器和 F 型扳手，然后迅速返回现场，走进事故现场的光圈；

⑥ 在左侧角色栏里点击班长头像，将角色切换至班长，班长左键点击对讲机按钮通知相关人员执行停车操作；

⑦ 在左侧角色栏里点击外操 A 头像，将角色切换至外操 A，外操 A 去消防室，左键点击拾取空气呼吸器和 F 型扳手，走到消防水炮附近，左键点击消防水炮进行装备，启用消防水炮对准回流泵，控制回流泵温度；

⑧ 在左侧角色栏里点击外操 B 头像，将角色切换至外操 B，外操 B 执行紧急停车：停回流泵；

⑨ 外操 B 执行紧急停车：打开塔顶产品去不合格线阀门 V04V101；

⑩ 外操 B 执行紧急停车：关闭塔顶采出阀门 V03V101；

⑪ 外操 B 执行紧急停车：打开塔釜产品去不合格线阀门 V03T101；

⑫ 外操 B 执行紧急停车：关闭塔釜采出阀门 V02T101；

⑬ 外操 B 左键点击对讲机按钮，向班长汇报"现场停车操作完毕"；

⑭ 在左侧角色栏里点击内操头像，将角色切换至内操，内操接到班长通知后执行紧急停车：在 DCS 界面中将进料阀 FIC101 切成手动，关闭进料阀；

⑮ 内操执行紧急停车：在 DCS 界面中将塔釜加热温度阀门 TIC101 切成手动，关闭塔釜加热阀门；

⑯ 内操执行紧急停车：在 DCS 界面中将塔顶采出流量阀门 FIC102 切成手动，调节阀

门开度，关闭塔顶出料阀；

⑰ 内操左键点击对讲机按钮，向班长汇报"DCS停车操作完毕"；

⑱ 在左侧角色栏里点击安全员头像，将角色切换至安全员，安全员去厂区门口光圈处引导消防车进入事故现场；

⑲ 等待消防员将火熄灭；

⑳ 在左侧角色栏里点击班长头像，将角色切换至班长，班长拨打调度电话1234，或使用"调度"快捷键，点击拨号按钮，向调度室汇报"事故处理完毕，请派维修人员维修"；

㉑ 班长使用话筒，广播宣布解除事故应急预案；

㉒ 在左侧角色栏里点击外操A头像，将角色切换至外操A，点击上方的工具箱，右键点消防水炮图标，选择放回，停用消防水炮；

㉓ 安全演练结束！

（3）灭火成功操作流程

① 班长左键点击对讲机按钮，命令安全员组织人员去精馏塔装置处拉起警戒线，外操B佩戴防护用品去事故现场；

② 在左侧角色栏里点击安全员头像，将角色切换至安全员，安全员佩戴空气呼吸器，并拿起警戒绳，然后走进事故现场里的光圈，组织人员拉起警戒线；

③ 在左侧角色栏里点击班长头像，将角色切换至班长，班长去消防室，左键点击拾取空气呼吸器和F型扳手，然后迅速返回现场，走进事故现场的光圈；

④ 在左侧角色栏里点击外操B头像，将角色切换至外操B，外操B去消防室，左键点击拾取空气呼吸器和F型扳手，然后迅速返回现场，走进事故现场的光圈；

⑤ 在左侧角色栏里点击班长头像，将角色切换至班长，班长左键点击对讲机按钮通知相关人员执行停车操作；

⑥ 在左侧角色栏里点击外操B头像，将角色切换至外操B，外操B执行紧急停车：停回流泵；

⑦ 操B执行紧急停车：打开塔顶产品去不合格线阀门V04V101；

⑧ 外操B执行紧急停车：关闭塔顶采出阀门V03V101；

⑨ 外操B执行紧急停车：打开塔釜产品去不合格线阀门V03T101；

⑩ 外操B执行紧急停车：关闭塔釜采出阀门V02T101；

⑪ 外操B左键点击对讲机按钮，向班长汇报"现场停车操作完毕"；

⑫ 在左侧角色栏里点击内操头像，将角色切换至内操，内操接到班长通知后执行紧急停车：在DCS界面中将进料阀FIC101切成手动，关闭进料阀；

⑬ 内操执行紧急停车：在DCS界面中将塔釜加热温度阀门TIC101切成手动，关闭塔釜加热阀门；

⑭ 内操执行紧急停车：在DCS界面中将塔顶采出流量阀门FIC102切成手动，调节阀门开度，关闭塔顶出料阀；

⑮ 内操左键点击对讲机按钮，向班长汇报"DCS停车操作完毕"；

⑯ 在左侧角色栏里点击班长头像，将角色切换至班长，班长拨打调度电话1234，或使用"调度"快捷键，点击拨号按钮，向调度室汇报"事故处理完毕，请派维修人员维修"；

⑰ 班长使用话筒，广播宣布解除事故应急预案；

⑱ 安全演练结束！

8.4.3　精馏塔塔底法兰泄漏着火

（1）发现着火事故

① 外操 A 巡检发现事故，左键点击对讲机按钮，向班长汇报事故情况；

② 外操 A 左键点击任意一个灭火器箱盖打开灭火器箱，然后左键点击任意一个灭火器进行拾取，使用灭火器对准火焰根部进行灭火；

③ 外操 A 左键点击对讲机按钮，向班长汇报灭火情况；

④ 外操 A 点击上方的工具箱，右键点击灭火器图标，选择放回，将灭火器放下，撤离至光圈处的安全位置；

⑤ 在左侧角色栏里点击班长头像，将角色切换至班长，班长左键点击桌子上的话筒，广播宣布启动应急预案；

⑥ 班长拨打调度电话 1234，或使用"调度"快捷键，点击拨号按钮向调度室汇报火灾发生情况。

（2）灭火失败操作流程

① 班长拨打报警电话 119，或使用"火警"快捷键，点击拨号按钮进行报警；

② 班长左键点击对讲机按钮，命令安全员组织人员去精馏塔装置处拉起警戒线，外操 B 佩戴防护用品去事故现场；

③ 在左侧角色栏里点击安全员头像，将角色切换至安全员，安全员佩戴空气呼吸器，并拿起警戒绳，然后走进事故现场里的光圈，组织人员拉起警戒线；

④ 在左侧角色栏里点击班长头像，将角色切换至班长，班长去消防室，左键点击拾取空气呼吸器和 F 型扳手，然后迅速返回现场，走进事故现场的光圈；

⑤ 在左侧角色栏里点击外操 B 头像，将角色切换至外操 B，外操 B 去消防室，左键点击拾取空气呼吸器和 F 型扳手，然后迅速返回现场，走进事故现场的光圈；

⑥ 在左侧角色栏里点击班长头像，将角色切换至班长，班长左键点击对讲机按钮通知相关人员执行停车操作；

⑦ 在左侧角色栏里点击外操 A 头像，将角色切换至外操 A，外操 A 去消防室，左键点击拾取空气呼吸器和 F 型扳手，走到消防水炮附近，左键点击消防水炮进行装备，启用消防水炮对准回流泵，控制回流泵温度；

⑧ 左侧角色栏里点击外操 B 头像，将角色切换至外操 B，外操 B 接到班长通知后执行紧急停车：打开塔顶产品去不合格线阀门 V04V101；

⑨ 外操 B 执行紧急停车：关闭塔顶采出阀门 V03V101；

⑩ 外操 B 执行紧急停车：打开塔釜产品去不合格线阀门 V03T101；

⑪ 外操 B 执行紧急停车：关闭塔釜采出阀门 V02T101；

⑫ 在左侧角色栏里点击内操头像，将角色切换至内操，内操执行紧急停车：在 DCS 界面中将进料阀 FIC101 切成手动，关闭进料阀；

⑬ 内操执行紧急停车：在 DCS 界面中将塔釜加热温度阀门 TIC101 切成手动，关闭塔釜加热阀门；

⑭ 内操执行紧急停车：在 DCS 界面中将塔底采出流量阀门 FIC104 切成手动，调节阀门开度，增大采出流量；

⑮ 内操执行紧急停车：在 DCS 界面中调大回流阀 FIC103；

⑯ 内操执行紧急停车：在 DCS 界面中调大塔顶出料阀门 FIC102；

⑰ 在左侧角色栏里点击外操 B 头像，将角色切换至外操 B，外操 B 执行紧急停车：当回流罐液位为 0 时关回流泵出口阀；

⑱ 外操 B 执行紧急停车：保证塔顶温度不超温，停回流泵；

⑲ 外操 B 执行紧急停车：关闭塔顶采出前后阀门；

⑳ 外操 B 执行紧急停车：关闭塔釜采出前后阀门；

㉑ 外操 B 执行紧急停车：关塔顶换热器热物流进料阀门；

㉒ 在左侧角色栏里点击内操头像，将角色切换至内操，内操执行紧急停车：在 DCS 界面中调大塔顶放空阀 PIC102；

㉓ 内操左键点击对讲机按钮，向班长汇报"DCS 停车操作完毕"；

㉔ 在左侧角色栏里点击外操 B 头像，将角色切换至外操 B，外操 B 执行紧急停车：关闭塔顶放空阀前后阀门；

㉕ 外操 B 左键点击对讲机按钮，向班长汇报"现场停车操作完毕"；

㉖ 在左侧角色栏里点击安全员头像，将角色切换至安全员，安全员去厂区门口光圈处引导消防车进入事故现场；

㉗ 等待消防员将火熄灭；

㉘ 在左侧角色栏里点击班长头像，将角色切换至班长，班长拨打调度电话 1234，或使用"调度"快捷键，点击拨号按钮，向调度室汇报"事故处理完毕，请派维修人员维修"；

㉙ 班长使用话筒，广播宣布解除事故应急预案；

㉚ 在左侧角色栏里点击外操 A 头像，将角色切换至外操 A，点击上方的工具箱，右键点消防水炮图标，选择放回，停用消防水炮；

㉛ 安全演练结束！

（3）灭火成功操作流程

① 班长左键点击对讲机按钮，命令安全员组织人员去精馏塔装置处拉起警戒线，外操 B 佩戴防护用品去事故现场；

② 在左侧角色栏里点击安全员头像，将角色切换至安全员，安全员佩戴空气呼吸器，并拿起警戒绳，然后走进事故现场里的光圈，组织人员拉起警戒线；

③ 在左侧角色栏里点击班长头像，将角色切换至班长，班长去消防室，左键点击拾取空气呼吸器和 F 型扳手，然后迅速返回现场，走进事故现场的光圈；

④ 在左侧角色栏里点击外操 B 头像，将角色切换至外操 B，外操 B 去消防室，左键点击拾取空气呼吸器和 F 型扳手，然后迅速返回现场，走进事故现场的光圈；

⑤ 在左侧角色栏里点击班长头像，将角色切换至班长，班长左键点击对讲机按钮通知相关人员执行停车操作；

⑥ 在左侧角色栏里点击外操 B 头像，将角色切换至外操 B，外操 B 接到班长通知后执行紧急停车：打开塔顶产品去不合格线阀门 V04V101；

⑦ 外操 B 执行紧急停车：关闭塔顶采出阀门 V03V101；

⑧ 外操 B 执行紧急停车：打开塔釜产品去不合格线阀门 V03T101；

⑨ 外操 B 执行紧急停车：关闭塔釜采出阀门 V02T101；

⑩ 在左侧角色栏里点击内操头像，将角色切换至内操，内操执行紧急停车：在 DCS 界

面中将进料阀 FIC101 切成手动，关闭进料阀；

⑪ 内操执行紧急停车：在 DCS 界面中将塔釜加热温度阀门 TIC101 切成手动，关闭塔釜加热阀门；

⑫ 内操执行紧急停车：在 DCS 界面中将塔底采出流量阀门 FIC104 切成手动，调节阀门开度，增大采出流量；

⑬ 内操执行紧急停车：在 DCS 界面中调大回流阀 FIC103；

⑭ 内操执行紧急停车：在 DCS 界面中调大塔顶出料阀门 FIC102；

⑮ 在左侧角色栏里点击外操 B 头像，将角色切换至外操 B，外操 B 执行紧急停车：当回流罐液位为 0 时关回流泵出口阀；

⑯ 外操 B 执行紧急停车：保证塔顶温度不超温，停回流泵；

⑰ 外操 B 执行紧急停车：关闭塔顶采出前后阀门；

⑱ 外操 B 执行紧急停车：关闭塔釜采出前后阀门；

⑲ 外操 B 执行紧急停车：关塔顶换热器热物流进料阀门；

⑳ 在左侧角色栏里点击内操头像，将角色切换至内操，内操执行紧急停车：在 DCS 界面中调大塔顶放空阀 PIC102；

㉑ 内操左键点击对讲机按钮，向班长汇报"DCS 停车操作完毕"；

㉒ 在左侧角色栏里点击外操 B 头像，将角色切换至外操 B，外操 B 执行紧急停车：关闭塔顶放空阀前后阀门；

㉓ 外操 B 左键点击对讲机按钮，向班长汇报"现场停车操作完毕"；

㉔ 班长使用电话拨打 1234 调度电话，向调度室汇报"事故处理完毕，请派维修人员维修"；

㉕ 班长使用话筒，广播宣布解除事故应急预案；

㉖ 安全演练结束！

8.5　3D 软件功能说明

8.5.1　基本介绍

（1）选择工况　选择要进行的工况，并可选择练习模式和考核模式，见图 8-2。

（2）进入场景　选定模式和培训项目之后，点击"启动"按钮即可进入场景，见图 8-3。

（3）开始演练　进入场景后，文字会提示当前培训项目的基本情况，按"Enter"键即可开始演练。见图 8-4。

（4）人物控制　W（前）S（后）A（左）D（右）、鼠标右键（视角旋转）。

（5）奔跑　按下 Ctrl 键，可以切换至奔跑模式；再按下 Ctrl 键，可切换至走路模式。

（6）镜头调整　鼠标滚轮调整视角远近。

（7）飞行模式　按下 Q 键，可以切换至飞行模式，该模式下通过 W、S、A、D 键调整飞行方向，鼠标右键调整飞行视角。

（8）阀门操作　单击需要操作的阀门，即可弹出阀门操作界面。

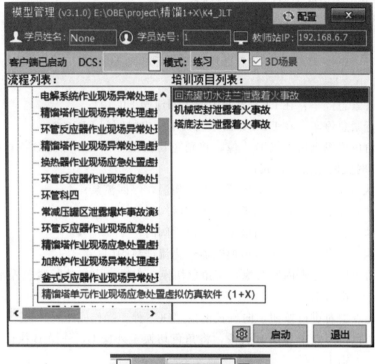

图 8-2   工况选择

图 8-3   "启动"进入场景

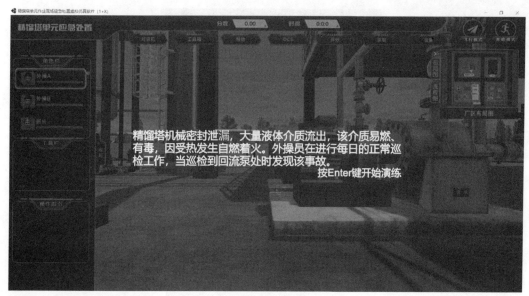

图 8-4　开始演练

8.5.2　详细介绍

（1）进入场景　见图 8-5。

图 8-5　进入场景

（2）人物信息　显示当前操作人员的具体信息，可在几个角色间进行切换。见图 8-6。

（3）功能菜单（上方）　见图 8-7。

对讲机：点击打开对讲机，在操作过程中通过对讲机在各角色之间传递信息；

工具箱：点击打开已装备物品界面，人物所装备的物品在对应工具箱中可以查看；

帮助：点击打开操作介绍界面；

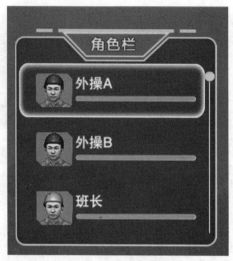

图 8-6   角色切换

图 8-7   功能菜单

DCS：点击打开 DCS 操作画面；

评分：点击打开项目评分界面；

录制：点击打开启用或停止录制视频功能；

设置：点击打开系统设置界面。

（4）操作指引   练习模式下启动软件，窗口左侧有操作指引进行文字提示。并且针对下一步要操作的阀门或者按钮，配有高亮显示和箭头指示（需要在 DCS 中进行的操作无高亮无箭头指示）。见图 8-8。

图 8-8   操作指引

（5）小地图界面   通过鼠标点击对应阀门按钮，可进行快速寻路功能。小地图界面见图 8-9。

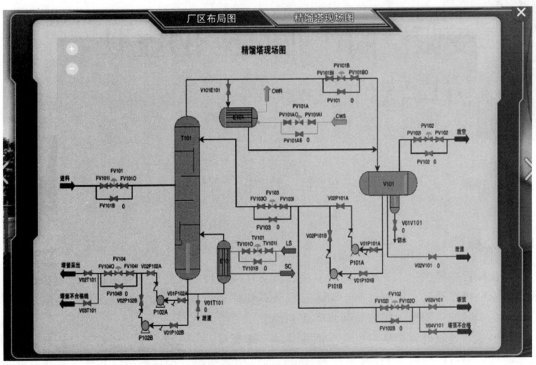

图 8-9　小地图界面

第 9 章

受限空间作业安全3D虚拟仿真软件

9.1 软件介绍

9.1.1 概述

本软件旨在提供一个三维、高仿真度、高交互操作性、可提供实时信息反馈与操作指导的虚拟模拟操作平台。该软件基于动态过程仿真软件运行平台开发，以 3D 形式模拟现实工厂，可将实际的受限空间作业做到真实还原。

学生可通过软件模拟练习受限空间作业的工作流程及其注意事项，使培训过程摆脱枯燥无味的理论学习，同时 3D 操作画面具有很强的现场真实感、操作灵活性和独立自主性，为学生提供了一个自主发挥的舞台，学生亲身进行操作，特别有利于调动学生动脑思考，培养学生的动手能力，同时也增强了学习的趣味性。

9.1.2 软件特色

本软件的特色主要有以下几个方面：

（1）真实还原作业环境　软件场景根据实际工厂场景等比例复制还原，建立 3D 虚拟现场，让使用者如同身临其境一样，可以及时、没有限制地 360°旋转观察三维空间内的事物，界面友好，互动操作，形式活泼生动。

（2）丰富的自主学习内容　知识点系统包括基本知识、JSA 介绍、事故案例、相关国家标准及操作讲解视频等。

（3）作业流程展示　本软件将受限空间作业流程分为了作业申请、风险评估、安全措施、书面审查、现场核查、批准作业、安全交底、实施作业、作业完成、关闭作业等多个具体步骤，每个步骤中附有详细操作，可让学员更清楚地学习受限空间作业的工作流程。

（4）自由的人物选择过程　本软件在操作过程中带有自由的人物选择过程，通过人物选择过程可帮助学员熟悉人员的对应职责，加深对受限空间作业的理解与掌握。

（5）隐患排查过程　由于受限空间作业风险隐患较多、作业风险较大、安全措施落实过程复杂，本软件特设置隐患排查过程，指导学员在进行受限空间作业时该如何排除风险隐患点、如何进行安全措施的落实，避免在实际作业时发生危害事故造成人身危害。

（6）多种考核形式　软件含有多种考核形式：流程步骤的考核、表格填写内容的考核、思考题的考核、隐患点排查过程的考核、人物选择过程的考核等，丰富的考核形式对学员有了更高的要求，学员要想在考核模式中取得好成绩，必须仔细牢记练习模式过程，借此也能加深对受限空间作业内容的掌握。

9.2　受限空间作业概述

9.2.1　受限空间的定义

受限空间是指工厂的各种设备内部（炉、塔釜、罐、仓、池、槽车、管道、烟道等）和城市（包括工厂）的隧道、下水道、沟、坑、井、池、涵洞、阀门间、污水处理设施等封闭、半封闭的设施及场所（船舱、地下隐蔽工程、密闭容器、长期不用的设施或通风不畅的场所等），以及农村储存红薯、土豆等各种蔬菜的井、窖等。通风不良的矿井也应视同受限空间。

9.2.2　特殊受限空间

① 受限空间内氧气浓度低于 19.5%。
② 受限空间内可燃气体浓度高于其爆炸下限的 10%。
③ 受限空间内 CO 浓度高于 $30mg/m^3$。
④ 受限空间内硫化氢浓度高于 $10mg/m^3$。
⑤ 受限空间内温度大于 40℃。
⑥ 受限空间过于狭小。
⑦ 受限空间从进入点计，距离超过 20m。
⑧ 受限空间内存在大于 24V 电压的情况。

9.2.3　受限空间作业定义

受限空间作业是指进入或探入生产单位的受限空间进行的作业。

9.3　作业流程

9.3.1　工作流程

工作流程见图 9-1。

9.3.2　受限空间作业过程详细描述

9.3.2.1　作业前检查

（1）作业人员条件检查　受限作业前，作业车间（办）现场负责人应对受限空间作业人员的资格和身体状况进行检查。受限空间作业人员应了解作业过程面临危害，掌握危害控制措施，持有生产经营单位核发的安全培训上岗证。特种作业人员应具有特种作业操作证。患有职业禁忌证、饮酒、患病等不适于受限作业的人员，不得进行受限作业。

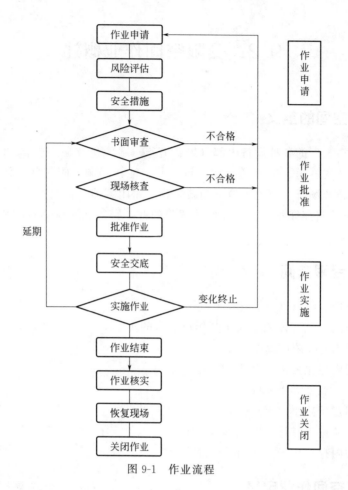

图 9-1　作业流程

（2）设施设备安全检查　受限作业中的安全标识、工具、仪表、设施和各种设备，作业车间（办）应在作业前加以检查，确认其完好后方可投入使用。

（3）许可证检查　作业前，作业现场负责人及安全监督人员应对照许可证相关内容，对现场环境、防护措施、安全设施等进行仔细检查，核实安全防护措施，落实到位后方可批准作业。现场发现许可证内容不全、安全措施不到位或存在着未经辨识的危害时，应立即提出并要求采取控制措施，风险未经控制前，不得作业。

9.3.2.2　作业中安全管理要求

（1）安全隔绝

① 受限空间与其他系统连通的可能危及安全作业的管道、阀门应采取有效隔离措施。

② 管道安全隔绝必须采用插入盲板或拆除一段管道进行隔绝，不能用水封或关闭阀门等代替盲板或拆除管道。严禁用关闭阀门上锁或用止逆阀代替盲板，盲板应挂标识牌。

③ 与受限空间相连通的可能危及安全作业的孔、洞应进行严密地封堵。

④ 受限空间带有搅拌器等用电设备时，应在停机后有效切断电源，采用取下电源保险丝或将电源开关拉下后上锁的措施，钥匙由作业人员保存。确实无法上锁的必须派专人监护，加挂"有人作业、禁止合闸"警示牌。

（2）清洗或置换　受限空间作业前，应根据受限空间盛装（过）的物料特性，对受限空间进行清洗或置换，遵循"先检查，后进入"的原则，未检测，严禁作业人员进入受限空间。专人检测监控记录并达到下列要求：

① 氧含量一般为 18%～21%，在富氧环境下不得大于 23.5%。

② 有毒气体（物质）浓度应符合《工作场所有害因素职业接触限值　第 1 部分：化学有害因素》（GBZ 2.1—2019）的规定。

③ 可燃性气体、爆炸性粉尘浓度值。当被测气体或其蒸气的爆炸下限大于等于 4% 时，其被测浓度不大于 0.5% 为合格（体积分数）；当被测气体或蒸气的爆炸下限小于 4% 时，其被测浓度不大于 0.2% 为合格（体积分数）。

（3）通风

① 打开人孔、手孔、料孔、风门、烟门等与大气相通的设施进行自然通风。

② 必要时，可采取轴流风机进行强制通风。

③ 采用管道送风时，送风前应对管道内介质和风源进行分析确认。

④ 通入公司压缩空气进行置换，应从底部加入压缩空气，且流速控制在 $2m^3/min$ 左右。

⑤ 禁止向受限空间充纯氧气或富氧空气。

⑥ 在条件允许的情况下，尽可能采取正向通风即送风方向可使作业人员先接触新鲜空气。

（4）检测

① 作业前 30min 内，应对受限空间进行气体采样分析，分析合格后方可进入。

② 分析仪器应在校验有效期内，使用前应保证其处于正常工作状态。

③ 采样点应有代表性，容积较大的受限空间，应采取上、中、下各部位取样。必要时分析样品应保留到作业结束。

④ 涂刷具有挥发性溶剂的涂料时，应做连续检测，并采取强制通风措施。受限空间存在残渣、自聚物等，在作业过程中可能散发可燃、有毒有害气体的作业，应进行连续检测，发现异常及时处理。

⑤ 在氧气、有毒有害气体、易燃易爆气体、粉尘浓度等可能发生变化的危险受限空间作业，应保持必要的测定次数或现场配置便携式气体检测仪。

⑥ 采样人员进入或探入受限空间采样时应处于安全环境，检测时要做好监测记录，包括检测时间、地点、气体种类和检测浓度等。

（5）个体防护措施　受限空间经清洗或置换不能达到相应要求时，应采取相应的防护措施方可作业。

① 在缺氧或有毒的受限空间作业时，应佩戴隔离式防护面具、氧气表等，如佩戴长管面具时，一定要仔细检查其气密性，同时防止通气长管被挤压，吸气口应置于新鲜空气的上风口，并有专人监护，必要时作业人员应拴救生绳。每次作业不超过 40min。

② 在易燃易爆的受限空间作业时，作业人员应穿防静电服装、工作鞋，使用防爆工具、防爆电筒或电压不大于 12V 的防爆安全行灯，绝缘良好。

③ 在有酸碱等腐蚀性介质的受限空间作业时，应穿戴好防酸碱工作服、工作鞋、手套等防护用品。

④ 在产生噪声的受限空间作业时，应佩戴耳塞或耳罩等防噪声护具。

⑤ 受限空间内发生窒息、中毒等事故时，救护人员必须佩戴隔离式防护面具进入受限

空间内实施抢救，同时至少有 1 人在外部负责监护、联络、报告工作，严禁单人作业。

⑥ 如发现异常情况，不得在无保障措施的情况下盲目施救。

（6）照明及用电安全

① 受限空间照明电压应小于等于 36V，在潮湿容器、金属容器、狭小容器内作业电压应小于等于 12V。在易燃易爆的受限空间作业时，作业人员应使用防爆电筒或电压不大于 12V 的防爆安全行灯。

② 使用超过安全电压的手持电动工具作业或进行电焊作业时，应配备漏电保护器。在潮湿容器中，作业人员应采取可靠的绝缘措施，同时保证金属容器接地可靠。

③ 临时用电应办理临时用电手续，应执行《临时用电作业安全许可管理制度》。

④ 在有放射源的受限空间作业，作业前要对放射源进行处理，作业人员应采取相应的个体防护措施，保证人员作业时接触剂量符合国家要求。

9.4　人员职责

9.4.1　审批人员职责

① 组织作业场所风险辨识。

② 负责编制受限空间作业安全施工方案，制定安全措施。

③ 负责编制现场处置方案，并组织应急演练。

④ 负责作业前安全培训和安全技术交底。

⑤ 及时掌握作业过程中可能发生的条件变化，当受限空间作业条件不符合安全要求时，终止作业。

⑥ 作业完毕，负责组织现场清理、验收、签字。

9.4.2　作业人员职责

① 接受受限空间作业安全生产培训，掌握应急救援的基本知识，熟悉作业方案、安全措施，熟练使用消防器材，掌握急救方法及其他救护器具。

② 负责在保障安全的前提下进入受限空间实施作业任务。作业前应了解作业的内容、地点、时间、要求，熟知作业中的危害因素和应采取的安全措施。

③ 严格按照《受限空间作业安全许可证》规定和操作规程的要求进行作业，正确使用受限空间作业安全设施与个体防护用品。

④ 与监护人员进行有效的操作作业、报警、撤离等信息交流。

⑤ 服从作业监护人的指挥，如发现作业监护人员不履行职责时，应停止作业并撤出受限空间。

⑥ 如出现异常情况或感到不适、呼吸困难时，应立即向作业监护人发出信号，迅速撤离现场。

⑦ 对违章指挥、强令冒险作业、安全措施未落实等情况，有权拒绝作业。

⑧ 作业完毕后的现场清理。

9.4.3　监护人员职责

① 确认各项安全措施落实到位后方可允许作业。

② 指导、监督作业人员佩戴劳动防护用品。

③ 对现场施工过程施工人员不落实施工方案，对人员的违章行为，有权批评教育、制止，甚至停止作业。

④ 在受限空间作业发生异常情况时，立即停止作业，上报上级领导并启动现场处置方案。

⑤ 对受限空间作业人员的安全负有监督和保护的职责，在紧急情况下向作业者发出撤离的警告，必要时立即呼叫应急救援服务。帮助作业人员迅速撤离，必要时立即采取救护措施。

⑥ 作业前，对作业人员和作业工器具进行登记，受限空间作业结束后，对作业人员和作业工器具进行复核，待现场作业负责人签字后，方可离开现场。

9.4.4　作业负责人职责

① 负责提出作业申请，组织开展工作安全分析，制定安全工作方案。

② 协调落实作业安全措施，确认进入受限空间作业的环境、作业方案和防护设施及用品达到安全要求，应急处理措施落实到位。

③ 组织现场安全交底和安全培训。

④ 作业前，由属地主管（工段长）和施工单位负责人对相关人员实施安全教育并签字确认。

9.5　仿真操作流程

9.5.1　作业申请

（选择相关人员：请选择作业负责人）

① 点击作业申请按钮，开始进行作业申请过程；

② 点击下方工具栏中作业申请表图标，开始进行作业申请表的填写；

③ 填写完毕后，点击提交按钮，将作业申请表提交。

9.5.2　风险评估

（选择相关人员：请选择作业负责人）

① 点击风险评估按钮，开始进行风险评估过程；

② 点击下方工具栏中的风险分析表，开始填写风险分析表；

③ 填写完毕后，点击提交按钮，将作业风险表提交。

9.5.3　安全措施

（选择相关人员：请选择监护人）

① 点击安全措施按钮，开始进行安全措施过程；

② 点击工具栏中作业方案，查看作业方案内容；

③ 点击思考题按钮，完成思考题；

④ 在作业现场放置警戒工具，检查防护用品及作业工具；

⑤ 打开污水槽出口管线开关，排空污水槽内液体并查看液位计确认污水槽泄液完成；

⑥ 打开氮气阀门，对装置进行气体置换；

⑦ 所有与受限空间联系的阀门、管线加盲板隔离；

⑧ 设备打开通风孔进行强制通风；

⑨ 点击气体检测仪，检测气体浓度是否合格。

9.5.4　书面审查

（选择相关人员：请选择作业负责人）

① 点击书面审查按钮，开始进行书面审查过程；

② 点击工具栏中作业许可证，开始作业许可证的填写；

③ 填写完毕后，点击提交按钮，将作业许可证提交；

④ 点击作业人员作业证，将作业证展示在展示板上。

9.5.5　现场核查

（选择相关人员：请选择监护人）

① 点击现场核查按钮，开始进行现场核查过程；

② 近距离点击并观察高亮点，对现场的隐患点进行排场工作。

9.5.6　批准作业

（选择相关人员：请选择审批人员）

点击批准作业按钮，开始进行作业批准过程。

9.5.7　安全交底

（选择相关人员：请选择作业负责人）

① 点击安全交底按钮，开始进行安全交底过程；

② 点击工具栏中的票证，将所需票证展示在展示板上；

③ 项目负责人对现场人员进行安全交底。

9.5.8　实施作业

（选择相关人员：请选择作业人员）

① 点击实施作业按钮，开始进行实施作业过程；

② 点击现场的作业工具，作业人员穿戴好作业工具；

③ 点击气体检测仪再次进行气体检测；

④ 点击进入光标，作业人员进入受限空间；

⑤ 点击铁锹与铁桶进行清理工作；

⑥ 点击离开光标，作业人员离开受限空间。

9.5.9　作业完成

（选择相关人员：请选择监护人）

① 点击作业完成按钮，开始进行作业完成过程；

② 控制监护人员检查作业完成情况；

③ 根据现场提示，对作业现场进行整理。

9.5.10　关闭作业

（选择相关人员：请选择审批人员）

① 点击关闭作业按钮，开始进行关闭作业过程；

② 回收作业许可证，将票证进行归档留存。

9.6　3D 软件功能说明

9.6.1　软件启动

① 完成安装后就可以运行虚拟仿真软件了，双击桌面快捷方式，在弹出的启动窗口中选择"受限空间作业安全 3D 虚拟仿真培训软件"，培训项目列表显示"受限空间作业"，选择项目。见图 9-2。

图 9-2　选择项目

② 可选择练习模式和考核模式。见图 9-3。

图 9-3　选择模式

③ 选定模式和培训项目之后，点击"启动"按钮即可进入场景（图 9-4），并可进行所有操作。

(a)

(b)

图 9-4　进入场景

9.6.2 功能介绍

（1）人物控制 W（前）S（后）A（左）D（右）、鼠标右键（视角旋转）。

（2）奔跑 按下 Ctrl 键，可以切换至奔跑模式；再按下 Ctrl 键，可切换至走路模式。

（3）镜头调整 鼠标滚轮调整视角远近。

（4）飞行模式 按下 Q 键，可以切换至飞行模式，该模式下通过 W、S、A、D 键调整飞行方向，鼠标右键调整飞行视角。

（5）交互 鼠标左键点击进行 2D、3D 的交互。

9.6.3 界面介绍

（1）平台管理界面 平台管理界面见图 9-5，图例说明见表 9-1。

图 9-5 平台管理界面

表 9-1 图例说明

图标	说明	图标	说明	图标	说明	图标	说明
	运行选中项目		暂停当前运行项目		状态说明		保存快门
	停止当前运行项目		恢复暂停项目		参数监控		模型速率

（2）工具条 显示作业用时、分数显示和相关环境条件。见图 9-6。

图 9-6 工具条

（3）工具栏 存放相关工具。见图 9-7。

图 9-7 工具栏

（4）操作指引 ［图 9-8(a)］与功能指引栏 ［图 9-8(b)］ 进行相应操作提示。

（5）介绍视频界面 可进行播放进度、音量的调节，见图 9-9。

（6）人物选择界面 可自由选择人物，见图 9-10。

(a)

(b)

图 9-8　操作指引与功能指引栏

图 9-9　介绍视频界面

图 9-10 人物选择界面

（7）表格填写界面 表格中空白区域可进行文本填写，见图 9-11。

受限空间作业申请表

作业地点	生产一车间污水槽		申请人	作业负责人	
申请项目	消防水池清作业 ☐	污水槽清理作业 ☐	储水池清理作业 ☐		其他受限空间作业 ☐
作业内容	污水槽底部有部分沉积物，未放置沉积物对管道造成堵塞，现需对污水槽进行清理工作。				
作业日期	xxxx 年 xx 月 xx 日 至 xxxx 年 xx 月 xx 日				
人员	项目负责人		作业人员		
	作业负责人		监护人员		
车间主任意见			签名		
			日期		xx 年 xx 月 xx 日
安全主管意见			签名		
			日期		xx 年 xx 月 xx 日

提交

图 9-11 表格填写界面

（8）思考题界面 通过鼠标左键点击，进行相应题目的选择与答案的提交，见图 9-12。

图 9-12　思考题界面

9.7　仿真界面

仿真界面见图 9-13。

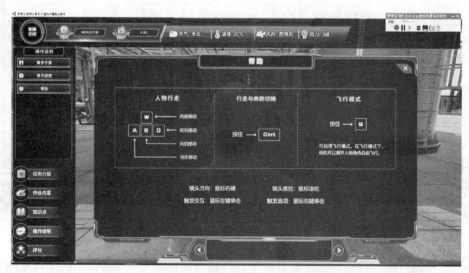

(a)

(b)

(c)

(d)

图 9-13

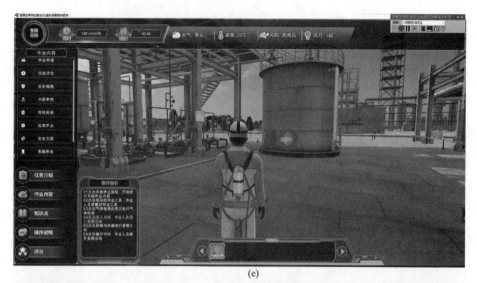

(e)

(f)

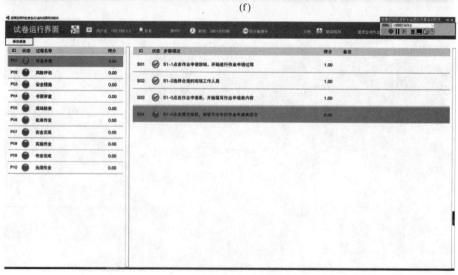

(g)

图 9-13　仿真界面

参考文献

［1］ 中国就业培训技术指导中心，中国安全生产协会.安全评价师（基础知识）.北京：中国劳动社会保障出版社，2010.

［2］ HG/T 20519—2009.化工工艺设计施工图内容和深度统一规定.

［3］ GB 18218—2018.危险化学品重大危险源辨识.

［4］ Center for Chemical Process Safety.保护层分析——简化的过程风险评估.白永忠，党文义，于安峰，译.北京：中国石化出版社，2010.

［5］ 中国石油化工股份有限公司青岛安全工程研究院.HAZOP 分析指南.北京：中国石化出版社，2008.

［6］ 孙华山.安全生产风险管理.北京：化学工业出版社，2006.

［7］ 邢娟娟.职业危害评价与控制.北京：航空工业版社，2005.

［8］ 陈敏恒，丛德滋.化工原理下册.4 版.北京：化学工业出版社，2015.

［9］ 张浩勤，陆美娟.化工原理下册.3 版.北京：化学工业出版社，2013.

［10］ 刘同卷.蒸馏工.北京：化学工业出版社，2006.

［11］ 潘文群.传质与分离操作实训.北京：化学工业出版社，2006.

［12］ 黄军强，游德文.管道安装工程.北京：化学工业出版社，1986.

［13］ 崔克清.化工单元运行安全技术.北京：化学工业出版社，2005.

［14］ 王宏，张立新.传质分离技术.2 版.北京：化学工业出版社，2014.

［15］ 谭天恩.化工原理下册.4 版.北京：化学工业出版社，2013.

［16］ 刘佩田，闫晔.化工单元操作过程.北京：化学工业出版社，2004.

［17］ 齐向阳，王树国.化工安全技术.北京：化学工业出版社，2020.

［18］ 厉玉鸣.化工仪表及自动化.6 版.北京：化学工业出版社，2018.

［19］ 张光新，杨丽明，王会芹.化工自动化及仪表.2 版.北京：化学工业出版社，2016.

［20］ 郑明方，杨长春.石油化工仪表及自动化.2 版.北京：中国石化出版社，2014.

［21］ 俞金涛，孙自强.过程自动化及仪表.3 版.北京：化学工业出版社，2015.

［22］ 王华祥.自动监测技术.3 版.北京：化学工业出版社，2018.